MANTENIMIENTO INDUSTRIAL

Organización, gestión y control

RAIMUNDO HEBER GONZALEZ GARCÍA

MANTENIMIENTO INDUSTRIAL

Organización, gestión y control

LIBRERÍA Y EDITORIAL ALSINA
Estados Unidos 2120 - (C1227ABF) Buenos Aires
Telefax: 54 - 011-4941-4142
E-mail: info@lealsina.com
ARGENTINA

2016

Diseño de interior: Gráfica del Parque

Ilustradora: María Trinidad Colombo

ISBN 978-950-553-270-4

Gonzalez García, Raimundo Heber
    Mantenimiento industrial : organización, gestión y control /
Raimundo Heber Gonzalez García. - 1a edición especial - Ciudad
Autónoma de Buenos Aires : Librería y Editorial Alsina, 2016.
    320 p. ; 22 x 15 cm.

    ISBN 978-950-553-270-4

    1. Capacitación Técnica. I. Título.
    CDD 601

ÍNDICE

RECONOCIMIENTOS

A nuestros padres.

A todos los Maestros, quienes nos han enseñado en las aulas, en los talleres y en la vida

- a crecer,
- a abrir la mente,
- a estudiar, entender y a pensar, y…
- ¡a manejar las manos!

A todas las personas que hemos tratado en las organizaciones y entidades del país y del extranjero, quienes nos han ayudado a entender las complejidades de las tareas que realizan a diario, especialmente en el área de Mantenimiento.

A la ilustradora María Trinidad Colombo.

AGRADECIMIENTO

Chicho

A mis amigos, que han aceptado compartir la elaboración de esta segunda versión del libro *Mantenimiento Industrial - Organización, gestión y control*, quienes han volcado todos sus conocimientos, experiencias y habilidades, con gran generosidad y paciencia, de quienes he aprendido mucho más cosas de las que se puedan imaginar.

- Al maestro Roberto Campitelli, quien ha aportado su sensibilidad y experiencia para tratar el tema del personal del área y sus conflictos.
- Al Ingº Ruben O. Pini, quien generosamente volcó toda su experiencia de años de trabajar en diferentes áreas, pero especialmente en Laminación en Frío y Hojalata de la querida planta de SOMISA, de San Nicolás, Prov. de Buenos Aires.
- Al Ingº Enrique L. Manfredini, todo un señor, cuyo invalorable aporte de su larga experiencia obtenida recorriendo empresas por el mundo, en cuanto a la difícil tarea de analizar en la planta y en el laboratorio los fenómenos físicos, químicos y mecánicos que encierran los equipos, máquinas e instalaciones para detectar fallas anticipadamente.
- A todas las personas del área de mantenimiento que hemos tratado en las aulas y talleres de muchísimas instituciones y empresas en distintos lugares del mundo, por lo mucho que nos han generosamente aportado; es imposible nombrarlas a todas.

A todos ellos nuestro agradecimiento y profundo respeto, sinceramente.

Ingº Raimundo Heber Gonzalez García
Buenos Aires, agosto de 2016

ADVERTENCIAS
A LOS LECTORES

Este libro se ha diseñado para ayudar al lector a obtener un mejor aprovechamiento de los temas que en él se desarrollan. Por lo mismo, es necesario ayudar a entender qué cosas lo constituyen en cuanto a signos, abreviaturas e indicaciones.

1. *M&C*: abreviatura que significa "*área de Mantenimiento y Conservación*".
2. **Página *web***: Se dispondrá una página web, en donde se irán incorporando artículos y todo tipo de material que ayude al conocimiento, en forma didáctica, con material expositivo (*power point*) acerca de los temas del libro y otros temas relacionados con el mantenimiento y la conservación que se irán suz<mando. Será una página interactiva. Se accede a la página por: *www.hingeniería-M&C.com.ar*
3. **Casos**: Dada la eficacia en el aprendizaje que produce el estudio de casos, en muchos capítulos o puntos de los mismos, se han incluido relatos para afianzar la comprensión de los temas tratados. Es importante que se realicen en grupos de estudio la lectura y discusión de los casos, haciendo referencia a los contenidos del libro. Si los señores profesores lo creen conveniente y oportuno, pueden agregar otros casos y promover discusiones para hacer más intensa la participación.
4. **Glosario de términos**: Al final del libro el lector cuenta con un glosario detallado de términos empleados en el texto.
5. **Direcciones de correo electrónico**: En la breve semblanza que se hace de cada uno de los autores, el lector cuenta con las respectivas direcciones de correo electrónico para realizar las consultas que deseen realizar.

INDICACIONES
A LOS PROFESORES

A medida que se fue concretando el presente trabajo se fueron agregando objetivos, uno de los cuales es hacer docencia acerca de un tema complejo, pero interesante. Entonces se consideró oportuno agregar a esos lectores, que cursan el ciclo secundario de Escuelas Industriales y de las carreras de Ingeniería, material que les permita acercarse al conocimiento del mantenimiento industrial, sus diferentes aspectos y las tareas que se realizan en dicha área.

Por lo dicho:

1. ***Power point***: se adiciona como ayuda al lector, pero en especial para los señores profesores, página web del libro, una serie de ayudas didácticas, sobre algunos temas desarrollados en el libro (*en preparación*). Asimismo, los señores profesores pueden y deberían preparar el material expositivo de ayuda a sus exposiciones didácticas.

2. **Casos**: es muy importante, para desarrollar la tarea docente, la lectura y discusión con los alumnos de casos. Esto permite realizar clases y discusiones grupales que dan, sin discusión, excelentes resultados. Se han incluido algunos casos extraídos de la realidad para afianzar la comprensión de los temas tratados. Es razonable esperar que los señores profesores elaboren sus propios casos.

3. **Evaluaciones**: finalizados muchos temas se han preparado cuestionarios básicos con preguntas referidas a lo tratado que habrán de ser útiles a los señores profesores

para hacer evaluaciones. Está de más decir que los sres. Profesores pueden y deberían elaborar sus propias Hojas de Evaluación.

NOTA:

El material didáctico, tanto las hojas de casos, así como los cuestionarios se deberán solicitar a la Editorial o al Ingº. Gonzalez García, se han agregado sólo a manera de sugerencia. Por lo dicho, queda en mano de los señores profesores cambiar, ampliar o agregar material didáctico que crean oportuno.

4. **Sugerencia para los profesores**: es interesante que el profesor elabore sus propios casos, fijación de otros objetivos de aprendizaje y cuestionarios de evaluación;
   - el profesor debe elaborar, a su criterio, los cuestionarios referidos a los temas de cada capítulo, alentar a los alumnos a leer los casos, a discutirlos en grupos, hasta obtener las conclusiones que surjan de la discusión;
   - exponer las palabras-clave extractadas de las respuestas de los alumnos;
   - sobre las respuestas, el profesor dará una charla de cierre sobre el o los temas tratados y las opiniones expresadas por los alumnos.

5. **Discusiones didácticas**: Asimismo, se sugiere a los señores profesores realizar discusiones didácticas en el aula, metodología que ayuda a la comprensión de los temas desarrollados en cuanto, por ejemplo entre otros temas, a:
   - análisis de problemas técnicos o conflictos;
   - la aplicación de la negociación como herramienta de acción;
   - la fijación de los objetivos,
   - al trazado de planes y programas de trabajo;
   - trabajar en clase en base a consignas.

En las discusiones surgirán dudas y controversias, dos sendas muy interesantes para salir en búsqueda de la verdad.

Capítulo 1

INTRODUCCIÓN
¿Qué es mantenimiento y conservación?

1 – Objetivos del aprendizaje

1. Tratar de entender y explicar los conceptos que contiene el texto de este capítulo.
2. Poder discutir los conceptos del aprendizaje de este capítulo.
3. Alcanzar a comprender el significado y alcance de los cuatro ejes sobre los cuales opera el área de **M&C**:

2 – Introducción

A efectos de llegar al lector de la forma más acabada en cuanto a los temas referidos al mantenimiento y conservación de bienes productivos o de servicios, se desarrollan en el presente capítulo y subsiguientes una serie de conceptos, desarrollados de manera simple a fin de explicar el significado, los alcances, las ventajas y desventajas que los mismos presentan a la luz de los conocimientos y experiencia de quienes escriben estas páginas.

Es importante hacer esta aclaración respecto de las formas que se le puede dar a la organización y, por otra parte, los diferentes tipos de mantenimiento que se pueden desarrollar dentro de cada una de las formas, tal como se manifiesta en el parágrafo 8-b2 del presente capítulo.

3 – Concepto general acerca del Mantenimiento y Conservación

Para comprender mejor la función del área de Mantenimiento y Conservación (**M&C**), dentro del conjunto de actividades de una unidad productiva de bienes y/o servicios, es oportuno recurrir a un símil entre una organización cualquiera y un complejo biológico, estableciendo previamente tres postulados. Estos son:

1° - En toda estructura orgánica, biológica o técnica, se habrán de producir transformaciones en su interior que concluyen en un resultado, siempre y cuando desde fuera de esas estructuras se les suministre insumos y energía.

Lo dicho se ilustra en la siguiente figura:

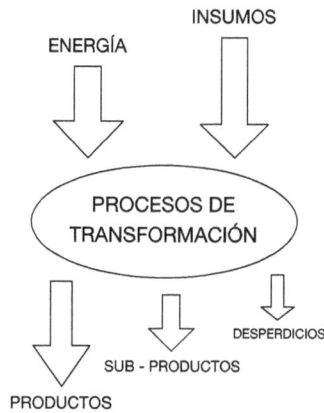

Figura 1.1

2° - Esas transformaciones se habrán de verificar en tanto y en cuanto la estructura sea capaz de funcionar eficaz y eficientemente, es decir, que se encuentren sanas o en un estado aceptable de funcionamiento.

Y una tercera proposición puede expresarse en estos términos:

3° - Tanto las estructuras que componen a los organismos biológicos o de otro orden, después de una exigencia, requieren recomponerse de la fatiga y los desgastes.

Aun aceptando el supuesto que estas tres *proposiciones* dadas son válidas, cabe hacer una diferenciación fundamental entre ambos ejemplos, pues frente a un proceso de trabajo el cuerpo humano tiene sus propios mecanismos internos para que, generalmente, pueda recuperarse de la fatiga y el desgaste que inexorablemente se producen. Cabe aclarar, sin embargo, que no siempre es así, dado que cuando se exige en demasía al cuerpo humano, en cuanto a cantidad de esfuerzos o de años de trabajo, también debe recurrirse a la asistencia externa para recuperar, en alguna medida, el nivel original.

En el caso de la *fatiga* y el *desgaste* de una máquina o de un equipo o de una instalación, requerirá de una atención externa constante para mantener y conservar los niveles aceptables de producción, en términos de cantidad y calidad. Lo dicho se ilustra en la siguiente figura:

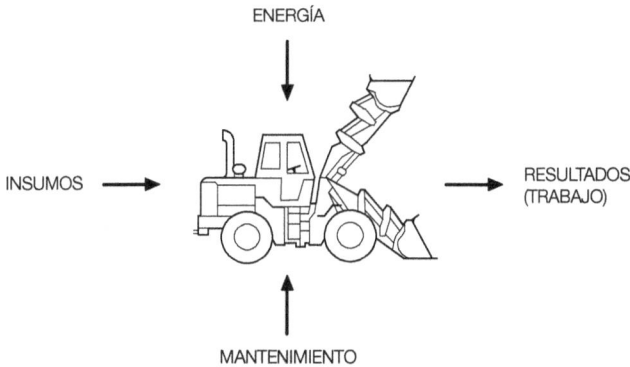

ENERGÍA

INSUMOS

RESULTADOS
(TRABAJO)

MANTENIMIENTO

Figura 1.2

Resumiendo todo lo antedicho: tanto un organismo biológico –tal el cuerpo humano– como un sistema técnico-orgánico, sufren fatigas y desgastes cuando se superan los límites de su capacidad. Aquel, por lo general tiene evoluciones negativas y, por lo general lentas. Los diagnósticos podrían llegar a ser erráticos, en el caso de enfermedades serias, con lentos procesos de recuperación.

En una palabra, la detección de los orígenes de un mal no es tan fácil y ello depende del grado de intuición y experiencia de los médicos que intervienen. En cuanto a las máquinas, equipos e instalaciones, es relativamente más accesible llegar al origen y gravedad de los problemas que se presentan.

La *semiología* es una especialidad dentro de la ciencia que tiene por objeto estudiar los signos que se manifiestan exterior-mente en los organismos, lo cual permite una aproximación dentro de las tareas de *diagnóstico*. Desde hace siglos se estudia y se aplica en especial en las ciencias médicas (semiótica) y por extensión, se puede aplicar a mantenimiento para facilitar una *diagnosis* lo más acertada posible.

Pero la aplicación de los principios de la semiología se ha expandido de manera importante. En efecto, desde principios del siglo XX se han venido desarrollando y aplicando a otras ramas de la ciencia. Tal el caso de la Ingeniería y, en lo que interesa, a las actividades de mantenimiento y conservación, teniendo en cuenta el grado de avances de todo tipo que es producto de la innovación tecnológica, explosiva y constante, especialmente en los últimos decenios. En el caso del área de **M&C**, el personal, para analizar los problemas y lograr un diagnóstico lo más acertado posible podría agregar la herramienta antes mencionada.

Es lógico preguntarse ¿para qué mantener? En tal caso se debe comenzar la respuesta buscando las causas de esa necesidad. Estas causas vienen por dos canales:

1. el hombre, que es quien diseña y elabora materialmente algo, lo usa y lo gasta. En este proceso debe considerarse el *cómo*; cómo se diseñó (errores de cálculo, defectos de forma, error al seleccionar materiales inadecuados. condiciones de uso extremo o inapropiado, etc.), fallas de fabricación, negligencias de montaje y cómo se lo usó;
2. el *tiempo*, en el cual actúan factores externos, tales como los procesos de oxidación, el mal uso, la temperatura ambiente, la contaminación física y química; pero, también actúan factores internos como las vibraciones, fallas de controles eléctricos, desajustes, fallas de materiales, errores de diseño, fallas debido a desgastes, etc.

Por todo lo antedicho, el área de **M&C** debe contar con personal formado sólidamente en lo técnico para poder "leer" la situación real de cada caso y así poder llegar a brindar las soluciones que requieren el resto de las áreas componentes de la organización. Los problemas que se presentan a diario que afectan a las instalaciones, equipos, máquinas, edificios, redes de fluidos, a diferentes sistemas, etc. de una empresa productiva o que presta servicios, requieren soluciones rápidas y económicas, para lo cual el personal debe ser calificado para poder *analizar los problemas*, lograr un *diagnóstico* lo más acertado posible y aplicar las *soluciones técnica y económicamente* acertadas.

Entonces, se impone que el personal de **M&C** recurra habitualmente a:

EL CUERPO Y LAS MÁQUINAS, SI SE LAS TRATA BIEN, DURAN TODA LA VIDA...

- los conocimientos concretos que se tengan sobre el tema que se trate (*el experto, el que sabe*);
- la experiencia (*el oficio, el "olfato"*);
- los registros de fallas y trabajos anteriormente realizados en cada bien (la *experiencia* y el *Historial*), y
- por los signos exteriores que presenta el equipo o la instalación, por ejemplo, daños físicos evidentes, el mal uso o accidentes no deseados; valores inadecuados de temperaturas; vibraciones; cavitación; desgastes prematuros, ruidos anormales; registros de elevado amperaje; pérdidas de presión, de aislación y de fluidos; desajustes, etc. (ver Cap. 9 - MANTENIMIENTO PREDICTIVO).

Las cuestiones de orden técnico deben ser tratadas de manera que pueda dar, realmente, respuestas al alto grado de desarrollo que se ha producido en cuanto a tecnología, pues el ingenio del hombre, especialmente en los últimos cincuenta años, muestra avances en investigación, diseños, desarrollos operativos, nuevos materiales y productos, entre otros aspectos, a un ritmo vertiginoso, alcanzando en muchos casos altísimo grado de sofisticación. Suena a vulgaridad, pero en muchos casos puede decirse que la realidad y la ficción se asemejan...Por lo mismo, para alimentar, operar y mantener tal grado de avance, es necesario disponer de sistemas de alto desarrollo.

El mismo desarrollo social, económico, técnico y tecnológico ha planteado problemas, en diferentes direcciones, que están en conexión. Quizás uno de los más importantes, sea el que se refiere a incorporar personal para **M&C**, en cualquiera de sus niveles, respetando los requerimientos que tienen los perfiles del personal de dirección, supervisión, técnicos y operarios. Hoy se reclama al *potencial humano* del área de **M&C** un alto grado de preparación, en todos los niveles para cubrir todas las posiciones de su organización.

Hoy día, en la búsqueda del personal para el área de **M&C**, se prioriza el nivel de conocimientos y experiencia concretos, para lograr un potencial humano capaz de atender problemas complejos. En consecuencia, dicho personal se convertirá en un verdadero *potencial* en tanto posea conocimientos reales y fije su atención en el concepto de *innovación*. Los nuevos productos que van apareciendo, salen en su gran mayoría de líneas de producción cuyo mantenimiento y conservación necesita de personal altamente calificado, que sea capaz de realizar múltiples tareas complejas y delicadas, para lo cual se requiere que los conocimientos del personal estén constantemente actualizados.

Esto se logra con políticas claras orientadas a ordenar actividades en base a planes de capacitación y desarrollo para el personal del área **M&C**.

De esta forma, con tiempo, se logrará contar con plantillas de personal técnico y operarios hábiles y capacitados para manejar nuevos materiales, distintos procesos tecnológicos de soldadura, manejo de máquinas-herramienta controladas numéricamente, utilización de instrumental sofisticado para control de mediciones y tolerancias muy estrictas, realización de trabajos de ajustes delicados, tratamientos térmicos precisos, sólo por mencionar algunas de las tareas requeridas en estos tiempos.

4 – Los cuatro campos de incumbencia del área de *M&C*

Toda empresa basa su accionar en estos tres conceptos: su *organización*, la forma de hacer *gestión* y cómo establece y ejecuta los *controles*, conceptos que a su vez son el basamento de los cuatro campos en los cuales desarrolla las tareas:

a) la *función técnica*;
b) la *función administrativa*;
c) la *función económica*, y,
d) la *función de innovación*.

Estos cuatro campos de incumbencia se desarrollan detenidamente en el punto 5 del Capítulo 3.

5 – Objetivos

Este es un tema de suma importancia; por lo mismo y en principio, deberán tenerse en cuenta algunas consideraciones, tales como:

a) cada una de las áreas de una organización y la organización misma, deben funcionar sobre la base de objetivos;
b) todo objetivo debe ser establecido teniendo en cuenta las siguientes consideraciones:
   • que sea posible de alcanzar;
   • de cumplimiento posible;
   • que sea claro en su redacción;
   • posible de ser medido;
   • estable en el tiempo;
   • que sea conocido por todas las personas involucradas.

Teniendo en cuenta las premisas antes mencionadas, es posible proponer objetivos de orden general destinados a todas las áreas de la empresa;

OBJETIVOS (de orden general)

1 – cuidar los activos de una organización;
2 – maximizar el tiempo productivo de equipos e instalaciones;
3 – mejorar constantemente el funcionamiento de cada una de las áreas componentes de la organización;
3 – lograr un nivel aceptable de la eficiencia del conjunto;
4 – respetar y hacer respetar las normas y reglamentaciones generales y específicas por parte de todas las personas que la componen;
5 – actuar y tener bajo control todas las actividades de la organización;
6 – asegurar el aspecto económico de todas las operaciones de la organización.

Los objetivos del recuadro son de orden general y de aplicación a cualquier tipo de organización. Quienes dirigen cada organización deberán establecer sus propios objetivos, adecuados a sus necesidades y posibilidades, pero teniendo en cuenta que todo servicio de mantenimiento y conservación debe tener establecidos los objetivos propios, a manera de guía y dirección.

En el punto 6 del capítulo 3 se desarrolla este tema particularizando su aplicación al área de **M&C**.

6 – Mantenimiento y conservación: propuesta de definición

El lector hasta aquí tiene los elementos necesarios que permiten definir los objetivos y funciones que le caben al área de **M&C**. Reuniendo todos esos conceptos, se propone esta definición:

MANTENIMIENTO y CONSERVACIÓN

El área de **M&C** debe desarrollar una serie de complejas tareas de orden técnico-económico, las cuales tienen por finalidad la preservación de los activos de la empresa, a la vez que la maximización de la disponibilidad de los equipos e instalaciones, de manera tal que se produzca teniendo en cuenta la cantidad, la calidad y oportunidad que se haya preestablecido y comprometido, tratando que su gestión se lleve a cabo en el menor tiempo posible y al menor costo.

---

7 – Análisis de la definición propuesta

Es interesante considerar una serie de conceptos contenidos en la definición precedente, pues son dignos de ser tenidos en cuenta, a los efectos de dejar en claro la real función del área en cuestión y el alcance de sus responsabilidades:

*"El área de **M&C** debe desarrollar una serie de complejas tareas de orden técnico-económico..."*

Tal como lo indica la experiencia, el área destinada a desarrollar los trabajos de mantenimiento, lo hace en temas que son complejos, erráticos, distintos unos de otros; de ahí la complejidad. Esto desde el punto de vista técnico, pero además, se agrega la variable económica: se puede hacer todo, pero dentro de límites económicos y de tiempo.

"...las cuales tienen por finalidad la preservación de los activos de la empresa..."

Mantener en valor los equipos de la empresa es el principal objetivo.

"...a la vez que la maximización de la disponibilidad de los equipos e instalaciones,..."

Lo antedicho constituye otro de los objetivos del área de **M&C**.

"...de manera tal que se produzca teniendo en cuenta la cantidad, la calidad y oportunidad que se haya prometido y comprometido,..."

Sólo cuando los equipos e instalaciones tienen un nivel aceptable de mantenimiento puede esperarse que la producción responda a las especificaciones que estén vigentes.

"...tratando que su gestión se lleve a cabo en el menor tiempo posible y al menor costo".

Dado que la producción tiene acotados sus costos para poder competir en los mercados, el área de **M&C** debe colaborar en su tarea de mantener equipos e instalaciones que tiendan dar respuestas lo más rápido posible y, desde el punto de vista de la economía del proceso operar el menor costo posible.

8 – Formas, estilos y tipos de mantenimiento

De la definición sugerida para el área de **M&C** se aprecia que su organización deberá ajustarse a los conceptos de aplicación general para cualquier organización. En particular, el diseño de un área dedicada al mantenimiento y conservación tendrá en cuenta estos tres conceptos generales:

✓ las FORMAS

Se le debe dar al diseño de la organización del área en cuestión una forma tal que ayude al desarrollo de las actividades propias del área de **M&C**, ya sea con un Mantenimiento central (o centralizado) y descentralizado (VER Cap. 6);

✓ el ESTILO se refiere al orden de importancia de cada trabajo y su lugar en el tiempo: de esto se encarga la Programación del mantenimiento (VER Cap. 7). En realidad, esta forma se materializa en la oficina de Programación, ente que es responsable de elaborar y controlar los planes y programas de mantenimiento, conservación, modernización y nuevas obras, para todos los tipos de mantenimiento;

✓ los TIPOS de mantenimiento, en el caso del diseño del área mencionada se refiere a considerar aquellos que se desarrollan en base a un programa, tal el caso de:

- Mantenimiento rutinario (VER Cap. 10);
- Mantenimiento preventivo (VER Cap. 8);
- Mantenimiento predictivo (VER Cap. 9).

Estos tres tipos de mantenimiento mencionados operan según los planes y programas que elabora la oficina de Programación. Como es de imaginar es posible organizar un servicio de mantenimiento y conservación en el cual se combinan FORMAS. ESTILO y TIPOS de actividades; deben convivir con el debido equilibrio que debe imperar dentro de una organización.

EL ARCA DE NOÉ

Mucho de lo que necesitamos saber dentro del Mantenimiento lo podemos aprender del Arca de Noé.
Veamos:

Uno: ¡No pierdas el barco!...

Dos: Recuerda que todos estamos en el mismo barco.

Tres: Planifica pensando con tiempo. No estaba lloviendo cuando Noé construyó el arca.

Cuatro: Mantente en forma. Cuando tengas 60 años, alguien podría pedirte hacer algo realmente grande.

Cinco: No hagas caso a las críticas; sólo haz el trabajo que tienes que hacer como debes hacerlo.

Seis: Traté de poner tu futuro en tierra alta.

Siete: Por seguridad, no viajes atado.

Ocho: La velocidad no siempre es ventajosa. Los caracoles estaban a bordo junto con los chitas.

Nueve: Cuando te encuentres estresado, "flota" por un rato.

Diez: Recuerda, el arca fue construida por principiantes; el Titanic por profesionales y...

Once: En la tormenta escucha las voces de quienes saben. En Mantenimiento esto es una máxima.

Doce: No importa la fuerza de la tormenta, cuando estás con Dios, siempre hay un arco iris esperándote.

Luis Maciero

Capítulo 2

CONCEPTOS GENERALES ACERCA DEL TÉRMINO ORGANIZACIÓN

1 – Objetivos de aprendizaje

1. Definir los términos relacionados a Organización.
2. *Estructura* y O*rganización*.
3. Describir las formas que puede adoptar la estructura.
4. Acerca de otros términos relacionados al tema.
5. Conocer y explicar las *partes componentes* de la organización.

2 – Introducción

El lector encontrará en este capítulo una serie de conceptos referidos al término *organización*, a fin de ubicarlo en tema. Además podrá ampliar conocimientos acerca de este importante término, su conceptualización, la aplicación real y directa al área en cuestión. Sí habrá de encontrar consideraciones referidas a su aplicación al área de **M&C**. Al final del libro se ha listado una serie de excelentes obras destinadas a comprender el alcance e importancia del término *organización*.

La palabra **organización** tiene varias acepciones, de las cuales se puede inferir el significado y alcance del término en cuestión:

- *disposición, arreglo, orden;*
- *conjunto de personas que, trabajando en equipo y con los medios adecuados, tratan de alcanzar un fin determinado;*
- *entidad conformada por dos o más personas reunidas para alcanzar determinados resultados que, de manera individual no podrían lograr;*
- *disponer personas y/o cosas de una manera determinada para alcanzar una meta.*

3 – Definición de términos y conceptos referidos a *Estructura* y *Organización*

Siempre es saludable saber "de qué estamos hablando…", para lo cual se impone definir términos, de manera que las palabras no traicionen el sentido de la discusión, aclarando siempre que hay infinidad de definiciones para cada palabra. En el caso de dos términos como *estructura* y *organización*, suelen confundirse los respectivos significados y sentidos. Por lo mismo, se proponen definiciones de sendos términos,

ESTRUCTURA

Forma y disposición armoniosa que toma el ordenamiento de todos los organismos previstos dentro de una organización para que puedan desarrollar el rol para el cual están destinados, siendo el *organigrama* una (mera) representación gráfica de la estructura.

Cuando se refiere al término *estructura* se está hablando de un término abstracto. La *estructura* de una *organización* se la puede considerar como el esqueleto de la misma. El *diseño de la estructura* requiere un <u>cuidadoso, armonioso y equilibrado estudio</u>, pues si el resultado muestra componentes de menos, la *organización* tiende a ser ineficaz y, consecuentemente, ineficiente. Si por el contrario, la *estructura* muestra componentes en exceso, la organización tenderá hacia la burocracia, cuyo resultado será la lentitud de respuestas en todos los órdenes y, a la postre, eso concluye en ineficacia e ineficiencia.

Resumiendo:

ESTRUCTURA deficiente → ORGANIZACIÓN pobre → ineficiencia e ineficacia.
ESTRUCTURA excesiva → ORGANIZACIÓN burocrática, lenta → ineficiencia e ineficacia.

4 – Estructura de la Organización

La estructura de una organización cualquiera es algo muy complejo que encierra, silenciosamente, a personas y sus personalidades, redes de intereses, sentimientos, apetencias, actividades propias, efectos externos, limitaciones internas y externas, etc.

La importancia de la estructura es que da una idea clara de la organización, pues constituye el patrón formal de actividades y permite ver las interrelaciones entre las distintas subunidades (áreas) que componen la organización. Para graficar la estructura organizacional se recurre a un artilugio llamado "*organigrama*", en el cual se muestran todas las áreas que la componen y las líneas de relación entre las áreas y los diferentes niveles jerárquicos en las que se ubican las mismas.

La *estructura* procura:

– acomodar las diferentes áreas de responsabilidad (dirección, administración, producción, ventas, etc.). Dichas *áreas de responsabilidad* tienen razón de ser por las funciones que se le han asignado en el proceso del *diseño organizacional*;
– asegurar que se produzcan acciones repetitivas, de manera regular, tal como están pautadas en las *prácticas operativas*, respetando el estilo que la dirección pretende darle a la organización.

Por su parte, cada área tiene su propia estructura. La suma de las estructuras de cada una de las áreas de la organización conforman, a su vez, la estructura de toda la empresa.

La *estructura organizacional* tiene una influencia decisiva sobre el comportamiento de cada uno de los individuos que la conforman y ello se logra con las *acciones de control*, importante concepto que se desarrolla más adelante y que hace que la organización se oriente a alcanzar fines que están previstos.

Es importante tener en cuenta que, por infinidad de razones, toda estructura va a ir cambiando en el tiempo. Estos cambios inexorables obligarán a la dirección a estar atenta a los mismos para reacomodar la organización con rapidez y, de esa manera, estabilizar el funcionamiento de la misma. Son ejemplos de lo antedicho: la desaparición del dueño, el retiro de un jefe, cambios o incorporación de nuevos socios, cambios en los productos y/o servicios, cambios que afectan la política financiera de la empresa, el ordenamiento aduanero, etc.

Antes de hablar, escucha...
Antes de desarmar, piensa...
Antes de gastar, gana...
Antes de juzgar, espera...
Antes de renunciar, intenta...

Conclusión:
En el mundo siempre habrá personas que te van a amar por lo que eres y otras que habrán de odiarte por la misma razón.

5 – Las formas de la estructura

En cuanto a las formas, las organizaciones pueden tener tres figuras, a saber: *vertical, plana* o *celular*. Las figuras que siguen, ilustran estas estructuras:

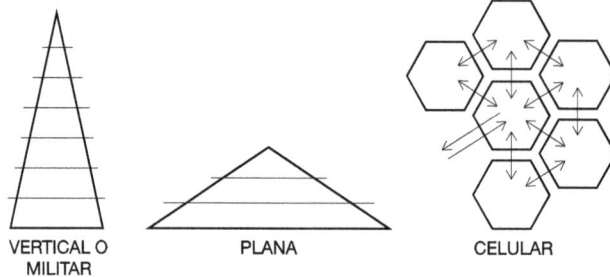

VERTICAL O MILITAR   PLANA   CELULAR

- **Estructura vertical**:
  También de nominada *militar*, es una forma de estructura que tiende a la rigidez y, por otra parte, se puede considerar que es una estructura conservadora, que trata de perdurar en el tiempo con escasas modificaciones. Presenta en general muchos niveles jerárquicos, a veces demasiados, lo cual hace que las órdenes que bajan de los niveles superiores y las respuestas que deben darse desde los niveles inferiores, sean lentas en el tiempo. La multiplicidad de escalones jerárquicos tienden, no pocas veces, a producirse situaciones erróneas. Además, por lo antedicho, constituye una estructura que tiende a ser burocrática donde las responsabilidades suelen diluirse, mientras que la ocupación de las posiciones dentro de la estructura se basa, generalmente en distintas formas de méritos, no siempre aceptables.

- **Estructura plana**:
  Es una estructura que tiene menos rigidez que la anterior forma, pues tiende a estructurarse con una cantidad mínima de niveles jerárquicos. Es decir, al tener un mínimo de niveles jerárquicos, la dirección y la supervisión están más cerca de los *cuadros operativos*, con lo cual se gana en velocidad de respuesta en cuanto a orden/acción. Por otra parte, si las órdenes son concisas, en forma de consignas, contribuye a hacerla más ágil, especialmente si muchas de ellas son de carácter verbal. Esta forma de estructura requiere, como premisa, que todos los integrantes:

a) sepan claramente la asignación de funciones y la distribución de las responsabilidades que tiene cada área y cada integrante del rol de personal; esto es, que todos conozcan las reglas de juego. Esto se logra cuando están claramente definidas las áreas, la *descripción de funciones*, *límites físicos de responsabilidad* los *límites personales* y las *líneas de relación* que indican las vías que comunican a las áreas internas de la organización y a las mismas personas;

b) cada integrante de la organización debe saber lo que tiene que hacer (el QUÉ, el CÓMO y el CUÁNDO hacerlo);

c) las funciones se ocupan teniendo en cuenta, básicamente, tres conceptos: *conocimientos, desempeño* (habilidades) y *experiencia.*

- **Estructura celular:**
  Se establece para alcanzar determinados objetivos. Su duración puede ser permanente o durará tanto como cuanto esté vigente el proyecto que da origen a esta forma de organización. Es una forma que se adopta para trabajos especiales. La cantidad de niveles jerárquicos y la cantidad/calidad de posiciones estará dado por la magnitud del trabajo, la obra o el proyecto.

Las tres formas de estructura organizacional expuestas generalmente pueden o no presentarse definida de una sola manera, sino que, generalmente conviven dos o las tres formas antes descriptas. Esto depende de muchos factores; por ej.: el tamaño de la empresa, la cantidad de plantas juntas o distribuidas geográficamente, el tipo de productos/producción se combinan entre sí y esto depende de la ubicación geográfica, etc.

Toda *estructura organizacional* es un ente complejo –se puede decir virtual– que reúne, silenciosamente, a personas con sus respectivas personalidades, que forman parte de redes de intereses y manifiestan sus apetencias y sentimientos, limitaciones internas y externas, etc.

La *estructura* procura:

- acomodar de manera armónica las diferentes *áreas de responsabilidad* (dirección, administración, producción, ingeniería, ventas, etc.).
  Dichas *áreas de responsabilidad* tienen razón de ser por las funciones que se les ha asignado en el proceso del *diseño organizacional;*
- dar el *sentido del orden,* asegurando que las diferentes operaciones respondan a especificaciones, protocolos y

estándares, tal como están pautadas en los planes y programas;

- respetar *el estilo* que la dirección pretende darle a la organización.

Quienes sean los responsables de diseñar la organización, habrán de decidirse por adoptar la forma más económica en término de tiempo, dinero y esfuerzos del personal.

No se debe dejar de considerar que toda *estructura organizacional* es un ente complejo que reúne y representa, silenciosamente, a personas que tienen sus respectivas personalidades, que forman parte de redes de intereses y que suelen manifestar sus apetencias y sentimientos, limitaciones internas y externas, de manera consiente o inconsciente.

6 – Organización

Tal como se adelantara al empezar este capítulo, sólo se expondrán los conceptos necesarios para entender el tema que hace a la estructura organizacional, para luego pasar a la aplicación al área de **M&C**. El término organización tiene, como es de suponer, diversos significados. La definición –que como toda definición es incompleto– no es la única, pero se propone ésta:

ORGANIZACIÓN

Es el funcionamiento solidario de un conjunto de áreas, cada una de las cuales tiene su propia entidad dentro de una estructura, estando destinadas a llevar a cabo una serie de actividades complejas, combinadas sistemática y conscientemente, con el fin de ordenar y orientar esfuerzos individuales y colectivos, para tratar de alcanzar las metas y objetivos que hayan sido previstos.

Analizando la definición propuesta, es interesante considerar una serie de conceptos relacionales, dignos de ser tenidos en cuenta:

- *forma*: figura, orden, representación,
- *disposición*: arreglo, orden,
- *conjunto*: de personas que, trabajando en equipo y con los medios adecuados, tratan de alcanzar un fin determinado,
- *entidad*: conformada por dos o más personas reunidas para alcanzar determinados resultados que, de manera individual no se podrían lograr,

- *disponer ideas, personas y/o cosas, de una manera lógica y determinada*: para alcanzar objetivos y metas.

Acerca del término en cuestión se ha propuesto una de tantas existentes al solo efecto de ordenar conceptos, en primera instancia y, por otra parte, sirve para comenzar a discutir este tema crucial, teniendo como base el significado de ambas palabras (*estructura* y *organización*).

Las siguientes consideraciones referidas a ambos términos, sirven como resumen:

✓ mientras que el término *estructura* se puede materializar representándolo con un gráfico (organigrama), *organización* es un concepto abstracto, pero se puede percibir, describir literalmente y apreciar por sus resultados;

✓ el *diseño de la estructura* de una organización cualquiera está referido a sus componentes estructurales que, en principio y silenciosamente, involucra a personas y a sus respectivas personalidades, las redes de intereses, los sentimientos, capacidad física e intelectiva, apetencias, actividades propias, efectos externos, limitaciones internas y externas, etc.;

✓ la *estructura* constituye el patrón formal de actividades con la cual se procura mostrar las diferentes áreas de responsabilidad (dirección, administración, producción, ventas, etc.) y, a su vez, dar una idea clara de la organización;

✓ el *organigrama* sólo es una mera representación gráfica de lo que es la *estructura organizacional,* el cual debe ser complementado con un *manual de organización* que habrá de contener la *misión* y la *visión* de la organización, se definen las funciones de cada área, se deja fijada la cantidad de posiciones (puestos de trabajo) por especialidad y jerarquía, así como todo otro dato de interés que haga a la organización;

✓ por su parte, cada área tiene su propia estructura. La suma de las estructuras de cada una de las áreas de la organización conforman, a su vez, la estructura de toda la empresa;

✓ los *campos de responsabilidad*(*) tienen razón de ser por las funciones que se le han asignado a cada área en el proceso del *diseño organizacional*:

   – para asegurar que se produzcan acciones esperadas, de manera de regular, tal como están pautadas en las normas, protocolos, manuales, planes y programas,

- respetando el estilo que la dirección pretende darle a la organización.

Toda organización se mueve orientada hacia sus *objetivos* y esto tiene una influencia decisiva sobre el comportamiento de cada uno de los individuos que la conforman. Los diferentes niveles de dirección y supervisión pueden llegar a orientar la marcha de la empresa, siempre que se den estos cinco elementos:
- saber pensar antes de actuar;
- saber lo que se necesita;
- saber qué es lo que hay qué hacer;
- saber cuándo deben hacerse las cosas; y,
- saber a quién debe pedírsele que haga las cosas.

El diseño de una *estructura* procura:
- acomodar de manera armónica las diferentes *áreas de responsabilidad* Dichas *áreas de responsabilidad* tienen razón de ser por las funciones que se les ha asignado en el proceso del *diseño organizacional*;
- dar el *sentido del orden,* asegurando que las diferentes operaciones respondan a especificaciones, protocolos y estándares, tal como están pautadas en los planes y programas;
- respetar *el estilo* que la dirección pretende darle a la organización.

La importancia de la *estructura* es que da una idea clara de la organización, pues constituye el patrón formal de actividades y permite ver las interrelaciones entre las distintas subunidades (áreas) que componen la organización.

7 – El organigrama

Para visualizar una estructura organizacional se recurre a un artilugio llamado *organigrama*, en el cual se pueden apreciar, como mínimo, todas las áreas que componen una organización, las líneas de relación entre las mismas y los diferentes niveles jerárquicos en las que se ubican las personas que la integran.

El *organigrama* permite visualizar, a un golpe de vista, todos los componentes de la organización; de ahí su importancia.

Habrá que tener en cuenta que, por infinidad de razones, toda estructura va a ir mutando con el tiempo. Estos cambios inexorables obligarán a la dirección a estar atenta a los mismos

```
                    ┌──────────┐
                    │   ÁREA   │                  ──→ RESPONSABLE
                    └──────────┘
          ┌──────────┐    ┌──────────┐            ──→ ADJUNTOS
          └──────────┘    └──────────┘
    ┌─────────┐  ┌────┐ ┌────┐ ┌────┐ ┌────┐      ──→ JEFES
    │ SECCIÓN │  └────┘ └────┘ └────┘ └────┘
    └─────────┘
   ┌───┐ ┌───┐          ┌───┐ ┌───┐ ┌───┐         ──→ OPERARIOS
   └───┘ └───┘          └───┘ └───┘ └───┘
```

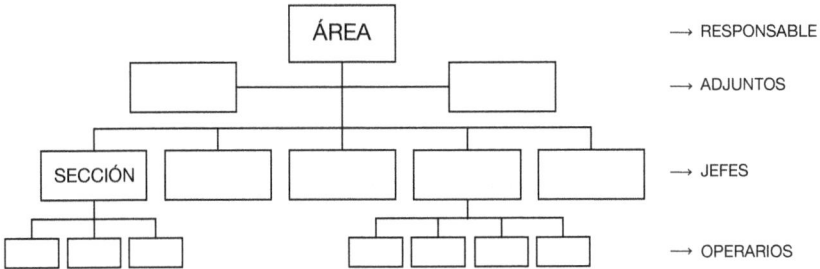

para reacomodar las piezas de la organización con rapidez y, de esa manera, actuar para estabilizar el funcionamiento de la misma. De producirse los cambios, será necesario actualizar el *organigrama* a la brevedad, para evitar confusiones.

El *organigrama*, como ya se ha dicho, es una mera representación gráfica de lo que es la estructura organizacional que debe ser complementado con un "*manual de organización*" en el cual se definen las funciones de cada área, se dejan fijadas la cantidad de posiciones (puestos de trabajo) por especialidad y todo otro dato de interés que haga a la organización. Además, se dejan expresadas la *misión* y la *visión* de la organización,

Cuando se expresa "la dirección", debe entenderse que están involucrados todos los niveles de conducción. Los resultados se logran cuando la dirección –más toda la supervisión– aplican ineludiblemente el concepto de *control*, por el cual se trata de no permitir lamentables desviaciones de lo que está definido. Está de más decir que todos los integrantes de una empresa deben aplicar controles, como principio.

Asimismo, es importante tener en cuenta que, por infinidad de razones, toda estructura va a ir mutando en el tiempo. Estos cambios, que son inexorables, obligarán a la dirección a estar atenta a las eventualidades que pueden presentarse y, en consecuencia, se deben estudiar y hacer los cambios a la brevedad, con el fin de reacomodar a la organización con rapidez y de esa manera estabilizar el funcionamiento de la misma.

8 – Componentes de la estructura organizacional

Tal como se adelantara al comenzar este capítulo, sólo se expondrán los conceptos necesarios para entender el tema que hace a la estructura organizacional, para luego pasar específicamente a la aplicación al área de **M&C**.

La *estructura* de una empresa está compuesta por diferentes compartimentos denominadas *áreas*. Cada área dentro de la estructura tiene una razón de ser, para estar incluida. A su vez cada área tiene su propia estructura, que se ajusta a las responsabilidades que le caben. La estructura se grafica con un simple *organigrama*.

Cuando a las *áreas* que componen la *estructura* se les suma *la comunicación* se puede considerar que se está, en principio, frente a una organización; luego:

> *"Conserva tu boca cerrada y quieta la lapicera hasta que conozcas los hechos"*
>
> A.J.Carlson

> estructura + **comunicación** = **organización**

Una *estructura* comienza a funcionar como *organización* sólo cuando se establecen *comunicaciones* fluidas. Por lo mismo, se puede concluir que mientras no se dote a la *estructura* de un buen clima y medios para que las partes componentes estén fluidamente interrelacionadas, la misma no pasará de ser sólo una "estructura ciega". De ahí la importancia que tiene la *comunicación* como concepto y como sistema, para que una *organización* comience a definirse.

Pero, para funcionar como se prevé es necesario agregar otros conceptos. Tal el caso de la *sistematización*, pues:

> estructura + comunicación + ***sistematización*** =
> organización **eficaz**

Con el agregado de la sistematización se va a tender a una *organización eficaz*, en cuanto su forma de accionar. Pero, además es necesario que la organización accione metódicamente, pues para ser *eficiente* deberá accionar respetando los métodos establecidos. Entonces, las acciones se podrán concretar en tiempo, forma y con el nivel de costos, tal como fuera previsto. Para ello la organización debe buscar la *eficiencia*:

> estructura + comunicación + sistemas + ***métodos*** =
> = organización **eficaz** y **eficiente**

El diseño organizacional es una tarea compleja, pues es necesario conjugar diversas variables que van más allá de los procesos productivos; se trata de trabajar con personas, de manera armoniosa, cosa que no es tan fácil. De ahí que el *organigrama* muestra la disposición de las áreas, pero en ningún momento se introduce en las personalidades que cubren las diferentes tareas de una organización.

Para tratar de ordenar la forma de accionar de la organización, el diseñador deberá definir y establecer conceptos tales como la *misión* de la organización, la *visión* hacia dónde todos los componentes de la organización deben dirigir su voluntad y accionar.

En el diseño de la estructura se tendrá en cuenta, además de la *forma* el *estilo*; este último concepto es lo que le da el carácter a una organización. Estos conceptos hacen a la *cultura* y, con el tiempo se van delineando los *valores*. La cultura de una organización está dada los valores adoptados, las costumbres, ritos y mitos con que se manejan sus integrantes.

Todos estos conceptos se deben dejar manifestados en un *manual de la organización* en el cual se vuelcan las *áreas* y la descripción de su responsabilidad general, las actividades básicas, el tamaño de su *fuerza efectiva*, los *límites* (físicos y operativos) *de responsabilidad* que le cabe a cada área; las *líneas de relación* entre las partes componentes de la organización y sus distintos niveles jerárquicos.

Posteriormente y para cada área se debería elaborar el denominado Manual del área, el cual debe reunir todos los datos referentes a la organización interna de cada área. El mismo debería contener, de manera concisa:

* la denominación del área
- las funciones del área
- las líneas de relación jerárquica
- la estructura interna
- descripción de cada una de las funciones
- los límites de responsabilidad
- de quién depende y a quienes dirige
- cantidad de personas por especialidad, categoría, etc.

El Manual de la organización –general y particular de cada área– en muchas empresas, se suma el *Manual operativo*, en donde se dejan delineadas las actividades, frecuencias, tipo de resultados esperados, calidades, etc.; éste sirve de guía, pero además se utiliza como medida para las evaluaciones periódicas.

Estos conceptos, sus respectivas definiciones o significados, los diferentes manuales y la estructura orgánica deben ser dinámicos, pues con el tiempo la organización y la estructura que la contiene van mutando por causas internas o externas. En consecuencia, la persona u organismo –interno o externo– que es responsable del estudio de la organización, deberá mantener todos los documentos al día. Hay organizaciones que no se ajustan a este tipo de documentación, pero enfrentan con el tiempo diferentes problemas, muchas veces producto de la falta de normas y procedimientos, de manuales que son la guía del trabajo de cada área, confusión de responsabilidades y funciones ("…a mí no me corresponde…") que generan no pocos problemas y conflictos. La falta de los documentos mencionados y de las definiciones de cada término, conducen a la improvisación. Pero, además, al no tener una guía como lo son estos manuales operativos, se está en manos del personal que concluye ser "¡¡el único que sabe"!!...

9 –Tendencias actuales de la estructura organizativa

El título de este parágrafo encierra temas que son motivo de constantes discusiones académicas, pues es difícil consensuar acerca de las características que sobresalen y que rigen hoy día (¡ya en el siglo XXI!...) el diseño y funcionamiento de las organizaciones.

"El aliado táctico puede ser el enemigo estratégico."
Gral. Patton

En este sentido, influyen los avances de la tecnología y los cambios que afectan a la sociedad, en todos los campos, lo que obliga a repensar todos los aspectos que hacen a la organización. Para expresarlo con propiedad, en la actualidad, después de haberse experimentado con diferentes modos, formas y contenidos, la estructura organizativa de hoy, según el criterio de los autores, tiende a tener las siguientes *características*:

a. *se privilegia el capital humano*:
En términos generales, las organizaciones actuales tienden a darle importancia a su capital humano, lo cual no implica que se sigan produciendo en el mundo del trabajo desigualdades y postergaciones. Los avances tecnológicos que se aplican de manera intensiva en las empresas ha obligado a las mismas, a realizar inversiones para formar y educar al personal en el uso adecuado de las nuevas herramientas de alto desarrollo. De manera conjunta a los avances técnicos y tecnológicos, se está valorando el conocimiento; éste es el aspecto que más se valora y se cultiva en casi todas las empresas. Se puede afirmar que:

Persona que desea saber → *persona que va a crecer,*

dentro de la estructura organizacional. De ahí que las empresas tienden a formar y capacitar a su personal, dado que constituye un verdadero capital.

Esa inversión debe redituar y, por lo mismo, la empresa cuida ese capital humano que conforma su *fuerza efectiva*. Asimismo, las organizaciones han optado por dar a su personal diversas formas de capacitación, formación y entrenamiento, casi de manera constante, en lo que se invierte mucho dinero, tiempo e investigaciones con miras a ir mejorando las formas didáctico-pedagógicas de formación "*in company*" o fuera de las empresas, en instituciones de formación de todo nivel, en el país y el extranjero.

No se puede negar que las organizaciones de todo tipo hacen inversiones importantes en cuanto al cuidado de su potencial humano; esto es, se invierte en el cuidado y crecimiento formativo de su personal, así como en bienes de capital, estableciendo normas de seguridad, invirtiendo en elementos de seguridad, capacitación, etc.;

b. la *estructura organizativa*:
   – tiende a ser *plana,*
   – enfatizando la *simpleza*,
   – con fijación de *objetivos claros*,
   – con una *organización flexible*, y
   – *funcional*, con personal multipropósito, y
   – una supervisión que tienda a "*funcionar sola*"(ver FUNCIONAR SOLO).

Estas características dan a la organización la posibilidad de adaptarse de manera rápida frente a los cambios que se producen dentro o fuera de la misma.

La *simpleza del diseño organizacional* está dada, por lo general, por una estructura plana, diseñada con la menor cantidad de niveles jerárquicos posibles y una cantidad ajustada de áreas. Esto, a su vez, permite estructurar con mayor flexibilidad los cuadros operativos, de manera de hacer que la estructura sea eficaz por lo funcional, para lo cual esta organización requiere de personal muy capacitado.

Previo al diseño de la organización se dejan establecidos los *objetivos generales* que deberán regir todas las actividades (ver MISIÓN/VISIÓN + FUNCIONAR SOLO);

c. si en el mismo proceso de diseño se logra que la estructura sea simple, flexible y funcional, las *comunicaciones* deberán ser concebidas y diseñadas para que sean eficaces, de forma tal que, tanto vertical como horizontalmente se establezcan los contactos necesarios de manera rápida (*eficiencia*) y, a su vez, se obtengan respuestas rápidas (ver COMUNICACIONES);

d. quienes dirijan la organización deberían prestar atención a los *valores* que orienten la *gestión*. Por lo general, hoy se hace hincapié entre otros, a valores referidos a la ética, a la austeridad, a los cuidados del medio ambiente, a la responsabilidad personal de cada integrante (tanto hacia adentro de la organización, así como hacia fuera de la misma), a la calidad en el más extenso sentido del término, el respeto por el otro (el cliente interno y externo), etc.;

e. a esta altura de las consideraciones respecto del término ESTRUCTURA ORGANIZATIVA es necesario recordar que toda organización funciona en base a la *gestión* de quienes la integran. Esto es: realizar todos los estudios, las tareas y operaciones en dirección a alcanzar los objetivos que se hubieren planteado;

f. es oportuno mencionar que los aspectos *operacionales* y de *gestión* de la organización se deben basar en estos conceptos:
   – ajustar las operaciones a los *presupuestos operativos* de cada área y al presupuesto general que rige para toda la organización;
   – observar el cuidado de los *costos operativos* y de *servicio;*
   – establecer los *puntos de control* y la forma en que se harán los controles en cada uno de ellos;
   – decisiones basadas en *planes* y *programas;*
   – llevar la *gestión* con real *sentido económico;*
   – cuidar el nivel de la *calidad;*
   – observar y hacer cumplir las *normas de seguridad* para proteger al personal y los bienes;
   – tener como norma el tratar de hacer las cosas teniendo en cuenta la *eficacia, la eficiencia* y la *efectividad* de las acciones.

Las características generales mencionadas, que definen el diseño de una *estructura organizativa*, no son excluyentes de otras que se pudiesen considerar al diseñar una organización para cada caso específico. Con el tiempo, a medida que va avanzando la cristalización de la organización, va emergiendo, de manera impensada, la *cultura informal,* la cual agrega otras características. Esto no es ni bueno, ni malo, sólo es…, y es algo importante como para observar.

10 – La cultura organizacional: eficacia, eficiencia y efectividad

Es conveniente dejar en claro la importancia que revisten los términos que componen este capítulo. Por lo mismo, además de las definiciones se agregan comentarios y se listan condiciones para que las palabras tomen sentido. En efecto, una organización que desea alcanzar los objetivos que se ha propuesto debe tener conciencia del desarrollo de una fuerte cultura organizacional.

El lector puede apreciar que, además de las definiciones se consignan comentarios que ayudan a dar comprensión al alcance de cada término mencionado. En consecuencia, se entiende por

---

CULTURA

Conjunto de modos de pensar, costumbres, conocimientos y grado de desarrollo político, intelectual, técnico, tecnológico, industrial, formas de vida, suma de costumbres sociales y personales de una comunidad y de los grupos que la constituyen.

CULTURA ES COMO HACEMOS LAS COSAS ACÁ.
Henry Ford

Estos conceptos dados a una organización es aplicable a cada uno de los grupos que la integran –tal el caso de organismos públicos, empresas, clubes, hospitales, universidades, familias, etc., etc.– con el mismo sentido. Por lo mismo…

CULTURA ORGANIZACIONAL

La constituyen la suma de costumbres, conocimientos, políticas, prácticas operativas, suma de habilidades, la capacidad intelectual, el nivel de la comunicación y la suma de costumbres internas, que destacan a una organización.

Por su parte, los otros términos (EFICACIA, EFICIENCIA, EFECTIVIDAD), después de las respectivas definiciones, se hace referencia a diferentes comentarios, en orden a dejar en claro la importancia que tiene cada uno de ellos dentro de cualquier organismo:

EFICACIA

Virtud, actividad, fuerza y poder para obrar.
Es alcanzar los resultados preestablecidos.

La EFICACIA, en cualquier organización se logra cuando:
- la dirección tiene ideas claras y las comunica a todos,
- se sabe cuáles son las metas y objetivos a alcanzar,
- las personas componentes de la organización tienen claramente definidos sus roles,
- todos los componentes reciben formación y entrenamiento a fin de estar actualizados,
- la organización dispone de todo el herramental necesario para operar en todas sus áreas.

EFICIENCIA

Virtud y facultad para alcanzar un objetivo de la manera más económica.
Suma de actitud y aptitudes para alcanzar resultados preestablecidos.

La EFICIENCIA se basa en:
- una dirección que expone claramente sus políticas y decisiones,
- los valores, como el *tiempo*, el *dinero* y los *esfuerzos*, se aplican de manera racional y con sentido económico,
- los integrantes aportan conocimientos, experiencia y habilidades para alcanzar los estándares preestablecidos,
- disponer de tecnología actualizada.

NOTA:
En la primera acepción de la definición se dice "...*de la manera más económica*": debe entenderse que es la aplicación del término economía no solo al dinero, sino también, a valores como el tiempo, los esfuerzos, mayores inversiones, etc.

EFECTIVIDAD

Es el grado de logros preestablecidos que son alcanzados por una organización, grupo o persona, en términos reales.

La EFECTIVIDAD de una organización se logra cuando se conjugan actitudes y valores tales como:
- el orden,
- el grado real de adhesión de toda la organización a la conducción de la misma,
- actitud del conjunto para ir en el mismo sentido que la dirección,
- una dirección firme,

- las políticas claras y conocidas por todos,
- la masa crítica de conocimientos y habilidades,
- el clima interno,
- cuando se trazan objetivos claros, posibles y conocidos por todos.

En tanto, los grupos de personas que conforman la organización logran alcanzar la EFECTIVIDAD cuando:
- el liderazgo es claro,
- ordenamiento se basa en normas definidas y aceptables,
- roles de cada función están claramente definidos,
- existen políticas acerca de premios y castigos.

Por su parte, cada persona que integra la organización alcanza su propia EFECTIVIDAD cuando:
- se siente tenida en cuenta,
- se la mantiene informada,
- se le definen sus roles,
- se la forma y capacita de manera continua.

11 – Los controles

Desde el punto de vista de la organización como tema, el control es una actividad que se debe ejercer de forma constante a efectos que se cumpla lo que se ha preestablecido y tener la posibilidad de corregir desvíos de lo planificado u ordenado.

Las acciones de control se basan en *datos de referencia, estimaciones* en base a datos históricos, tabulaciones preexistentes, etc. Cualquier tipo de dato referencial que se adopte deberá ser estudiado previamente, de manera de no errar la meta deseada. De forma gráfica, este proceso de *plan→acción→control* se representa con este esquema:

Deberá recordarse que ningún sistema funcionará de acuerdo a lo previsto si no se diseña un adecuado programa de controles.

CASO

EL CASO MEGON SRL.

MEGON SRL fue una empresa que permaneció más de cincuenta años en el mercado. Se dedicaba a la fabricación de bombas industriales para el transvasado y alimentación de combustibles y aceites. Su fundador fue un modesto mecánico, pero habilidoso y decidido a más. El taller comenzó, como muchos otros, como un taller de reparaciones generales. El dueño, don Ricardo llegaba siempre temprano, ponía una pava a calentar agua para unos mates y comenzada con las tareas de reparación para cumplir con sus clientes. Trabajaba sin fijarse en horarios. Alguna vez comenzó a pensar en fabricar algo No sabía bien qué cosa, pero... Un día se le ocurrió, casi por casualidad, o por una corazonada, fabricar una bombita aspirante/impelente. Gastó muchas horas en fabricar un modelo de chapa soldada con engranajes rectos. La verdad es que resultó un engendro que perdía fluido por todas partes... Pero no bajó los brazos. Salió a preguntar a otros cómo mejorar su producto y, poco a poco, lo fue mejorando. Hasta se metió en la lectura de manuales y llegó a comprender los principios que proporciona la física. Pensó que el cuerpo podría ser fundido, que los engranajes helicoidales proporcionarían mayor rendimiento, que las pérdidas se podían disminuir colocando sellos sobre los ejes, etc. Ah!, don Ricardo tenía familia: esposa, paciente, dos hijas mujeres y dos varones a quienes veía pocas horas a la semana. A medida que los hijos varones (Pedro y Juancito) fueron creciendo los fue llevando al taller para que aprendieran a realizar diferentes tareas. Pedro, el mayor de los cuatro hermanos llegó hasta tercer año del secundario y decidió abandonar el estudio para ir a trabajar junto a su padre mientras que Juancito se graduó como técnico mecánico en la Escuela Industrial n° 17. Poco a poco Pedro fue quedando como la cabeza de la firma, mientras que su hermano se hizo cargo de la fabricación. Con el tiempo, se incorporarían los esposos de sus hermanas. Pedro, Juancito y los dos cuñados tomaban decisiones sobre la marcha sobre los más diversos asuntos y de esa manera funcionaba la empresa. Todos hacían de todo, por lo que muchas acciones se duplicaban y, muchas otras cosas quedaban sin realizar. Alguna vez Pedro, con buen criterio los reunió a todos y les propuso repartir la carga de responsabilidades, anotando en una cuaderno lo que habían decidido. Con el tiempo lo decidido se fue diluyendo...

Distintos avatares políticos, económicos, gremiales y personales hicieron perder mercado a sus bombas y en 2002 MEGON debió cerrar sus puertas.

Cuestionario:

1. lea detenidamente la historia de la empresa,
2. analice los aciertos y errores cometidos a lo largo de su historia,
3. a partir de los aciertos y errores proponga su diagnóstico, y
4. a la luz de los conocimientos obtenidos en este capítulo, exprese qué hubiese hecho Ud. para lograr la continuidad de la empresa.

Capítulo 3

EL ÁREA DE MANTENIMIENTO Y CONSERVACIÓN
Organización, gestión y control

1 – Objetivos de aprendizaje

Escucha y serás sabio.

1. Describir la aplicación de los conceptos acerca de Organización al área de **M&C**.
2. Definir los campos de responsabilidad del área de **M&C** dentro de una empresa.
3. Desarrollar algunas de las consideraciones a tener en cuenta para estructurar el área de mantenimiento.
4. Dejar establecidas las características que habrán de regir al área de **M&C**.
5. Definir las responsabilidades que habrían de asignarse al área de **M&C**.

2 – Introducción

Tomando como base los conceptos de que –a título general– se desarrollan en el capítulo 1, habrán de ser aplicados de manera específica al área de **M&C**, sin dejar de tener en cuenta las particularidades que distinguen a la misma. En efecto, el diseño de la estructura orgánica del área tiene que considerar las *Formas*, los *Tipos* y el *Estilo* que se le quiere dar a esta unidad.

2.1 – Las *Formas*

El área de **M&C** puede tomar tres *Formas*, a saber:
- *central* o *totalmente centralizado* (VER Cap. 6);
- *descentralizado;*
- *mixto* (centralizado + descentralizado).

Estas no son las únicas formas dado que, de hecho, pueden optarse por otras alternativas, según cada empresa, atendiendo a muchos factores. Las tres formas básicas mencionadas tienen estas características:

2.2 – Los *Tipos* de Mantenimiento

Dentro de cualquier *Forma* que se dé al área de **M&C**, caben diferentes *Tipos* de mantenimiento; el área de Mantenimiento cubre todas las acciones que se realizan bajo los siguientes tipos de mantenimiento:
- Mantenimiento rutinario (MRt.- Cap. 10)
- Mantenimiento preventivo (MPv.- Cap. 8)   } TIPOS de Mantenimiento
- Mantenimiento predictivo (MPd.- Cap. 9)

En síntesis, se define la función de cada uno de estos Tipos de mantenimiento como se indica:
- Mantenimiento a rotura (Mr.) → VER Cap. 5: acciona sobre los hechos (reparaciones o arreglos momentáneos), sin programación y sin aplicación del concepto de prevención.
- Mantenimiento programado (MPr.) → VER Cap. 7: es el *estilo* de ordenar las tareas que se le solicitan al área de **M&C** y se llevan a cabo para todos los tipos de mantenimiento, según prioridades asignadas a cada trabajo.
- Mantenimiento rutinario (MRt) → VER Cap. 10: se basa en un programa de verificaciones/acciones rutinarias, siguiendo rutas predeterminadas.
- Mantenimiento preventivo (MPv.) → VER Cap. 8: opera en base a un programa de rutinas de inspecciones y revisiones en *puntos críticos* definidos cuidadosamente.
- Mantenimiento predictivo (MPd.) → VER Cap. 9: es un tipo de mantenimiento destinado al análisis de vibraciones y otros fenómenos con procesos y aparatología sofisticada.
- Obras y grandes trabajos:

Eventualmente el área de **M&C** debe encarar obras y grandes trabajos que pueden ser realizados por su propio personal y/o con empresas contratistas.

2.3 – El *Estilo*

El *Estilo* se refiere al ordenamiento de todas las acciones del mantenimiento y la conservación en base a planes y programas. El *Estilo* se aplica a todas las *Formas* de encarar el mantenimiento(parágr. 1.1) y *Tipos* de mantenimiento (parágr. 1.2). En definitiva:

EL ESTILO ES EL HOMBRE.
Buffon

$$Estilo \rightarrow Mantenimiento\ programado\ (MPr.) \rightarrow$$
$$\rightarrow ordenamiento\ de\ tareas$$

Con respecto a la programación de las tareas, hay dos posibilidades: mantenimiento programado y la realización de tareas sin programar:

- sin programa de tareas de las actividades → Mantenimiento a rotura (Mr.);
- con programación de las actividades → los demás *Tipos* de mantenimiento;

3 – Particularidades del área de *M&C*

Un prolongado trabajo que se ha hecho por parte de los autores de este trabajo en tareas de capacitación y formación, así como en trabajos de consultoría llevados a cabo en muchas empresas y en varios países les ha permitido colectar datos y una interesante experiencia en cuanto a encontrar, de alguna manera, la idiosincrasia y características que definan al área de mantenimiento y del personal que en ella trabaja. Esto ha sido el fruto de innumerables trabajos de sondeo de opinión hechos entre integrantes de esta área y participantes de cursos. Algo que llama la atención de ese trabajo es que los datos que se han obtenido en diversidad de escenarios, da como resultado una cierta similitud en cuanto a las características, aun en diferentes países.

Se da por sentado que hay un alto grado de subjetividad en las conclusiones obtenidas, pero de todas maneras estas interesantes conclusiones dan una idea acerca de las particularidades que son propias del área en cuestión y de su personal. De todas formas, sirvan las conclusiones para ser tenidas en cuenta al momento de diseñar un servicio de mantenimiento industrial para que resulte una organización eficaz, eficiente y efectiva.

Del mismo análisis de las encuestas realizadas en muchos años, surgen valiosos comentarios –a veces jocosos– expresados por los mismos integrantes del área. Las dos preguntas que se plantearon en estas encuestas son las siguientes:

1ª. pregunta:
   "*Qué conceptos marcan o caracterizan al área de M&C*"; y,
2ª. pregunta:
   "*Cuáles son las características generales que definen al hombre de mantenimiento*".

Las interesantes respuestas referentes a esta segunda pregunta se consignan y desarrollan en el capítulo 12 - *Potencial humano en mantenimiento.*

3.1 – Respuestas a la primera pregunta: *consideraciones acerca del área de M&C*

Si querés conocer a la gente, andá a conocer su casa. Si querés saber cómo es el mantenimiento de una empresa, andá a recorrer su taller.

Las respuestas dadas en dichas encuestas por gente de Mantenimiento son elocuentes y dan una idea suficientemente acabada acerca de cómo se ve y cómo se considera, en general, el área de **M&C** desde adentro... A su vez, estas respuestas son de mucha importancia porque ayudan a perfilar el diseño de un área compleja. Se consignan las respuestas de mayor importancia, extractadas de dichas encuestas, con referencia a la primera pregunta:

✓ todavía hay organizaciones que al área de **M&C** sólo se le asigna la condición de área técnica y muy poco comprometida con la gestión económica;

✓ hasta no hace muchas décadas, el servicio de mantenimiento era considerado como un gasto en vez de considerarlo ua inversión. Dicho de otra manera: era considerado casi como... "un mal necesario";

✓ el gran conflicto del **M&C**: se centra, principalmente, alrededor de la escasez de tiempo para atender el cúmulo de trabajos que habitualmente se le solicita. El tiempo, en **M&C**, se traduce en las *horas-hombre disponibles*;

✓ el área, aun siendo eficaz en sus funciones y responsabilidades, no es un sector que, por lo general, se le reconozcan tales condiciones. En el mejor de los casos, se dice con cierta frecuencia que "Mantenimiento hace lo que corresponde...";

✓ quizá haya podido apreciar el lector que, no pocas veces el taller, el pañol de herramental y el almacén están en... el fondo de la fábrica y, a veces, instalados en ámbitos precarios.

✓ el establecer acuerdos con las áreas a las cuales **M&C** atiende no es una tarea fácil y, a veces, se producen conflictos;

✓ hasta no hace muchas décadas, de un modo comparativo, **M&C** no tenía la jerarquía de otras áreas;

✓ dentro de no pocas organizaciones, la gente de Mantenimiento piensa y siente que, aún hoy, no se le asigna el verdadera importancia que tienen las tareas del área de **M&C** y suele darse casos de no reconocimiento por el trabajo realizado. Si bien esto suena a cierto complejo, hay algo de cierto en lo que expresa la gente del área;

✓ los integrantes del rol de personal del área, en algunas oportunidades suelen ser considerados como los "feos, sucios y malos" (parafraseando el título de aquella entrañable película italiana de los años '80);

✓ con cierta frecuencia suelen registrarse atrasos –debido a diversas y aceptables razones– en el abastecimiento de repuestos y suministros generales que se necesitan en el área, para dar satisfacción a los trabajos solicitados;

✓ cada trámite de compras que se emite desde Mantenimiento… suele sufrir demoras "*en averiguación de antecedentes*" y, a fin de que el área de Compras apruebe los pedidos cursados, se deben dar muchas explicaciones para que se aprueben las respectivas solicitudes de compra (debe agregarse que muchas veces, para que se agilicen esos trámites es necesario hacer "*algunos favores…*" (por ejemplo, colocar algún tomacorriente o apurar la reparación de algún aparato perteneciente a esa área, o atender prontamente la limpieza de los filtros del aire acondicionado y demás pedidos por el estilo);

COMENTARIO

Teniendo en cuenta que el proceso de adquisición insume un determinado tiempo de concreción –tiempo que con frecuencia no se compadece con las necesidades y las urgencias de **M&C** y del *cliente interno*. En la medida de lo posible, Mantenimiento debe prever el tiempo que tardan en concretarse las compras y así, tomar las previsiones necesarias, a fin de evitar retrasos y seguros conflictos;

✓ todavía hoy, en algunas empresas, el área de Mantenimiento es considerada un "área multipropósito": tiene que hacer de todo y, a veces, se pretende que se encargue de tareas que no le corresponden a Mantenimiento. Ejemplo de lo dicho es que en muchas empresas a esta área se le han ido agregando tareas operativas como el manejo de la usina, o el taller de automotores, o los sistemas de climatización (calefacción/refrigeración) de los edificios, etc.;

✓ en conexión con lo dicho en el párrafo anterior, puede darse que, dentro de la organización de la empresa, haya tareas y/o responsabilidades que no están definidas, que "no tienen dueño..." o no tienen una clara asignación. Entonces, se corre el riesgo tomar el camino más fácil: asignárselas a Mantenimiento, distrayéndolo de su verdadero papel. ¡¡Esta situación tiene infinidad de ejemplos!!...;

✓ hoy día no se concibe que Mantenimiento no tenga su plan de desarrollo. No debiera cometerse este error, pues el personal de Mantenimiento debe ser tenido en cuenta en los planes y de programas de capacitación, dado que este personal que debe estar en constante proceso de actualización para poder enfrentar con eficacia los cambios que se producen en lo técnico y en lo tecnológico;

✓ el área de **M&C**, se ve afectado por la *instantaneidad,* dados los cambios de situaciones que se van produciendo momento a momento. Por lo mismo, el personal debe estar preparado para afrontar el rol que le cabrían dentro de los planes de contingencia.

4 – Responsabilidades del área de *M&C*

Quienes conducen el área de **M&C**, además de tener las funciones que se mencionan en el punto anterior, tiene definidas responsabilidades acerca de algunos temas. Así, estas responsabilidades cubren la administración del área, el aprovechamiento del tiempo, el cuidado de los costos, el desarrollo de su personal, entre otras responsabilidades.

4.1 – De administración (VER Punto 5 de este Capítulo):

M&C tiene que elaborar y controlar el presupuesto operativo del área; concretar y controlar el desarrollo de los presupuestos de grandes mantenimientos; mantener informada a la dirección de la empresa de toda su gestión económico-administrativa; realizar contrataciones de terceros contratistas respetando las normas internas; estudiar y realizar compras de repuestos, materiales y suministros necesarios, a su debido tiempo, cuidando la economía general y el cumplimiento de las normas internas al respecto; tener un atento manejo y control del pañol de herramientas y de equipos; de igual forma, prestar atención al buen manejo del *almacén* del área, especialmente en cuanto a repuestos y subconjuntos; ejercer un ajustado control de gastos; asimismo, cuidar los costos que se producen en y desde el área; informar acerca de los avances de los planes y programas habituales o especiales; consignar en el *Historial* los resultados y todo dato de interés de las tareas realizadas, entre otras responsabilidades.

4.2 – De aprovechamiento del tiempo

El cuidado del factor tiempo para el área de **M&C** es una de sus responsabilidades más importantes, dado que deben administrarse las horas disponibles con mucho cuidado, en orden a la eficiencia. Recurriendo a los *planes* ordenadores de las tareas y los *programas,* se cuidará el tiempo, de forma tal, de poder dar respuesta a una mayor cantidad de órdenes de trabajo que se reciben a diario, desde todas las áreas de la empresa.

4.3 – El cuidado de los costos

Tal como se ha venido expresando, se le asigna mucha importancia a la cuestión administrativa y económica del área de **M&C**, pues es el enfoque que se le debe dar a todas sus actividades que desarrolla. Por lo dicho, se enfatiza el cuidado de los costos, responsabilidad que le cabe a todo el personal del área.

4.4 – El desarrollo del personal

El responsable del área y quienes los secundan deberán, junto a Capacitación el plan de desarrollo del personal, con miras a alcanzar un aceptable grado de eficiencia con que se deben realizar las tareas de mantenimiento y conservación. Es redundante expresar que todos los días la industria va incorporando innovación y adelantos técnicos y tecnológicos, lo cual obliga a todo el personal de esta área en cuestión a estar en constante capacitación, de manera que el personal incorpore la eficacia y la efectividad a las tareas que se desarrollan.

El área deberá plantear ante quien corresponda el desarrollo de conocimientos teóricos y prácticos para el personal de mantenimiento, en temas generales como materiales, soldadura, sistemas de control, análisis de fallas, elementos de planificación y programación, lectura y comprensión de sistemas de representación, conducción de la fuerza efectiva, entre otros temas. Pero también se deben desarrollar temas específicos, tales como conducción de personal, liderazgo, costos, elaboración y control de presupuestos operativos y de trabajos especiales, uso

"Nos pasamos la vida pensando en cosas que nunca habrían de suceder."

W. Churchill

de aparatos de medición, negociación, el conflicto, la calidad, el concepto de seguridad, etc. A la capacitación cabe agregar los procesos de entrenamiento que sean pertinentes, dentro o fuera de la empresa.

4.5 – La seguridad del personal y los bienes

Debe ser una real preocupación del responsable y de los supervisores del área de **M&C** el cuidado de la integridad de todo el personal y de los bienes de la empresa. Se supone que la empresa ha materializado una serie de normas en tal sentido; por lo mismo todo el personal es responsable de cumplir y hacer cumplir los contenidos de estas normas.

5 – Propuesta de definición

Se propone la siguiente definición, a partir de la cual se desarrollarán otros temas:

MANTENIMIENTO y CONSERVACIÓN

Es el área que debe desarrollar una serie de complejas tareas de orden técnico, administrativo, económico y de *innovación*, las cuales tienen por finalidad la conservación de los activos de la empresa y la maximización de la disponibilidad de los equipos e instalaciones, de manera tal que se produzca respetando la cantidad, calidad y oportunidad que se haya preestablecido y comprometido, tratando que su gestión se lleve a cabo al menor costo y en el menor tiempo posible.

5.1 – Análisis de la definición

Es interesante considerar una serie de conceptos contenidos en la definición precedente, pues son dignos de ser tenidos en cuenta, a los efectos de dejar en claro la real función del área en cuestión y los alcances de sus responsabilidades:

– *"Es el área* (M&C)*que debe desarrollar una serie de complejas tareas de orden técnico, administrativo y económico…"*

En efecto, el proceso de todas y cada una de las órdenes de trabajo que se reciben en la oficina de Programación están sujetas a un proceso que no deja de ser complejo, por las multiplicidad de alternativas que se presentan para cada paso y que deben ser resueltas a la mayor brevedad por la oficina de Programación. Cada O.T. merece ser estudiada antes de darle el destino que corresponda, de manera que el trabajo que se solicita tenga el adecuado tratamiento, no solo desde el punto de vista técnico, sino, también desde lo económico. Ante tantas opciones, se ha de seguir la que procure un trabajo que se termine lo antes posible y al menor costo.

"...y de innovación,...":

En estos momentos el concepto de innovación se ha difundido por todas las áreas de una empresa que pretenda estar realmente actualizada. Por lo dicho los responsables de la empresa deben alentar a todo su personal a seguir este concepto. El área de **M&C** debe estar involucrada en tal sentido, sugiriendo todos los cambios que puedan resultar prácticos y convenientes para la empresa y que representen una innovación que aporte resultados positivos. Algunos ejemplos:

- modificaciones que tiendan a actualizar y modernizar los procesos operativos;
- estudiar cambios en el proceso de ordenamiento de las tareas internas del área con la ayuda de Ingeniería Industrial (métodos y sistemas);
- trabajar en conjunto con Ingeniería en la puesta al día de los equipos e instalaciones;
- introducir modificaciones en el estilo de trabajo del personal de talleres y especialidades;

NOTA:
En cuanto al concepto de innovación es interesante dar intervención a todo el personal del área de **M&C** para que aporten sus ideas al respecto. Nadie mejor que los supervisores y los operarios, que están en constante contacto con los equipos e instalaciones para que brinden ideas y sugerencias al respecto.

"...las cuales tienen por finalidad la conservación de los activos de la empresa...":

Este es el primer objetivo del área de **M&C**: cuidar los bienes muebles e inmuebles de la empresa, sus equipos e instalaciones.

"...y la maximización de la disponibilidad de los equipos e instalaciones...":

De esto se trata: hacer todo lo que fuere necesario de manera de disponer de todos los equipos e instalaciones en condiciones de producir de acuerdo a lo ofrecido y pactado; esto es: en cantidad, calidad y oportunidad.

"...*de manera tal que se produzca respetando la cantidad, calidad y oportunidad que se haya preestablecido y comprometido,...*":

Seguramente la empresa propone, produce y entrega sus productos de acuerdo con lo que ha ofrecido. Esto es, se produce tal como está establecido y de acuerdo a una determinada norma. Por lo mismo, el área de **M&C** debe asegurar que los equipos e instalaciones produzcan de acuerdo a lo que la empresa ha ofrecido y comprometido a sus clientes.

"...*tratando que su gestión se lleve a cabo al menor costo y en el menor tiempo posible*":

Lo expresado en este párrafo final, se explicitan dos metas a alcanzar en cada uno de los trabajos que desarrolle el área de **M&C**.

COMENTARIO

Todas las definiciones, de por sí y por lo general, son incompletas. Esta definición propuesta es una de tantas que se podrían exponer. Cada empresa deberá pensar su propia definición para el área en cuestión, haciendo todas las consideraciones que crea oportunas. Pero debe tener claramente definido lo que se desea de su organismo dedicado al mantenimiento y a la conservación de los bienes.

6 – Los cuatro campos de responsabilidad del área de *M&C*

La propuesta de este tema se adelantó en el Capítulo 1, punto 4 y la importancia del mismo radica en que toda empresa debe basar su accionar en estos tres conceptos: la organización, la gestión y los controles, conceptos que, a su vez, se aplican a los cuatro campos que son, en realidad, indicadores de las funciones que le caben, a saber:

✓ la *función técnica*
✓ la *función administrativa*
✓ la *función económica*, y
✓ la *función de innovación*.

En el punto 4 del Cap. 1 se han desarrollado estos cuatro campos de funciones para cualquier tipo de organización. En

ADVERTENCIA

Dos operarios de Mantenimiento y el jefe de área salen a almorzar y, en la calle, encuentran una antigua lámpara mágica, frotan la lámpara y dentro de ella sale un genio que les dice: Yo sólo les puedo conceder un deseo a cada uno de ustedes...
"*¡Yo primero!*", *grita el mecánico.* "*Quisiera estar en una playa de las Bahamas sin tener ninguna preocupación*".
¡¡Vale!!... El electricista se apresura a expresar su deseo: "*Yo quiero estar en Hawai, junto al amor de mi vida*".
Concedido!!!... Por su parte el gerente le pide: "*Yo quiero a esos dos tontos en mi oficina para una reunión, después del almuerzo*".

Conclusión: Deje siempre que su jefe hable primero.

este capítulo se desarrollan los estos campos, pero ahora destinados, concretamente, al área de **M&C.**

Así, el área de **M&C**, para lograr un nivel aceptable de *eficacia, eficiencia* y *efectividad* se deberá respaldar con una organización sólida y bien diseñada.

Pero cualquiera sea el diseño que se dé a la organización, ésta no escapará a la dinámica de los cambios que se van produciendo. De todas maneras, para considerar que la estructura organizativa responde a las características antes mencionadas, deberá ser capaz de adaptarse a situaciones cambiantes, con sentido de *instantaneidad*. Esto se pondrá de manifiesto en la mayor o menor importancia que se le da a cada uno de los cuatro ejes propuestos.

6.1 – *Función técnica* del área de M&C

ALTA: se verifica cuando se produce una suma de factores favorables, tales como poseer un cuadro de supervisores consubstanciados con la importancia del mantenimiento y la conservación, una plantilla de personal calificado en todos sus niveles, espacios adecuados y estratégicamente ubicados; un pañol de herramental bien provisto y con elementos de buena calidad; una sistematización simple, que ayude al ordenamiento por medio de planes y programas de tareas; poseer un *Historial* inteligente(*) que aporte datos y ayude a realizar diagnósticos acertados; un proceso que asegure realizar compras ágiles y seguras; sistemas de control adecuados y eficaces; fluidas relaciones con otras áreas de la organización con las cuales debe estar relacionada, velocidad de respuesta, confianza en la calidad de trabajo, entre los aspectos más importantes.

BAJA: por sólo mencionar las que se consideran más relevantes, es tener una dirección que no tenga en claro objetivos y estrategias, una supervisión muchas veces improvisadas; una plantilla de personal escasa y con mala formación; falta de herramental adecuado en cantidad y calidad; relaciones poco fluidas con otras áreas de la organización; lento aprovisionamiento de repuestos y materiales o compra de elementos de mala calidad; falta o deficientes sistemas para la elaboración de planes y programas periódicos y de control de avances de tareas; inexistentes o pobres registros de calidad, de registros de tiempos, falta o desactualización de Hojas de proceso(*); tener una planoteca incompleta, desorganizada y desactualizada o inexistente; etc.

Consideraciones sobre la *función técnica*

La maquinaria productiva y los equipos auxiliares constituyen el rubro de bienes de producción sea una buena parte de los activos de la empresa que, junto al potencial humano y la materia prima, permiten generar ganancias. Para lograr este objetivo es preciso cumplir con los planes de producción en los cuales se dejan especificadas cantidades, calidades y fechas de entrega prometidas, al menor costo posible.

Este resultado se podrá alcanzar siempre y cuando las máquinas y equipos se operen según las prácticas establecidas por los fabricantes desde su diseño. Los productos que se obtengan de equipos e instalaciones que estén deficientemente atendidos, habrán de sufrir rechazos por caída de calidad y disminución en las cantidades programadas; como consecuencia inmediata pero, además, estas situaciones declinantes se ven reflejadas en el empobrecimiento del índice de productividad, con todo lo que ello significa para la economía de una empresa.

Un aspecto organizativo importante es asignar, claramente, las responsabilidades a cada una de las áreas de la empresa. En principio y generalmente la responsabilidad del mantenimiento y la conservación de los bienes recae sobre "el dueño" de los equipos e instalaciones, no de hacer el mantenimiento; esto es, en principio el área de Producción tiene la responsabilidad de mantener los equipos e instalaciones con los que produce, en las mejores condiciones, con el máximo rendimiento. Con el siguiente ejemplo se trata de poner en claro el concepto expresado: Ud. es el dueño de su coche y de mantenerlo en condiciones de marcha y seguridad; los talleres que lo asisten son responsables de hacer un buen trabajo de mantenimiento de la unidad.

En principio y generalmente, la responsabilidad del mantenimiento y conservación de los equipos e instalaciones productivos recaía sobre el área de Producción considerada "el dueño de los equipos e instalaciones". Pero, a medida que se fueron registrando diseños de mayor complejidad tecnológica, se fue trasladando la responsabilidad del mantenimiento de las líneas de producción al área de **M&C**, que debe poseer una estructura, conocimientos y mano de obra calificada para el nivel que ello requiere. Este concepto, que no es tan nuevo, trata que las líneas de producción estén disponibles para obtener el máximo de su rendimiento productivo.

Respecto del rendimiento operativo, de más estaría decir que se obtiene con una estrecha colaboración de todas las áreas involucradas, directa o indirectamente con la producción, sin exclusión. Pero, se destaca la velocidad de respuesta que debe tener el área de **M&C** para atender problemas que le competen.

Sin embargo, con los incrementos de los niveles de tecnificación y los avances tecnológicos que cubre todos los campos, hay empresas que han decidido que Mantenimiento sea el "dueño" de los equipos e instalaciones, para que los mantenga y se los "presta" al área de Producción para que produzca. Hay otros criterios entre estos dos expresados. Paralelamente a los avances tecnológicos y con la incorporación de equipamiento de alto grado de desarrollo y sofisticación ha ido creciendo el área de M&C dentro de las empresas productivas y de servicios. Cabe señalar que hace unas décadas atrás esa área era considerada poco menos que un mal necesario.

La resolución de estos casos está en manos de la rama de la técnica que es la "terotecnología" que estudia, sugiere y propone soluciones a toda la variedad de casos posibles tendiendo a mejorar los niveles de rendimiento de las tareas de mantenimiento y conservación, tratando de hacer propuestas en orden a obtener la colaboración de todas las áreas, sin exclusión para que ello se alcance.

Aun aceptando que a veces puedan producirse –¡y suelen producirse!...– ciertos "roces" personales o de grupos, por esos pequeños problemas que se producen entre jurisdicciones. De suceder tales casos, todo el nivel de supervisión debe estar atento y observarlos de cerca… para darles una solución adecuada para darlos por concluidos a la mayor brevedad, evitando que los mismos no terminen en un conflicto.

Además, para alcanzar las razones antes expuestas, el área de **M&C** deberá:

✓ contar con espacios para sus talleres, el almacén(*) y el pañol(*) de herramientas y equipos;

✓ elaborar los programas periódicos y especiales de tareas;

✓ controlar los resultados de la programación, estudiando eventualmente las causas de demoras;

✓ mantener actualizados los registros de todas las actividades en el *Historial*;

✓ mantener ordenada la documentación técnica (planos, especificaciones técnicas, catálogos, manuales del fabricante),

✓ disponer de una sistematización de datos que permita lograr una información precisa y así alcanzar diagnósticos acertados;

✓ atención de equipos e instalaciones con alto grado de avance tecnológico;

✓ lo dicho requiere de un personal altamente calificado;

✓ dicho personal debe operar de manera distinta de la tradicional (VER "Funcionar solos"), para lo cual el personal debe estar capacitado continuamente;

✓ disponer de una organización flexible que se adapte rápidamente a los cambios sin entorpecer los resultados;

✓ el personal debe estar capacitado para trabajar en base a métodos y sistematización, respetando realmente conceptos tales como *eficacia, eficiencia* y *efectividad*;

✓ pero además, prestando un servicio económico, operando con velocidad de respuesta ante cualquier requerimiento, con el fin de bajar los lapsos de paradas para no entorpecer los programas de producción y así reducir el lucro cesante.

De más estaría insistir que tales resultados se alcanzan cuando el área de **M&C** cuente con:

✓ talleres debidamente equipados de acuerdo a las necesidades;

✓ el herramental y equipamiento de calidad

✓ un almacén ordenado;

✓ un sistema de registro y control de actividades; y,

✓ una información técnica actualizada (planos y manuales).

6.2 – *Función administrativa*

La *función de administración* que le cabe al área de **M&C** se extiende a estos aspectos:

• del personal;

• de los bienes asignados (herramental, equipos fijos y móviles);

• del tiempo;

• del Almacén (repuestos, materiales, subconjuntos, suministros varios).

• de mantener una relación fluida y lo más armoniosa posible con todas las áreas.

ALTA: la organización del área **M&C** está bajo constante control en cuanto a calidad y cantidad de personas que deben componer la plantilla, para lo cual, debe tener definida claramente su estructura, el plantel de personal, los niveles jerárquicos y contar con las hojas de *Descripción de Funciones* debidamente actualizadas en sus contenidos. A su vez cada área es responsable de tener identificados los bienes de uso que están en el

Almacén, controlar las horas aplicadas a trabajos programados; poseer normas destinadas a controlar los avances de obra contratadas a terceros; seguir los pasos del proceso de compras y contrataciones, etc.

BAJA: es la falta de normas y procedimientos claros que deben respaldar las actividades administrativas para evitar que se produzca cualquier descontrol. Los responsables del área deberán ser cuidadosos en cuanto a la función administrativa, especialmente en el cuidado de la fuerza efectiva y los bienes a cargo.

Consideraciones sobre la *función administrativa*

Para conseguir un servicio económico, es decididamente importante atender, detalladamente, las tareas administrativas que le caben al área de *M&C*, teniendo en cuenta estos tres aspectos:

a) de ordenamiento;
b) de constante control; y,
c) mantener al día los datos, registros y archivos.

Estos tres aspectos de la responsabilidad administrativa del área, se manifiestan en estas tareas:

- mantener actualizada toda la documentación relacionada al plantel de personal;
- ordenar todo acto que se refiera a movimientos del personal del área, (dentro del área, traslados geográficos, vacaciones, accidentes, etc.);
- mantener debidamente ordenada toda la documentación administrativa relativa a contratos de terceros contratistas, pedidos de compras, contratación de servicios, viajes del personal dentro y fuera del país, etc.);
- tener cuidadosamente ordenada toda documentación relativa a enfermedad o accidentes del personal;
- tener registrados los bienes puestos bajo el control de esta área (espacios, máquinas, herramental, equipamiento, etc.);

6.3 – *Función económica*

A lo largo de estas páginas el lector va a encontrar, reiteradas veces, el concepto que expresa que el mantenimiento y la conservación de los bienes de la empresa configuran, en esencia, un acto económico que se lleva a cabo por medio de acciones de orden técnico. En el Capítulo 15 (Costos y presupuestos) se desarrolla, brevemente, la forma de desarrollar los costos y los presupuestos, tanto operativos como de trabajos en sí mismos. Como cualquiera de las demás áreas de la organización, los respectivos responsables deben tener los mismos cuidados respecto de ambos conceptos.

La respuesta al equilibrio económico se ve reflejada en la siguiente expresión:

> COSTO DE INTERRUPCIÓN + COSTO DE MANTENIMIENTO =
> = MÍNIMO COSTO ECONÓMICO

Otra forma de ver esta expresión es considerar el equilibrio entre:

el lucro cesante vs. el gasto de mantenimiento

Asimismo, a cualquier área de una organización le caben estas responsabilidades respecto de la *función económica*:

ALTA: se considera como tal, cuando el área de **M&C** actúa eficaz y eficientemente, de manera que esto ayuda a que las áreas operativas y auxiliares funcionen en un buen nivel. Esto permite pensar que la producción muestra un buen nivel, pero a su vez, mantiene la calidad del producto y favorece la continuidad productiva, con lo que se logran buenos índices de productividad.

BAJA: esta situación se produce cuando el **M&C** tiende a ser ineficaz y/o ineficiente. Esto repercute directamente en los procesos productivos, los cuales sufren paradas e interrupciones frecuentes y, a veces, prolongadas en el tiempo. La consecuencia es una suma de pérdidas de nivel de producción, pérdida de calidad con la consecuente caída de productividad general.

Consideraciones sobre la *función económica*

Desde el momento que el área de **M&C** es considerada un área de gestión económica, deberá prestar sus variados servicios respondiendo –en cuanto a lo económico– de la misma manera que lo hacen las demás áreas de la organización. Por lo mismo, toda la gestión de esta área debe regularse conforme al presupuesto anual asignado y a los costos operativos previstos.

Por lo antedicho, entonces, puede decirse que siendo **M&C** un área de servicios desarrolla una actividad económica por medio de una serie de actividades técnicas propias de su responsabilidad.

A los responsables de la producción de la empresa deben mantener el equilibrio de gastos de mantenimiento tendiendo a estar entre estos niveles:
- el *menor costo posible de mantenimiento*, o...
- la *máxima disponibilidad de los equipos de producción*.

La respuesta –muchas veces nada fácil de resolver– está dada por la siguiente expresión:

COSTO DE INTERRUPCIÓN + COSTO DE MANTENIMIENTO =
= MÍNIMO COSTO ECONÓMICO

Por lo tanto, el responsable del área **M&C** debe estar atento a:
- establecer, de común acuerdo con la dirección de la empresa, la política de control y de reducción de los costos; y, por otra parte,
- diseñar un sistema que soporte las acciones antes mencionadas.

A tal efecto, para mantener los costos de su servicio bajo control deberán tenerse en cuenta estas tres etapas:
1ª - la elaboración del presupuesto operativo y la valoración (en pesos) de cada trabajo importante, hechos en base a valores aceptables;
2ª - el control de las cifras presupuestadas y las posibles desviaciones; y,
3ª - un análisis detallado de los datos resultantes.

La política que se decida al respecto debe ser breve, clara y definida, con instrucciones precisas, de manera que todo el personal del área respete la normativa que se establezca y, de esta manera, colaborar con la buena gestión económica y administrativa del área.

Es recomendable que se hagan actividades de aula con todo el personal del área de **M&C** para sensibilizarlo en cuanto a los costos y las formas de cuidarlos, procurando la colaboración de todo el personal para alcanzar una aceptable gestión administrativa.

5.4 – *Función de innovación*

Esta función no es ajena al área de **M&C**, dado que se impone mejorar, cada día, la *efectividad* del conjunto productivo. Las

CREATIVIDAD

Un granjero resuelve salir a juntar frutas en su propiedad. En el camino, al pasar por una laguna, escucha voces femeninas y deduce que esas mujeres están invadiendo sus tierras. Se acerca lentamente a la costa y encuentra bellas chicas desnudas bañándose en la laguna. Cuando se dan cuenta de su presencia, nadan rápidamente hasta la parte más profunda de la laguna y gritan: "¡Nosotras no vamos a salir de aquí mientras Usted no deje de espiarnos y se vaya!"
El granjero les grita: "Yo no vine aquí para espiarlas a ustedes. ¡Yo sólo vine a alimentar a los cocodrilos!..."

Conclusión: La creatividad es lo que hace la diferencia en la hora de alcanzar nuestros objetivos más rápidamente.

innovaciones pueden realizarse en cualquiera de los aspectos que hacen a todas las funciones antes mencionadas (administración-técnica-económica), pero también a las operaciones que le son propias, siempre tendiendo a la mejora de la gestión.

ALTA: se logra un buen índice de innovación cuando hay una política de empresa que incentiva y respalda esta actitud de los integrantes de toda la empresa. Respecto del personal del área de **M&C**, se lo debe incentivar capacitándolo en técnicas que conduzcan a la innovación. De esta forma puede aportar soluciones que mejoren el desempeño del área. Cabe señalar que toda innovación debe ser estudiada en conjunto con otras áreas de la empresa y que, en alguna medida, estén involucradas en especial, las áreas de Producción e Ingeniería. Toda modificación –se supone que se realiza para mejorar– deberá ser aprobada por la dirección de la empresa.

Se trata de establecer una política definida en cuanto a este concepto y que abarque a todo el personal. Respecto del personal de la empresa es absolutamente beneficioso comenzar a hacer capacitación acerca de este tema.

El proceso sugerido tiene varios pasos, a saber:
- decidir que la *innovación* sea política de empresa;
- planificar acciones para sensibilizar al personal en este criterio;
- capacitar al personal;
- establecer alguna forma de regulación para presentar ideas innovadoras;
- constituir un grupo evaluador. Para las innovaciones técnicas y, en especial, en el caso de mantenimiento debe integrarse con personal técnico de Ingeniería y otras áreas, según el tipo de las propuestas que se presenten;
- todo proyecto innovador debe ser elevado a la consideración de la dirección de la empresa antes de ponerlo en práctica.

ADVERTENCIA:

Toda propuesta de innovación debe expresar:
- los objetivos de la propuesta; y,
- los beneficios que se esperan de su aplicación práctica.

La *innovación* deberá, como mínimo, aportar beneficios en cuanto a mejoras de la eficiencia. Un aspecto que deberán tener en cuenta quienes elaboren la propuesta de innovación es el mejoramiento de la producción y el consecuente beneficio económico, entre otros beneficios.

BAJA: por aquello de "*renovarse es vivir*", una organización que no se va renovando, actualizando, innovando, tiende a declinar. En los momentos actuales, donde se registran cambios de manera vertiginosa en todos los campos, los criterios antes mencionados, dentro de la empresa, ayudarán a la consolidación y al crecimiento de la misma.

Toda organización que no busca la mejora continua de todas sus actividades tiende a la declinación. Las empresas que se mantienen en el mercado están en constante proceso de mejoras. En contra de esta tendencia se pueden mencionar:

- la falta de una política en tal sentido;
- la falta de planes de formación en orden a la innovación;
- diseños de productos que se mantienen estables en el tiempo;
- falta de políticas de rotación y promoción del personal;
- falta de incentivos a la innovación, entre otros...

7 – Objetivos del área de *M&C*

Por la importancia que el tema tiene en sí mismo, es interesante comenzar esta parte del tema proponiendo una serie de consideraciones al respecto. Estas son:

a) el área de **M&C**, como las demás áreas de la empresa y la empresa misma, deben funcionar siguiendo los *objetivos generales*; estos pueden ser de carácter permanente o transitorios. Pero, a su vez, cada área debe tener sus propios *objetivos particulares* –que duran un ejercicio– que deben conciliar con los objetivos y metas que hacen al conjunto. Ambos –objetivos generales y particulares– tienen sentido, dado que estos constituyen una guía para alcanzar las metas que la empresa se propone alcanzar;

b) un *objetivo* no es más –¡ni menos!– que un resultado que se desea alcanzar, es la dirección que deben seguir las tareas hasta alcanzar, es hacia donde debe tender la gestión;

c) deben evitarse indeseadas desviaciones; en consecuencia, por lo que debe ejercerse el debido control de manera constante, a fin de poder alcanzar los *objetivos* planteados;

d) la dirección de la empresa y el responsable del área de **M&C** son quienes deben trazar y hacer conocer los objetivos del área en cuestión.

NOTA:

Es conveniente que el personal del área de **M&C** participe en la elaboración de los *objetivos particulares*, pues ayuda al cumplimiento
de los mismos y a su vez, sirve como incentivo. Con todo lo expresado hasta este punto, se sugieren estos objetivos básicos a los
cuales debería ajustarse la gestión del área:

OBJETIVOS para el área de M&C

a) conservar los activos de la empresa en niveles aceptables de producción, en cantidad, calidad y oportunidad;
b) maximizar el tiempo disponible de equipos e instalaciones tendiendo a disminuir las paradas imprevistas y
   los defectos operativos;
c) mejorar constantemente las técnicas operativas del
   personal de **M&C,** de manera de incrementar la eficiencia del servicio;
d) actuar con velocidad de respuesta y,
e) asegurar el aspecto económico de los servicios que
   presta **M&C,** tendiendo al menor costo posible.

De todas maneras, los objetivos antes expresados –sólo a
modo de ejemplo– deberán ajustarse a los criterios de conducción de cada organización, tendiendo siempre a que todo servicio
de mantenimiento y conservación, opere según lo fijado en los
objetivos que se han establecido por la dirección de la empresa.

8 – Formas del diseño del área de *M&C*

Es casi redundante expresar que cada organización es única y que, por lo tanto, debe ser considerado cada aspecto en
particular. No es lo mismo la superficie que ocupa una explota-
ción minera, una planta siderúrgica, un astillero que una fábrica
textil, un taller de mecanizado o una carpintería… En consecuencia habrá que estudiar cada caso en particular al momento
de tener que diseñar el servicio de mantenimiento. Además de
las consideraciones que se deban hacer (ver textos de puntos
3 y 5 más arriba) hay que estudiar la forma *más económica* de
desarrollar las tareas pero, a la vez, sin dejar la de cuidar la *eficacia* del servicio en términos de respuesta y *eficiente* en orden
a los resultados.

Por lo dicho, será importante estudiar y decidir:

✓ la forma más adecuada que se debe dar al área de **M&C**; y,

✓ mejor distribución de mano de obra y, especialmente, de los talleres central y zonales, las especialidades o gremios, el herramental, equipamiento, las comunicaciones y la movilidad del personal.

De lo expresado se desprende que, quienes sean los responsables de diseñar la organización del servicio de mantenimiento, debieran estudiar la mejor forma de distribuir geográficamente la *fuerza efectiva*, y así poder prestar servicios con velocidad de respuesta.

Esencialmente, el área de **M&C** deberá dar una solución apropiada a cada trabajo que se le solicita, respetando sus características de cada tarea, tal como lo establecen los *Objetivos* dados en el punto 4 que antecede.

Se exponen a continuación los *tipos de formato* que se le puede asignar a la estructura organizativa del área de **M&C**:

- Mantenimiento centralizado (VER Cap. 6).
- Secciones de Mantenimiento asignado con gestión centralizada.
- Mantenimiento totalmente descentralizado.
- Mantenimiento centralizado, con asistencia de terceros contratistas.
- Mantenimiento totalmente contratado a terceros contratistas.

OBSERVACIÓN:

Oportuno expresar que, en cuanto al diseño, existen innumerables soluciones que se le puede dar a la estructura organizativa del servicio de **M&C**. Cualquiera sea la opción del formato, ésta deberá responder a los mismos conceptos que se han desarrollado en el Cap 1 – Introducción.

9 – Estructura básica

La estructura del área de **M&C** debe estar definida en orden a atender todas las tareas de mantenimiento y conservación de una empresa. Su estructura básica variará según las necesidades que imponen la envergadura, su localización, los productos y la magnitud de la producción.

La estructura básica de un área de **M&C** lo constituyen estos grandes grupos de tareas básicas:

- *administración*: depende directamente de la dirección del área de **M&C** y es responsable de elaborar los presupuestos, gestionar compras y reposiciones de repuestos, materiales y suministros necesarios; controlar todos los aspectos que hacen al personal;

- la *Oficina de programación*: se considera el corazón del área de M&C en donde se reciben todas los pedidos de trabajos por medio de la *orden de trabajo*, a la cual se la identifica numéricamente, se realiza el análisis técnico y económico que el trabajo solicitado requiere, se le asigna una prioridad, se la incorpora a un programa, se hace el *lanzamiento* y se van controlando los avances hasta su terminación. Los *Programadores*: son los técnicos que trazan los programas de cada área de los talleres, controlan los avances de los diferentes trabajos y efectúan los lanzamientos de cada O.T. También son quienes agilizan problemas de abastecimientos de repuestos y materiales. Asimismo, promueven los movimientos de los trabajos y traslados del personal;

- *abastecimiento*: se realizan las *apropiaciones de materiales destinados a cada O.T. y* los pedidos de compras de repuestos y demás bienes necesarios, que carece el Almacén. De esta forma se asiste a quienes deben realizar los trabajos y al área de Compras, para evitar los posibles problemas por desabastecimiento que pudiesen presentarse;

- *almacén*: es la subárea en la cual guardan los bienes de forma ordenada y sistematizada; además se administran las existencias de repuestos, suministros generales y materiales que serán usados en los trabajos que debe llevar a cabo en diferentes talleres y especialidades. Por otra parte, en este almacén se guardan los conjuntos y subconjuntos de los diferentes equipos que esperan ser reparados y los que están reparados en espera de ser montados;

- *taller central*: está compuesto por diferentes secciones donde se desarrollan las tareas de las distintas especialidades (mecanizados, electricidad, soldaduras, montajes, laboratorio de instrumental, etc.) con el equipamiento y servicios necesarios;

- *talleres zonales*: cuando la planta industrial tiene sus instalaciones distribuidas geográficamente alejadas entre sí, se impone la instalación de pequeños talleres zonales, equipados sólo con los equipos necesarios para hacer trabajos cerca de los lugares a los cuales debe atender. La instalación de estos talleres pequeños debe ser estudiada seriamente, teniendo en cuenta la relación costo-beneficio, y, en especial, al ahorro de los tiempos de traslados;

– *Oficina técnica*: es la responsable de dar solución a todos los problemas que se presenten en el desarrollo del trabajo, tal como se lo ha solicitado. Cuando el problema a resolver es estructural, o se trata de modificaciones importantes, o mejoras que implican modificaciones, debe intervenir el área de Ingeniería;

– los *Controles*: a cargo de los técnicos que deben estar en contacto con los trabajos a fin de observar la marcha de los mismos, detectar y resolviendo posibles errores, déficit momentáneo de fuerza efectiva y falta de materiales, a la vez que analizando causas de posibles atrasos que se pudiesen producir, etc., de manera de no afectar el cumplimiento de los programas;

– *Estadísticas* y *Archivo*: de cada trabajo realizado y una vez concluido, se archiva la documentación que dio origen a la O.T. Entre otras tareas, se incluye el análisis de tiempos, causas de demoras, cantidad de horas-hombre utilizadas, los gastos que ha provocado cada trabajo y, cuando la dirección lo solicita se encarga de elaborar estadísticas que servirán para tomar decisiones.

ADVERTENCIA:

Las responsabilidades expuestas más arriba deben realizarse para que la programación de tareas se cumplan. Su diseño se adaptará a la envergadura de la empresa, diseño que se a la envergadura de la empresa.

Así es para cualquier tamaño de empresa. Para medianas o pequeños empresas estas responsabilidades las deberán llevar a cabo con el número de persona que está asignado a mantenimiento.

Mantenimiento centralizado y descentralizado
(VER Cap. 6)

Las formas de diseñar el mantenimiento –centralizada o descentralizada– así como sus diferente alternativas se han desarrollado en el capítulo arriba indicado. No obstante, a continuación se exponen las respectivas definiciones ya vistas:

Mantenimiento central o centralizado

El Mantenimiento central o centralizado atiende las necesidades de mantenimiento y conservación de todas las de las áreas de la empresa, desde una estructura centralizada, en la cual se concentran todas las tareas que le competen, más la administración y conducción de la fuerza efectiva, el planeamiento, la programación, el control de los costos, todas las tareas técnicas que le son propias, la dirección y la administración de los diferentes talleres y almacenes, así como la contratación de terceros contratistas.

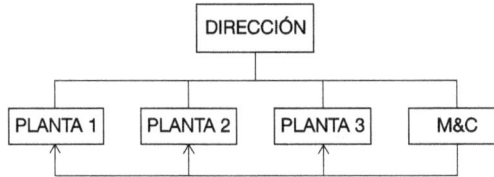

Mantenimiento descentralizado

Este diseño de la estructura obliga a que cada planta de una misma empresa o empresas de un mismo grupo distanciadas en la geografía, trazar –total o parcialmente– su propia organización y concretar la realización todas las tareas y responsabilidades del mantenimiento y la conservación, administrando las cuatro funciones básicas (técnica, administrativa, económica e innovación).

ALTERNATIVAS

Ninguna de las formas de diseño del área de **M&C** se concreta "químicamente pura", pues siempre hay alternativas y la dirección de cada planta analizará la forma definitiva que asegure la continuidad operativa.

Capítulo 4

ORGANIZACIÓN DE UNA EMPRESA DE MANTENIMIENTO Y CONSERVACIÓN

1 – Objetivos de aprendizaje

1. Definir los objetivos de una empresa de este tipo.
2. Describir las formas que puede adoptar la estructura.
3. Desarrollar las formas de funcionamiento.
4. Concepto de contrato y contratación.

2 – Introducción

Desde hace medio siglo comenzaron a operar empresas destinadas a prestar todo tipo de servicios de mantenimiento y conservación de empresas industriales, sin dejar de considerar otro tipo de actividades.

Este capítulo se ha destinado para describir cómo es y cómo funciona una empresa que está destinada a desarrollar tareas de mantenimiento y conservación para otros organismos. Estas empresas se dedican a una gran variedad de especialidades, dado que son requeridos sus servicios por diferentes tipos de organismos, que abarca a todo tipo de actividades, para reparar, mantener, ampliar, renovar o actualizar sus bienes instalados.

Si bien, los conceptos referidos a *organización* vistos en el Capítulo 1 son de aplicación general a cualquier tipo de empresas, las que se dedican a prestar servicios de mantenimiento y conservación, como es lógico, presentan algunas particularidades y por lo mismo, deben poseer una serie de características que las adapte a un muy variado abanico de aplicaciones.

En las empresas industriales, semana a semana la oficina de Programación va elaborando los programas para cada uno de los talleres y para los gremios propios, para dar satisfacción a los pedidos de trabajo que le llegan desde las diferentes áreas de a empresa. Pero, sucede que a menudo se producen picos de demanda y esto sobrepasa las posibilidades del área de **M&C.** Pues, entonces **M&C** debe recurrir a terceros contratistas que cubran el déficit de horas del mantenimiento propio. Consecuentemente se incrementan las tareas de control, tanto de su propio personal como de los contratistas.

El secreto está en que la oficina de Programación del comitente sepa claramente lo que necesita y que el contratista sepa responsablemente, dar la correcta respuesta. Pero, tanto el *comitente* como el *contratista* deberán ponerse de acuerdo y en armonía en cuanto al trabajo solicitado y los valores, tales como el tiempo, la calidad esperada de los trabajos, el precio de cada trabajo, la forma de pago, etc. En este capítulo se trata de brindar al lector, como en todo el contenido de este libro, una orientación práctica para ayudar a comprender los aspectos que hacen a la relación entre ambas partes. En las zonas industrializadas no resulta difícil encontrar empresas que puedan prestar los servicios de mantenimiento y conservación, no así en zonas poco desarrolladas en cuanto a la industria. Es un gran problema cuando no se cuenta con la oferta de este tipo de empresas contratistas, es decir talleres de mecanizado, de soldaduras estándar o especiales, montajes, reparación de motores y transformadores, construcciones civiles, lubricación, limpieza industrial, etc.

Es frecuente que la oficina de Programación deba enfrentar momentos de gran demanda de servicios de mantenimiento y conservación y otros momentos de baja demanda. Esto es así: la demanda varía entre estos dos extremos: horas de *ocio* y momentos de *alta demanda*. Entre esos dos extremos es necesario encontrar soluciones de manera de no entorpecer la producción que se ha comprometido y programado. La situación ideal para el comitente es poder contar con una amplia oferta de empresas contratistas para cubrir los baches de tiempo y así poder regular mejores precios, pero…esto es un ideal que no siempre es posible de lograr, especialmente en zonas carecientes o de escasa oferta de este tipo de servicios. En todo caso, cualesquiera que sea la forma de contratación, la misma debe hacerse teniendo en cuenta, de parte del comitente:

un buen resultado técnico; y,
un claro control administrativo.

La experiencia dice que cuando se contratan trabajos de gran envergadura, si es posible, es conveniente repartir el total de la obra en más de un contratista. Tratando de conseguir empresas contratistas a las que se pueda recurrir fluidamente, será necesario ir calificando las empresas a las que ya se ha recurrido en anteriores oportunidades. Eso asegura que las futuras contrataciones se harán con empresas calificadas en cuanto a seguridad, seriedad técnica, cumplimiento de los contratos, respeto por los programas de obra, seriedad administrativa y económica, flexibilidad para absorber cambios en los trabajos y en la programación.

ADVERTENCIA:
Debe tenerse en cuenta –como axiomático– que queda viciado de nulidad todo contrato cuando una de las partes pretenda sacar ventajas sobre la otra.

3 – Particularidades de empresas de servicio

Estas empresas de servicio se vinculan con diferentes organizaciones (VER parágrafo 4) para prestar un servicio técnico muy variado y presentan estas particularidades:
- prestan servicios a empresas productoras o de prestan servicios;
- asisten a empresas productivas que, aún teniendo su propio mantenimiento interno, recurren eventualmente a empresa contratistas que ofrecen estos servicios;
- realizan trabajos de emergencia, causados por desastres o accidentes;
- hacen trabajos específicos de laboratorio; por ej., tratamientos térmicos, ensayos no destructivos, etc.;
- aportan mano de obra calificada por lapsos determinados, como refuerzo de la plantilla propia de personal de la empresa contratante;
- cuando es necesario, se asocian para determinados trabajos, con otras empresas para complementar la asistencia contratada. Por ejemplo, laboratorios de ensayos, trasportes normales o especiales, grúas de alto alcance, soldaduras especiales, alquiler de maquinarias para obras civiles, andamios y plataformas, etc.;

– a veces, el contratista sólo provee mano de obra, con/sin supervisión. De cualquier forma, en ambas posibilidades el personal queda bajo la dirección del comitente.

También es cierto que no todas las empresas cuentan en sus cercanías empresas que puedan prestar todo tipo de servicios de mantenimiento y conservación, en la variada gama de posibilidades. La vinculación entre contratista y comitente, como en todo negocio, tiene tres posibilidades:

Qué difícil es decir "NO SÉ".

✓ *ganar-perder* (gana una y pierde la otra);
✓ *perder-ganar* (pierde una y gana la otra)
✓ *ganar-ganar*, donde las dos partes ganan, aunque ambas algo deben ceder.

Sin ninguna duda la mejor opción es esta última, advirtiendo que para alcanzar esa opción no es nada fácil, pues….es una cuestión de negocios, pero, fundamentalmente de saber negociar todos los aspectos. Tal grado de entendimiento se puede lograr discutiendo todas las cuestiones de la relación y llegar a un máximo de coincidencias, sabiendo de antemano que ambas partes algo deberán ceder. Es así como hay contratistas que, después de mucho tiempo de haber llegado a acuerdos con una empresa *cliente*, instalan su taller dentro del predio del comitente; éste es un negocio de largo plazo y es posible de alcanzar. Es importante expresar que en cualquiera de los casos, las partes se vinculan por medio de un documento –detallado– denominado *contrato* (VER parágrafo 4), en el cual quedan establecidos los puntos de acuerdo en cuanto a aspectos técnicos, tareas a realizar, límites de la responsabilidad que le cabe a cada uno de los firmantes, cronograma de tareas, diferentes costos, plazos y tiempos, etc., dentro de determinados términos jurídicos y administrativos que habrán de regir los trabajos;

Muchas de estas empresas de servicios, aprovechando la masa crítica de conocimientos y experiencia que poseen en este tipo de trabajos, los vuelcan en los contratos de mantenimiento y conservación y agregan tareas de auditoría en diferentes temas industriales. Suelen hacer estudios de causas de accidentes, análisis de problemas que afectan a equipos e instalaciones, análisis de errores operativos, control de planes y programas de obras de ampliación o modernización de instalaciones, monitoreo de costos y presupuestos de obra, problemas causados por vibraciones o problemas relacionados a cuestiones térmicas, etc.

4 – El Personal

Generalmente, estas empresas contratistas de servicios de mantenimiento pueden estructurar su potencial humano en estos niveles:

a) la dirección del contratista –asistida por asesores técnicos, contables y jurídicos– está dedicada a atender la gestión de negocios (comercial, técnica y administrativa) de la empresa y a la dirección de cada contrato;

b) la supervisión, que es un pequeño grupo muy calificado, a veces integrado por especialistas con sólidos conocimientos y una amplia experiencia. Estas personas están capacitadas para dirigir y encarar trabajos de diferentes tipos. Esto da una gran flexibilidad a la hora de concretar los trabajos. No pocas veces ocurre que, por diferentes circunstancias, los miembros de este nivel de supervisión deban "meter las manos" en trabajos especiales. Las personas que componen este grupo supervisor, generalmente son quienes dirigen en el día-a-día el desarrollo de los trabajos contratados;

c) en obras muy grandes y, en especial, cuando se trabajan las 24 horas del día, la supervisión se apoya en hombres capacitados técnicamente a quienes se los denomina *líderes*. Este es un grupo que está en contacto directo con el personal (operarios). Los *líderes*, muchas veces, presentan su condición de personal "multifunción", por lo que puede ser destinado a diferentes trabajos en distintos contratos;

d) por último, está el personal, que puede ser propio de la empresa contratista o eventual, contratado a tiempo perentorio para realizar las tareas que han sido contratadas y que están programadas.

Las empresas que prestan este tipo de servicios a terceros, deben poseer un registro de personal; por cada persona incluida en dicho registro se consignan sus datos de identificación, especialidad, experiencia, especialidad y nivel de conocimientos, antecedentes laborales, domicilio real, formas de comunicación, etc. Este registro de personas reviste suma importancia y, por lo mismo debe mantenerse actualizado para recurrir a él cuando se necesite armar equipos de trabajo para realizar tareas previstas en algún contrato.

Por otra parte, es interesante que al terminar cada contrato se registren las evaluaciones de cada persona; con esta evaluación la empresa tiene algo invalorable, pues dispone de un dato valioso que permite conocer el nivel y la calidad profesional de cada persona registrada. Esta calificación se refiere a los conocimientos técnicos, experiencia, distintas habilidades, pero también se registra el comportamiento como miembro de grupos de trabajo, aptitud personal y técnica para el trabajo, grado de compromiso, puntualidad, disposición y velocidad de respuesta, etc. Poseer este registro da una gran ventaja para la empresa contratista sobre otros competidores que no lo poseen. De esta manera se asegurará la formación de homogéneos equipos de personal en el menor tiempo posible.

Hay que dejar expresado que estas empresas de servicios tienen en su personal su componente más importante. Por su parte, este personal responderán a los llamados de la empresa siempre que ésta haya dado muestras de fidelización para con su personal, teniendo en cuenta que la gran mayoría de la plantilla de personal es eventual y se necesitará de ellos cuando la empresa contratista deba enfrentar un compromiso contractual.

En consecuencia, debe prestarse mucha atención a aspectos tales como la selección, capacitación y entrenamiento de las personas de oficio, los niveles de remuneración, el pago puntual de salarios normales y extraordinarios, el grado de empatía entre todos los miembros del personal –en todos sus niveles–, la calidad en el trato diario y la protección, entre otros aspectos, que facilitarán el armado de la fuerza efectiva con los mejores operarios.

5 – Proceso de vinculación: el contrato

¿Qué es un contrato? El diccionario de la Real Academia lo define como:

CONTRATO

Pacto o convenio, oral o escrito, entre partes que se obligan sobre materia o cosa determinada y a cuyo cumplimiento pueden ser compelidas.

El contrato, de acuerdo a lo establecido en el nuevo Código Civil y Comercial argentino, al amparo de la Ley 26.994, Art. 955, define al término *contrato* como:

Contrato (Ley 26994, art. 955)

Es el acto jurídico mediante el cual dos o más partes manifiestan su consentimiento para crear, regular, modificar, transferir o extinguir relaciones jurídicas patrimoniales.

En síntesis, lo que expresan estas definiciones de *Contrato*:
✓ es un acto jurídico,
✓ entre dos o más partes que intentan acordar,
✓ acerca de distintas acciones.

Dentro de las posibilidades con que cuenta una empresa, en menor o mayor medida es poder recurrir a empresas contratistas para hacer tareas que complementen las que hace la propia área de Mantenimiento. Por otra parte, se supone que una empresa externa de servicios, debe ser especialista en los servicios que propone. De ahí que, a medida que se fue afianzando esta modalidad cada vez se está recurriendo a empresas contratistas para atender diferentes especialidades.

Asimismo, el área **M&C** debe estar preparada para plantear las necesidades de contratación y los límites de cada contratación, de forma de poder controlar lo que se ha contratado. En estos momentos se puede decir que se ha generalizado la conformación de ese tipo de emprendimientos y está facilitada la posibilidad de contar en general, con dichos servicios con un aceptable nivel técnico. Esto permite disponer en el registro más de una empresa para cubrir determinadas especialidades.

El área de **M&C** deberá plantear objetivos muy claros frente a cada contratación, entre otros:
✓ cuál es el trabajo que se pretende contratar;
✓ por cuál tipo de contrato se optará.

Habrá que tener en cuenta estas salvedades, antes establecer un contrato, especialmente cuando se contratan trabajos con mano de obra con/sin supervisión o con mano de obra y aportes de materiales:
• en el contrato deberá consignarse, claramente, la calidad del personal que se contrata (perfil);
• plantear un claro control administrativo sobre el aporte que hagan los contratistas, de manera de no perder el control de la mano de obra externa que, en definitiva se traduce en dinero a pagar;
• salvo en el caso de la contratación de especialistas, la mano de obra común debe percibir jornales parecidos a los que percibe el personal propio del comitente, con el fin de evitar posibles reclamos o conflictos internos.

Cuando se está estudiando la contratación de trabajos, existen dos criterios:
• contratar todo el trabajo, en conjunto, o bien,

- contratar por separado grupos de trabajos (mano de obra, materiales, repuestos y otros). Esta última modalidad requiere una mayor tarea previa de carácter técnico-administrativa de preparación, teniendo en cuenta que producirá, ya en obra, un mayor trabajo de control.

En tanto al mantenimiento y conservación de equipos e instalaciones, y solo a título de ejemplo, se mencionan las contrataciones que se pueden establecer dentro del universo de posibilidades. Se mencionan sólo unos pocos casos:

- mano de obra, común o especializada, con o sin supervisión;
- mano de obra más materiales para un trabajo concreto;
- una obra nueva completa o en partes definidas;
- asesoramientos técnicos, permanente o específicos;
- tendido de líneas de fluidos;
- instalación de redes eléctricas;
- instalación de equipos de control de procesos y su mantenimiento periódico;
- reparaciones de equipos y subconjuntos fuera de la planta;
- montajes de equipos, subconjuntos y partes;
- limpieza de filtros de equipos acondicionadores y de filtrado;
- limpieza y reparación de torres de enfriamiento;
- reparación y mantenimiento de playas y caminos;
- reparaciones y ajustes con aportes de repuestos, elementos diversos y materiales;

Ante la posibilidad de tener que contratar a una firma para que realice trabajos de mantenimiento, conservación, modificaciones o modernización, se pueden presentar diferentes tipos de formas de trabajo, en función de los planes operativos de la empresa. Estos son:

- *parada programada ordinaria*: duración entre 36 y 48 horas-reloj de trabajo, lapso en el cual deben hacerse trabajos que están programados, sean circunstanciales o repetitivos;
- *parada programada extraordinaria*: se extenderá a más de 48 horas-reloj de trabajo. Esto sucede, por ejemplo, cuando se encaran tareas de mucha importancia (modernización de sistemas, cambios o incorporación de nuevos equipos, una reparación eventual de cierta importancia);
- *parada no programada* (emergencia): es un caso excepcional (¡¡no deseado!!...), que merece atención inmediata.

NOTA:

Los *trabajos acumulados* –considerados de menor importancia– son aquellos que se van postergando en el tiempo, por diferentes motivos, pero que no dejan de tener su importancia relativa; generalmente se los incluye en los programas corrientes de mantenimiento. Llega un momento que estas tareas no pueden seguir postergadas, o bien, la cantidad de este tipo de trabajos superan la capacidad operativa propia del área, por lo que deben ser girados a terceros contratistas.

6 – Contenidos básicos de un contrato

Los contenidos básicos de un contrato pueden variar en su importancia, en los detalles específicos, en las cuestiones que hacen a lo jurídico, etc., según el *objeto* del documento mencionado. Para cada trabajo el contenido debe ajustarse según el fin del mismo, la jurisdicción legal y todo otro aspecto que haga a una mejor y segura relación entre las partes que intervienen.

Un formato de contratación que se sugiere, en términos generales, debiera contener los siguientes capítulos:

- Generalidades
- De quién contrata y sus respectivos alcances
- Requisitos básicos para la contratación
- De la forma de contratación
- De la difusión de los llamados
- Del registro de contratistas y proveedores
- De las cláusulas de las contrataciones
- De las garantías de las ofertas y de las adjudicaciones
- De la apertura de las propuestas
- De las muestras de los oferentes
- Del estudio de las ofertas y de la adjudicación
- Del contrato
- De las inspecciones y de la recepción
- De las facturas y de los pagos
- De las consecuencias del incumplimiento
- De las compras por "caja chica"
- De los materiales de importación
- De las disposiciones generales y transitorias

El listado precedente debe ser considerado sólo como una guía que puede servir de base para trazar un contrato. El listado reúne las cuestiones más importantes a considerar en una contratación. Para el lector será una "ayuda memoria" que le servirá para discutir con la contraparte los aspectos salientes de los trabajos, tanto en el sentido técnico, sino, también en lo que hace a lo económico, para llegar a un acuerdo.

Una alternativa

Entre tantas alternativas que se pueden presentar en los grandes trabajos, es posible que la empresa contratista requiera la ayuda de los talleres de la empresa comitente; esto es, una ayuda que solicita la empresa contratista para que los talleres del comitente realicen determinados trabajos. En estos casos, el contratista debe solicitar el trabajo por escrito, debidamente justificado, para que el área de **M&C** autorice dichos trabajos a cuenta del contratista. Si se autoriza el trabajo, el área extiende una orden; los cargos de dichos trabajos se facturan a la empresa contratista. Estos casos deben quedar registrados en la memoria final del proyecto, de manera que la dirección de la empresa quede informada.

7 – Acerca del nuevo Código Civil y Comercial
(Rep. Argentina)

Antes de celebrar un contrato es prudente conocer los alcances que el mismo tiene y permite. Sólo se mencionan algunos de los criterios –los más importantes– que contiene la Ley que impulsa el nuevo Código Civil de la República Argentina. Estos son:

- *libertad de contratación* (Art.958): las partes son libres para celebrar un contrato y determinar sus contenido, dentro de los límites impuestos por la ley, el orden público, la moral y las buenas costumbres;
- *efecto vinculante* (Art. 959): todo contrato válidamente celebrado es obligatorio para las partes….
- *buena fe* (Art. 961): los contratos deben celebrarse, interpretarse y ejecutarse de buena fe. Obligan no solo a lo que está formalmente expresado, sino a todas las consecuencias que puedan considerarse comprendidas en ellos…
- *integración del contrato* (Art.964). El contenido del contrato se integra con:
  • las normas indisponibles, que se aplican en sustitución de las cláusulas incompatibles con ellas;
  • las normas supletorias [normas que suplen lo que falta]
  • los usos y prácticas del lugar de celebración, en cuanto

sean aplicables porque hayan sido declarados obligatorios por las partes…
– *derecho de propiedad* (Art. 965): los derechos resultantes de los contratos integran el derecho de propiedad del contratante.

El Código incluye diferentes tipos de contratos (sólo se mencionan los que puedan interesar en este caso):
– (Art. 966) contratos unilaterales y bilaterales;
– (Art. 967) contratos a título oneroso o a título gratuito;
– (Art. 968) contratos conmutativos y aleatorios;
– (Art. 969) contratos formales;
– (Art. 970) contratos nominados e innominados.

Independientemente de la forma de contrato que se pacte, pueden adoptarse estas modalidades:
• ajuste alzado, con o sin fórmula de reajuste;
• por coste y costas.

8 – Etapas de una contratación

Cualquier tipo de contratación que se deba enfrentar requiere, por parte del comitente, tomar una serie de medidas a fin de evitar inconvenientes, conflictos y pérdidas de tiempo y de dinero. Para cualquier empresa, ante esta situación debe, como mínimo:
8.1. planificar las necesidades de contratación para el ejercicio siguiente al año en que se hace el plan de contrataciones posibles, evaluando en tiempo y dinero lo que se habrá de contratar;
8.2. hacer las *previsiones económicas en el rubro Contrataciones*: dentro del presupuesto general del ejercicio en el que se decide hacer las contrataciones;
8.3. *precalificación de firmas*: es prudente que las empresas contratistas que podrían ser convocadas a la licitación se sometan a una precalificación. Este es un punto muy importante, pues el éxito del trabajo dependerá en gran medida del grado de experiencia, eficiencia y eficacia que pueda desarrollar el contratista que sea seleccionado y contratado;
8.4. *intervención de otras áreas de la empresa*: con anticipación, también, deben programarse las tareas que podrían requerirse a otras áreas de la empresa (las compras, los controles de calidad; las inspecciones de obra, seguridad, transportes, etc.);

8.5. *elaboración de los pliegos para el llamado a licitación*: este importante documento reúne una serie de condiciones que solicita el comitente a las empresas que serán invitadas y, entre otros, debería incluir estos aspectos básicos:
  - la descripción clara y precisa de los trabajos que se desean realizar dentro del contrato;
  - las cuestiones de orden técnico, acompañado de la documentación gráfica y literal;
  - dejar establecido el encuadre legal de la contratación;
  - fijar la delimitación de las responsabilidades que le caben a cada una de las partes;
  - exactos alcances de lo licitado;
  - tiempo máximo para la realización de los trabajos requeridos;
  - penalidades posibles de aplicar en caso de incumplimientos por parte de la empresa contratada.

8.6. *llamado a licitación*: se extiende el llamado a todas las empresas que han sido calificadas previamente;

8.7. *suministros*: se dejará debidamente listado los repuestos, materiales y suministros generales que deben aportar las partes. Los suministros que aporte el contratista deben ser entregados al Almacén de la obra para su ingreso, debidamente identificados con rotulación (identificación) y el control, previos a la posterior liquidación. Los suministros que deban ser provistos por el comitente, también deben ser entregados al Almacén de la obra debidamente identificados (rotulado) y controlados;

8.8. *control de existencias*: la supervisión de la obra, junto al personal responsable del Almacén, deberían controlar:
  - que todas las existencias que hayan ingresado al Almacén, estén debidamente rotuladas (identificadas);
  - conocer el estado de trámite de los pedidos de compras que se hayan extendido con anterioridad y aún no han sido ingresados al Almacén;
  - los elementos que debe aportar el contratista, según el acuerdo de partes.

8.9. *acuerdos de partes*: hay diferentes aspectos contractuales que deben ser acordados por las partes antes de comenzar los trabajos, de manera de evitar conflictos posteriores. Por lo mismo, entre otros aspectos, deberán acordarse acerca de:

- la fijación del *precio de la hora-hombre* para cada categoría y especialidad;
- del suministro de energía, combustibles, repuestos, materiales y suministros generales y uso de instalaciones,
- la programación de las tareas, los plazos de ejecución, la fijación de premios y multas por atrasos;
- los repuestos, materiales y suministros generales que deberán aportar cada una de las partes;
- la composición de las fórmulas de reajustes, unidades de medidas, constitución/aceptación de garantías, formas de pago, entre otros (VER punto 11);
- ambas partes discutirán acerca de las normas de seguridad que habrán de respetarse.

9.10. *los trabajos no previstos*: es una posibilidad; antes de su realización, estos trabajos no previstos deben ser autorizados, en primera instancia por el responsable del área de **M&C** y posteriormente por la gerencia general de la empresa. Esta autorización pasa al área de Administración para que controle los certificados de avance de obra y disponer la liquidación cuando corresponda;

8.11. *control de avances de obra*: estos controles deben cotejarse con lo establecido en el programa de tareas y se deberán acordar entre las partes las formas en que se harían los controles técnicos y administrativos;

8.12. el comitente debe presentar al contratista las personas designadas para controlar el *estado de avance de obra* y la *calidad* de los trabajos que se realicen. Estos inspectores sólo reciben órdenes de la dirección de la obra;

8.13. *final de obra*: se debe dejar establecido en el contrato las medidas que se tomarán para verificar el estado final de la obra contratada. Cuando se dé por terminado el trabajo contratado, se labra un acta en donde se dan por terminados los trabajos de conformidad de las partes. En caso contrario se discutirán aquellos detalles que no hayan quedado a satisfacción del comitente.

9 – Diferentes aspectos a ser tenidos en cuenta por los contratistas

Estos son algunos de los aspectos a tener en cuenta en una contratación por el (o los) contratista/s:

- ✓ conocer y respetar las normas internas de seguridad que impone el comitente;
- ✓ respetar las normas administrativas del comitente;
- ✓ ídem, normas impositivas y previsionales;
- ✓ respetar los horarios de cada turno y llevar control sobre los mismos;
- ✓ respetar la delimitación de las zonas de trabajo;
- ✓ ídem, indicación de caminos y zonas de tránsito permitidas;
- ✓ respetar indicaciones del uso de baños, vestuarios, comedores, caminos y playas internos;
- ✓ en cada caso, estudiar la posibilidad de tener que contratar baños químicos;
- ✓ control y uso de herramientas y equipos del contratista y de la empresa;
- ✓ acordar con la empresa contratista el eventual uso y apoyo de los talleres del comitente;
- ✓ conocer y respetar las normas de calidad a adoptar para la realización de las tareas acordadas;
- ✓ el contratista dará una lista de su personal (supervisores y operarios). Deberán actualizarse estos listados con las altas y bajas de su rol de personal;
- ✓ el personal propio conoce y respeta reglamentaciones, normas y procedimientos, igualmente lo deberá hacer el personal del contratista;
- ✓ el personal del contratista deberá tener una vestimenta que lo identifique como tal;
- ✓ el personal propio y del contratista deben saber quienes son los respectivos supervisores, inspectores y controles de obra, responsables de diferentes actividades;
- ✓ el personal de la empresa contratista debe conocer los mecanismos que permiten depositar o extraer elementos del Almacén.

10 – El Contrato: puesta en acción

Este es un momento importante, dado que tanto el personal del comitente como del contratista deben, además de conocer todo lo que se ha indicado más arriba, preparar el arranque del contrato; es decir, llevar a cabo todas las acciones para que el "momento cero" del proyecto tenga un comienzo puntual y ordenado.

En consecuencia, previo al comienzo de las tareas contratadas, ambas partes tienen responsabilidades, las que se detallan a continuación:

A) por parte del Comitente:
- preparar y demarcar las zonas de trabajo y las aledañas;
- instruir al personal propio de sus responsabilidades;
- informar al personal acerca de las personas responsables de la supervisión y control del avance de las tareas;
- disponer todos los elementos de seguridad necesarios;
- ubicar y demarcar el lugar donde se atendería a personas accidentadas;
- ídem, los pañoles de herramientas y suministros generales;
- ídem, los almacenes de piezas, repuestos y subconjuntos;
- demarcar la zona donde se dejarán depositados los equipos, máquinas y demás elementos del contratista.

B) por parte del Contratista:
- instruir a sus supervisores y a su personal acerca del contenido de las reglamentaciones, normas e indicaciones que rigen el contrato;
- instar al personal de ambas partes a mantener un buen clima de trabajo;
- el contratista es responsable de conocer y desarrollar las tareas, además cumplir los horarios pactados de trabajo y descanso;
- respetar los tiempos del cronograma de la obra, evitando las causas que puedan representar, retrasos o alteraciones de lo acordado;
- la persona designada por el contratista como responsable de la supervisión del personal las zonas a las que pueden acceder;
- la supervisión deberá instruir a su personal en orden a usar y cuidar su equipamiento y herramental;
- las instalaciones para el personal del contratista generalmente está a cargo de la empresa contratante (lugar cerrado para guardar las pertenencias del contratista, zona de refrigerio, baños químicos, etc.;
- la supervisión del contratista es responsable de ubicar, cuidar y controlar el equipamiento y herramental propio.

11 – Finalización de las obras

Así como se ha detallado el comienzo de una obra contratada y los deberes y responsabilidades que le caben a ambas partes, lo mismo sucede con la finalización de las tareas contratadas. Por lo mismo, a medida que se van concluyendo los trabajos, las partes dejan convenido en el contrato al respecto:

1. deben legitimar el grado de avance de cada uno de los trabajos que se mencionan en el contrato dejando constancia en un acta que firman los responsables de ambas partes. Cuando se da por completados todos los trabajos (final de obra) deberá realizarse la prueba de recepción. Consecuencia de ello, se debe labrar un acta de aceptación o bien, dejar indicados los errores resultantes y que se deben zanjar. Si se rechaza el trabajo deberá dejarse constancia de los defectos, errores o negligencias cometidas por la empresa contratista quien debe hacerse cargo de los trabajos y de las contingencias posibles;

2. con el *acta final*, el contratista está en condiciones de pedir que se completen los todos los pagos previstos y pendientes, menos el fondo de garantía, que se ejecutará en un plazo consensuado después de la conclusión del trabajo que se haya convenido;

3. en caso de no ser aceptado alguno de los trabajo se labrará un acta, consignando, claramente, en el documento antes mencionado las razones de la protesta;

4. por su parte, el responsable del área de **M&C**, cuando se concluye la vigencia del contrato, deberá elevar un informe a la dirección en el cual hará un resumen de lo realizado, lo realmente pagado por ello y el resultado de los trabajos desde el punto de vista técnico;

5. sin duda, el informe debe incluir los mayores costos y las causas que los han provocado.

CONCLUSIÓN:

A modo de sugerencia, una vez terminados los trabajos:

- se debe proceder a limpiar el área de trabajo para dejar en condiciones y en orden (incluidas las zonas aledañas) al área donde se desarrollaron las tareas;
- el personal del área de **M&C** deberá controlar (en cantidad y estado) las herramientas y los equipos propios que se usaron en las tareas;
- el personal del Almacén deberá hacer un balance de los repuestos y materiales que se hayan extraído con cargo a cada una de las tareas contratadas.

12 – Desarrollo de proveedores y contratistas

Toda empresa, sin importar su tamaño, en algún momento habrá de requerir aprovisionamiento de elementos necesarios

–repuestos, materiales consumibles, suministros generales–
para realizar el mantenimiento y la conservación de la planta.
Asimismo, seguramente habrá de requerir los servicios de terceros contratistas para hacer determinados trabajos. Es prudente
que la parte administrativa del área de **M&C** vaya elaborando
registros de proveedores y contratistas calificados, para salvar
alguna contingencia que se produzca;

En los centros urbanos, o cerca de ellos, es fácil tener a
mano comercios y contratistas para recurrir en caso que fuere
necesario; pero es muy diferente la situación en zonas en que
la planta industrial está lejos de ellos. Cabe, en consecuencia,
a la empresa desarrollar proveedores y contratistas (mano de
obra y talleres) que puedan dar solución a los problemas que se
presenten para desarrollar las tareas, ya sea de construcciones,
mantenimiento y conservación que se presentan todos los días.
En este caso será necesario, entonces, comenzar a desarrollar
proveedores y contratistas.

Con el comercio proveedor debe realizarse una tarea "de
investigación" hasta poder ir incorporando firmas al registro de
proveedores con indicación del ramo, la distancia que los separa
del comitente, sus coordenadas y formas de comunicación y todo
otro dato que nos permita conocer más detalladamente cada posible proveedor.

Con empresas contratistas es bastante más dificultoso el trabajo de incorporar empresas al registro interno y, por lo mismo
deberá comenzar una política de desarrollo de contratistas. En
el registro se incluirá todo dato que sea necesario para asegurar
una contratación satisfactoria. El registro de estas firmas debe
contener, entre otros datos: razón social, ubicación, formas de
comunicación, especialidades, cantidad de mano de obra fija, posibilidades de incorporar más mano de obra, supervisión, equipamiento, herramental, antecedentes contractuales y todo otro dato
que se considere de importancia.

Seleccionadas las firmas que se consideran aptas, en principio, por reunir las condiciones mínimas, se procede a la realización de entrevistas o encuentros preliminares, en donde:

- se trata de conocer, en principio, a sus directivos y supervisores;
- se evalúan sus antecedentes;
- se consulta a las empresas donde el contratista ha hecho
  trabajos para tener mayores referencias;
- los primeros encuentros será para "testear" los datos su-
  ministrados y la realidad…
- visitar el taller y el lugar de asiento de la firma, para veri-

ficar –si es posible– la calidad y cantidad de herramental y equipamiento;

• de estas visitas mutuas se puede llegar a hacer una evaluación previa del contratista;

• solo a partir del primer contrato se podrá hacer la verdadera evaluación de desempeño de la firma contratada.

La conformación de un registro de proveedores o de empresas contratistas es una tarea continua, pues muchas de ellas no serán mantenidas en el registro después de las evaluaciones. Por lo mismo, mantener estos registros actualizados es una tarea constante y con ello se logra velocidad de respuesta a las necesidades de mantenimiento y conservación. La experiencia irá indicando los puntos fuertes y débiles de cada contratista o proveedor, con lo cual tiende a hacer más eficaz la búsqueda de ayuda externa.

13 – Ajustes por mayores costos

Entre las consideraciones a tener en cuenta antes de cerrar la contratación de servicios externos a la empresa es la de mantener un cierto valor constante del monto ofertado originalmente. Generalmente, el monto ofertado va a sufrir modificaciones a lo largo de una contratación. Son varias las causas que provocan este cambio. Entre las causas más frecuentes:

• procesos inflacionarios;

• mayores costos por trabajos agregados no previstos

• ajustes de tarifas de ser vicios;

• variaciones en los acuerdos de paritarias con los gremios que intervienen en la obra, etc.

Por diferentes razones suelen provocarse mayores costos y, a veces estas contrataciones se hacen en períodos de procesos inflacionarios. Por otra parte quienes están en medio de estos procesos inflacionarios –tratando de asegurarse desde el punto de vista económico– deben acordar una fórmula de reajuste que contemple los mayores costos (RMC) que reúne diversos factores y conceptos.

Sólo a manera de ejemplo se muestra las siguientes expresiones polinómicas:

$$RMC = Po \ (0,05 + 0,20 \ x \ G/Go)$$

De donde:

RMC: reajuste por mayores costos;
Po: precio básico ofertado;
G: índice de gastos generales –datos oficiales– por actividad, vigente al mes anterior al de la fecha de entrega del trabajo total o parcial;
Go: ídem anterior, pero vigente al mes anterior al de la fecha de la oferta.

Sobre esta fórmula básica, la misma se puede ajustar –o adaptar– a diferentes conceptos. Algunos ejemplos:

13.1 – *Prestación de mano de obra* – Fórmula a aplicarse:

$$RMO = Po\,[0,10 + 0.10\ G/Go + 0,80\ J(1+Cs)/Jo\,(1+Cso) - 1]$$

De donde:

RMO: reajuste definitivo a liquidar la mano de obra, por todo concepto;
Po: precio básico ofertado;
G: índice de gastos generales de precios mayoristas no-agropecuarios oficiales, vigente al mes anterior al de la fecha de terminación de la obra;
Go: ídem anterior, pero vigente al mes anterior al de la fecha de terminación de la obra;
J: jornal básico oficial fijado por convenio con el correspondiente gremio, para cada especialidad que intervenga en la obra y durante el lapso de prestación;
Jo: ídem anterior, pero vigente a la fecha de la oferta;
Cs: cargas sociales, según resolución oficial, vigente en el período de las prestaciones;
Cso: ídem anterior, pero vigente a la fecha de la oferta.

13.2 – *Provisión y montaje de cañerías* – Fórmula a aplicarse:

$$RMC = Po\,[0,05 + 0,20\ G/Go + a \times J\,(1+Cs)/Jo(1+Cso) + b.T/To - 1]$$

De donde:

RMC: reajuste definitivo a liquidar, por todo concepto;
Po: precio básico ofertado;

G: índice de gastos generales de precios mayoristas no-agropecuarios oficiales, vigente al mes anterior al de la fecha de terminación de la obra;

Go: ídem anterior, pero vigente al mes anterior al de la fecha de terminación de la obra;

J: promedio aritmético del jornal básico horario de un oficial, de un medio oficial, de un ayudante y de un peón del gremio metalúrgico, según resoluciones oficiales, vigentes durante el período de ejecución de los trabajos;

Jo: ídem anterior, pero vigente a la fecha de la oferta;

Cs: cargas sociales con aplicación al gremio metalúrgico, según resolución oficial, vigente en el período de las prestaciones;

Cso: ídem anterior, pero con vigencia a la fecha de la oferta;

T: precio del producto *tubo*, según el promedio de precios que ofrece el mercado local, dentro del período de ejecución de los trabajos;

To: ídem anterior, pero vigente a la fecha de presentación de la oferta.

13.3 – *Construcción de tanques* – Fórmula a aplicarse:

$$RMC = Po\ [(0{,}05 + 0{,}20\ G/Go + 0{,}30\ J(1+Cs)/Jo(1+Cso) + +\ 0{,}45\ CH/CHo - 1$$

De donde:

RMC: reajuste definitivo a liquidar, por todo concepto;

Po: precio básico ofertado;

G: índice de gastos generales extraídos de alguna fuente seria y oficialmente reconocida, vigente al mes anterior al de la fecha de terminación de la obra;

Go: ídem anterior, pero vigente al mes anterior al de la fecha de presentación de la oferta;

J: promedio aritmético del jornal básico horario de un medio oficial, del gremio metalúrgico, según resoluciones oficiales, vigentes durante el período de ejecución de los trabajos;

Jo: ídem anterior, pero vigente a la fecha de la oferta;

Cs: cargas sociales con aplicación al gremio metalúrgico, según resolución oficial, vigente en el período de las prestaciones;

Cso: ídem anterior, pero con vigencia a la fecha de la oferta;

CH: precio promedio ponderado del mercado de la chapa de 6,5 mm. de espesor, en hojas, de calidad comercial laminada en caliente, vigente durante el período de ejecución de los trabajos;

CHo: ídem anterior, pero vigente a la fecha de la oferta.

13.4 – *Reparación y/o modificación de motores* – Fórmula a aplicarse:

$$RMC = Po \, [(0,10 + 0,20 \, G/Go) + a. \, J(1+Cs)/Jo(1+Cso) + + b. \, (CB/CBo) + (c.H/Ho) + d.(PNI/PNIo) - 1]$$

De donde:

RMC: reajuste definitivo a liquidar, por todo concepto;

Po: precio básico ofertado;

G: índice de gastos generales extraídos de alguna fuente seria y oficialmente reconocida, vigente al mes anterior al de la fecha de terminación de la obra;

Go: ídem anterior, pero vigente al mes anterior al de la fecha de presentación de la oferta;

J: promedio aritmético del jornal básico horario de un oficial, de un medio oficial y un ayudante del gremio metalúrgico, según resoluciones oficiales, vigentes durante el período de ejecución de los trabajos;

Jo: ídem anterior, pero vigente a la fecha de la oferta;

Csd: cargas sociales con aplicación al gremio metalúrgico, según resolución oficial, vigente en el período de las prestaciones;

Cso: ídem anterior, pero con vigencia a la fecha de la oferta;

CB: índice de precios de plaza de metales tales como el cobre, bronce y otros metales no ferrosos, con vigencia durante el mes anterior al inicio de los trabajos;

CBo: ídem anterior, pero vigentes al mes anterior al de la fecha de la oferta;

H: índice del precio de metales ferrosos, laminados o fundición, vigentes al mes anterior al período de ejecución de los trabajos;

Ho: ídem anterior, pero vigentes al mes anterior al de la fecha de la oferta;

PNI: índice de precios locales de artículos no agropecuarios importados, vigente durante al mes anterior al período de ejecución de los trabajos;

PNIo: ídem anterior, pero vigentes al mes anterior a la fecha de oferta.

13.5 – *Provisión de motores eléctricos* – Formula a aplicar:

$$RMC = Po\ (0{,}10 + 0{,}90\ IC/ICo - 1)$$

De donde:

RMC: reajuste definitivo a liquidar, por todo concepto;
Po: precio básico ofertado;
IC: índice de precios (promedio ponderado) del mercado proveedor vigente al mes anterior al de la fecha de entrega;
ICo: ídem anterior, pero vigente al mes anterior al de la fecha de la oferta.

NOTA:
El índice de precios respetará las características de cada producto (potencia, amperaje, fases, etc.

13.6 – *Realización de obras civiles, mecánicas y eléctricas* – Fórmula a aplicarse:

Este polinomio es extenso pues debe contener distintos índices que representen a obras civiles y los trabajos de mecánica y electricidad, las respectivas cargas sociales de cada ramo, más los cargos por diferentes repuestos, materiales y suministros típicos de cada deuna de estas especialidades:

$$RRMC = Po.\{[(0{,}10 + 0{,}20\ G/Go)] + a.[J.(1{+}Cs)/Jo.(1{+}Cso)] +$$
$$+ b.[J1.(1{+}Cs1)/J1o.(1{+}Cs1o)] + c.[H/Ho] + d.[CU/CUo] +$$
$$+ e.[(PNT/PNTo) + (MI/MIo)]\} - 1$$

De donde:

RMC: reajuste definitivo a liquidar, por todo concepto;
Po: precio básico ofertado;
G: índice de gastos generales extraídos de alguna fuente seria y oficialmente reconocida, vigente al mes anterior al de la fecha de terminación de la obra;

Go: ídem anterior, pero vigente al mes anterior al de la fecha de presentación de la oferta;

J: promedio aritmético del jornal básico horario de un oficial, de un medio oficial y un peón del gremio de la construcción, según resoluciones oficiales, vigentes durante el período de ejecución de los trabajos;

Jo: ídem anterior, pero vigente a la fecha de la oferta;

Cs: cargas sociales con aplicación al gremio de la construcción, según resolución oficial, vigente en el período de las prestaciones;

Cso: ídem anterior, pero con vigencia a la fecha de la oferta;

J1:   promedio aritmético del jornal diario de una cuadrilla conformada por un oficial, un medio oficial, un operario y un peón, según disposiciones oficiales, vigente al período de ejecución de los trabajos;

J1o: ídem anterior, pero vigente a la fecha de presentación de la oferta;

Cs1:   cargas sociales calculadas por la Asociación de Industriales Metalúrgicos de la Rep. Argentina (ADIMRA), vigente en el período de ejecución de los trabajos;

Cs1o: ídem, pero vigente a la fecha de presentación de la oferta;

H: índice de precios de plaza de productos elaborados en acero, de otros metales no ferrosos y fundición, vigentes al mes anterior al período de ejecución de los trabajos;

Ho: ídem anterior, pero vigente al de la fecha de presentación de la oferta;

CU: índice de precios de plaza de metales tales como el cobre, bronce y otros metales no ferrosos, vigente durante el mes anterior al período de ejecución de los trabajos;

CBo: ídem anterior, pero vigentes al mes anterior al de la fecha de la oferta;

H: índice del precios en plaza, de artículos no agropecuarios, vigentes al mes anterior al período de ejecución de los trabajos;

Ho: ídem anterior, pero vigentes al mes anterior al de la fecha de la oferta;

MI: índice de precios de mercado, de materiales de construcción vigentes al mes anterior al período de ejecución de los trabajos;

MIo: ídem anterior, pero vigente al de la fecha de presentación de la oferta.

Capítulo 5

MANTENIMIENTO "A ROTURA"

1 – Objetivos de aprendizaje

1. Tener claro el concepto del mantenimiento "*a rotura*" y sus características más salientes.
2. Describir algunas de las ventajas y desventajas de este tipo de mantenimiento.
3. Consignar algunas de sus consecuencias, justificándolas.
4. Describir su funcionamiento, de manera gráfica.

2 – Definición

Mantenimiento "a rotura" (Mr.)

Se identifica de esta manera al mantenimiento que se realiza de una manera poco o nada orgánica, por medio de acciones que se ejecutan a medida que se van manifestando desperfectos, roturas, desgastes, desajustes, etc., sin ajustarse a un programa alguno de tareas y sin hacer mayores previsiones.

3 – Áreas de aplicación

Este modo de llevar a cabo el mantenimiento y la conservación se puede observar, generalmente, en pequeños talleres y pequeñas fábricas. De todas maneras no hay que dejar de reconocer que esta manera de "arreglar" las cosas, convive con las diferentes maneras de realizar un mantenimiento orgánico. En otras palabras: "en las mejores familias…"

4 – Características

- Es una forma poco o nada ordenada de hacer las reparaciones, ajustes o recambios que satisface con una "solución de compromiso", ¡como para salir del paso!, tratando de no perjudicar a ninguna de las partes involucradas. Es una solución rápida a problemas simples;
- con esta forma de accionar se trabajar a *costo resultante*;
- cuando esta modalidad se convierte en estilo –tal como se dice *en el idioma del taller*– que es el "mantenimiento bombero", porque siempre se está corriendo detrás de los acontecimientos, dado que no se hace prevención alguna;
- la programación es pobre o inexistente y, a su vez, es difícil fijar fechas de realización de tareas y así se hace difícil cumplir con los compromisos de producción;
- no es posible realizar previsiones de existencias (almacén) de elementos necesarios, dado que las adquisiciones se van realizando a medida que se necesita, con lo cual, de partida, se está provocando un atraso en las reparaciones. Mientras tanto, el equipo o instalación sigue fuera de operaciones en espera de los elementos que están en proceso de compra;
- esta forma desordenada de realizar el mantenimiento, a la postre, desalienta al personal y genera conflictos;
- este estilo de trabajo "a la rotura" se puede llevar a cabo de manera eventual y en equipos secundarios, cuando se estiman cuáles serán los riesgos que se corren al decidir la realización de trabajos provisorios.

5 – Representación gráfica

DESPERFECTO

LLAMADO A MANTENIMIENTO

ATENCIÓN A LA FALLA

REGISTRO DE LA FALLA

6 – Ventajas

Al trabajar sin programas de guía, hace suponer, aparentemente, que se pueden tener acciones de más rápida respuesta, lo cual no es estrictamente lo contrario. Este criterio, como ya se ha expresado, podría aceptarse en situaciones excepcionales, pero cuando se convierte en "el estilo" se generan problemas a corto plazo.

7 – Desventajas

- Las acciones se desarrollan con poco o nada de previsiones y de programación.
- por lo antedicho, se trabaja desordenadamente, porque se va cayendo en una espiral negativa que va provocando la acumulación de trabajos, muchos de los cuales quedan a *medio hacer...* porque siempre van apareciendo nuevos trabajos y se van dejando postergados ¡los que ya se habían comenzado!;
- la *espiral negativa* se convierte en un *círculo vicioso* que puede tener origen en diferentes causas, pero la consecuencia, sin duda, será el aumento de la frecuencia de las roturas. Esto produce a su vez, un aumento de las emergencias. Esto afecta a la producción por la pérdida de tiempo útil;
- cuando se trabaja dentro de esta modalidad, a medida que las averías se van produciendo y se las repara de manera rápida y deficiente, la máquina se va alejando de su nivel original de calidad y de producción. Por los mismos motivos ¡¡el bien se va devaluando aceleradamente!!...;
- con máquinas y equipos parados en espera de reparación, se está afectando la producción, en calidad y cantidad con el agregado de la disminución del tiempo útil productivo;
- hay que tener en cuenta que, en estas condiciones, se hace difícil asegurar con precisión cuándo se podrían disponer los equipos que están en reparación, para reiniciar la producción;
- con el tiempo, si se decide poner en "condición cero" las máquinas, equipos o instalaciones, seguramente resultará más oneroso;
- al no tener previsiones de compras de repuestos y suministros para hacer las reparaciones, generalmente las compras de estos bienes se comienzan a tramitar cuando se detiene el equipo o máquina por alguna razón o se aprecia su falta en el almacén;

- al no tener previsiones de compras de repuestos y suministros para mantenimiento, el almacén puede ir llenándose de elementos innecesarios, con lo cual se afecta la economía del servicio.

ACLARACIÓN:

Como ya se ha dicho, en una organización conviven todas las formas de realizar el mantenimiento y la conservación.

Se reitera que a pesar de todo lo antedicho, aún en el servicio de mantenimiento y conservación más organizado, algunas veces se recurre a esta forma de *reparaciones express,* para lo cual, previamente se ha considerado el beneficio que tendría recurrir a esta metodología, sopesando contra el beneficio que puede obtenerse en términos de cantidad, calidad y oportunidad.

NOTA:

Las expresiones "*condición cero*" ó "*puesta a cero*" son expresiones corrientes de taller y significan que un bien se lo repara hasta llevarlo a su condición original de funcionamiento y rendimiento, lo cual exige tiempo y erogaciones de dinero, a lo que se suma la caída de producción con el consecuente "lucro cesante".

8 – Consecuencias

Cuando esta modalidad se convierte en un estilo de trabajo, es muy probable que se produzcan:

- la constante falta de tiempo del personal de **M&C** lo afecta porque se postergan o pierden horas de capacitación y formación;
- lo antedicho ayuda a carecer de tiempo que debe destinarse a capacitación técnica. La falta de formación en diferentes temas de la supervisión atenta contra la calidad del servicio;
- es imposible trazar programas de compras y reposiciones de materiales, suministros generales y repuestos;
- cuando el desorden llega a un nivel incontrolable, luego será casi imposible programar seriamente las actividades. Mientras tanto, van aumentando las emergencias, la acumulación de trabajos incumplidos y los reclamos por trabajos mal ejecutados;
- generalmente, asociado a este estilo de mantenimiento, se carece de tiempo para trazar presupuestos operativos y, consecuentemente hay un control de costos deficiente. El resultado es que se trabaja a "*costo resultante*", lo cual hace a una gestión desprolija y decididamente antieconómica;

- es frecuente hacer "modificaciones" en los equipos e instalaciones, sin que queden documentadas en los planos y manuales técnicos;
- la información técnica original comienza a perder vigencia de manera rápida, dado que se pierde información del estado original de los equipos e instalaciones, pues esta modalidad de encarar el mantenimiento hace perder validez a la documentación técnica, por desactualización (planos, manuales operativos y especificaciones técnicas);
- es frecuente hacer modificaciones en los equipos e instalaciones, sin que queden documentadas las mismas en la información técnica correspondiente;
- en este estado de cosas, es posible que el personal trabaje desprotegido por deficientes o la falta planes de seguridad;
- la falta de tiempo atenta contra la instalación de un clima orientado hacia la seguridad, como concepto de protección de las personas y de los bienes de la empresa;
- este estilo de hacer mantenimiento posterga el concepto de calidad;
- al tender hacia esta modalidad de operar en mantenimiento, la cultura organizacional acepta, implícitamente, convivir en el desorden.

ADVERTENCIA:
Lo antedicho respecto de esta forma de encarar el mantenimiento, hace suponer que toda la organización padece de la misma tendencia a convivir dentro del mismo estilo. Digo…

IMPORTANTE:
Este estilo de trabajo, rápidamente y en alguna medida, afectará la moral del personal, porque pocas veces se ven buenos resultados y, además, están sometidos a constantes cambios de trabajos y, en consecuencia van surgir reclamos y discusiones.

9 – Operatoria

- El "dueño" (el *cliente interno*, el responsable, el solicitante) del equipo, máquina o instalación que sufre un desperfecto, solicita una reparación determinada al área que se encarga del mantenimiento, generalmente de manera verbal;
- el responsable del mantenimiento analiza la magnitud del trabajo;

- se discute la fecha de INICIO y el tiempo de realización de las tareas. Este es un *punto de conflicto,* pues, en la mayoría de los casos seguramente las partes intervinientes van a disentir en cuanto a tiempos;
- quien solicita el trabajo casi siempre lo habrá de considerar urgente, quien hará los trabajos de mantenimiento deberá explicar (en vano, inútilmente...) las razones que lo superan (falta de tiempo, trabajos atrasados, falta de personal, falta de repuestos, etc.). En este estado de cosas, no es fácil acordar en cuanto a los tiempos de duración de las tareas y a la fecha de entrega;
- si el solicitante "gana" por cualquier razón la discusión, quien debe hacer el mantenimiento se verá en la necesidad de postergar otros compromisos vigentes. Y así se acumulan trabajos sin comenzar, trabajos a medio hacer, discusiones, reclamos, etc., etc... La tarea del responsable del mantenimiento, metido en el medio de tal desorden, debiera considerarse como algo mágico...
- de todas formas, desde esa circunstancia, el área de mantenimiento comienza a estudiar los diferentes aspectos en juego para poder satisfacer lo solicitado: mano de obra, tiempo, disponibilidad o compra de repuestos y suministros, etc. (a partir del momento en que se acuerda hacer el trabajo solicitado, deberán comenzar las tramitaciones de compras de los elementos necesarios y...¡ahí comienzan las verdaderas demoras!, dado que los trámites de compras también llevan su tiempo y, a su vez, los muchachos que tramitan las compras suelen tomarse su tiempo...;
- y se van agregando motivos de conflicto...

ADVERTENCIA:

Los comentarios hechos acerca de esta modalidad de encarar los trabajos de mantenimiento se puede utilizar aún en las áreas de mantenimientos muy organizadas, pero... *en su medida y armoniosamente* y sólo en trabajos pequeños y con justificación. Decididamente, adoptar este estilo de "mantenimiento a rotura" para realizar las tareas para satisfacer las demandas, será un grave error y constituiría un criterio equivocado.

Capítulo 6

MANTENIMIENTO CENTRAL
(O CENTRALIZADO) Y MANTENIMIENTO
DESCENTRALIZADO

1 – Objetivos de aprendizaje

1. Definir el Mantenimiento central, como concepto y como parte de una organización.
2. Describir sus características más salientes y algunas de las ventajas y desventajas.
3. Dejar en claro las responsabilidades y funciones del mantenimiento centra.
4. Describir su funcionamiento, de manera literal y gráfica.

1 – Aplicación

Este formato suele instalarse a empresas cuya producción es diversa y sus instalaciones:

a) se distribuyen en distintas áreas dentro de un predio industrial, las cuales pueden estar relativamente cercanas entre sí;

b) plantas que están en distintos puntos geográficos de un país o en distintos lugares del mundo (casa matriz + filiales).

Se opta por este formato para reunir en una sola estructura centralizadora –cuando se considera que es conveniente desde el punto de vista operativo– la administración, el planeamiento y la programación de tareas, el control de las actividades, la economía de todas las tareas y las responsabilidades que le caben en cuanto al mantenimiento y la conservación de los bienes de la empresa. Todos los trabajos que se solicitan desde todas las áreas, se realizan siguiendo lo establecido en los planes y programas, más las tareas de control técnico, administrativo y económico, de manera centralizada.

Generalmente, todas las dependencias que componen el área de **M&C** pueden estar concentrados física y orgánicamente, ocupando un mismo lugar, cuando ello es posible. Desde el lugar de concentración, sale el personal hacia los diferentes lugares de trabajo, con los equipos, herramental y todo tipo de elementos que se necesiten para cumplimentar las tareas programadas y comprometidas.

El diseño de esta forma que, como todos las demás modalidades, presenta sus ventajas y sus desventajas. El área de **M&C** opera como un *contratista interno* que atiende al resto de las áreas de la organización en su condición de *clientes internos*. Todos los trabajos se solicitarán con órdenes de trabajo (O.T.) que son procesadas y programadas en la oficina de Programación. Esta oficina hace todas las previsiones necesarias para que se pueda cumplimentar lo solicitado en órdenes de trabajo, incluyendo las compras que fueren necesarias, el equipamiento y herramental, la documentación gráfica que se necesite (manuales, planos), etc. Asimismo, deberá controlar que se cumplan los tiempos de tareas que se han programado, tratando de evitar todo tipo de demoras.

2 – Definición

El Mantenimiento central o centralizado razón de ser del *mantenimiento central* (MCt.), es, precisamente – cuando es posible y pertinente– reunir todas las responsabilidades que hacen al mantenimiento y la conservación en una sola área. Lo expresado se puede sintetizar en esta definición:

> **Mantenimiento central o centralizado**
> El Mantenimiento central o centralizado atiende las necesidades de mantenimiento y conservación de todas las de las áreas de la empresa, desde una estructura centralizada, en la cual se concentran todas las tareas que le competen, más la administración y conducción de la fuerza efectiva, el planeamiento, la programación, el control de los costos, todas las tareas técnicas que le son propias, la dirección y la administración de los diferentes talleres y almacenes, así como la contratación de terceros contratistas.

3 – Análisis de la definición del Mantenimiento central (MCt.)

"El Mantenimiento central o centralizado atiende las necesidades de mantenimiento y conservación de todas las áreas de la empresa desde una estructura centralizada,…"

Este formato –cuando es posible y pertinente aplicar– es un criterio de organización por el cual se concreta la realización de las tareas que le competen, aplicando criterios preestablecidos por la dirección de la empresa.

Tal como se concibe esta estructura centralizadora, está destinada a regular todas las actividades que hacen a esta área; es decir, las diferentes modalidades de encarar las acciones del mantenimiento, su ejecución, la aplicación de los debidos controles, de manera que toda la gestión se encuadre dentro de los conceptos de *eficacia, eficiencia* y *efectividad,* aplicando criterios de *calidad* y *economía.*

"…en la cual se concentran todas las tareas que le competen, más la administración y conducción de la fuerza efectiva, el planeamiento, la programación, el control de los costos, todas las tareas técnicas que le son propias, la dirección y la administración de los diferentes talleres y almacenes, así como la contratación de terceros contratistas".

El Mantenimiento centralizado es la forma de organizar todas las tareas y responsabilidades que le caben al área de **M&C**. En definitiva, todas las tareas del área se centralizan en un organismo desde el cual se atienden todos los pedidos de trabajo de mantenimiento y conservación.

4 – Aplicación a los Tipos de Mantenimiento

En cuanto a la aplicación de este criterio organizativo, el área de Mantenimiento cubre todas las acciones que se realizan bajo los siguientes tipos de mantenimiento:

- Mantenimiento a la rotura (Mr.);
- Mantenimiento central o centralizado (MCt);
- Mantenimiento programado (MPg.);
- Mantenimiento rutinario (MRt.);
- Mantenimiento preventivo (MPv.);
- Mantenimiento predictivo (MPd.).

5 – Características: tareas y responsabilidades del Mantenimiento central

Según este criterio centralizador, además de lo expresado más arriba (ver punto 3 - *Análisis de la definición*), le caben al área de **M&C** la realización de todas estas tareas y actividades:

- apoyo a los mantenimientos asignados a las áreas operativas de la empresa;
- junto a Ingeniería, debe estudiar las causas que se reiteran, provocando errores operativos, los desgastes prematuros o naturales, los defectos de diseño y de fabricación;
- la conducción del Mantenimiento central debe tener preparados planes de contingencia, dado que es habitual que se reciban O.T. que necesitan ser atendidas con urgencia. La existencia de planes de contingencia reducen los tiempos de parada imprevistos;
- planificar las acciones preventivas y/o predictivas, a fin de evitar colapsos o emergencias;
- ejercer la administración de los talleres;
- ejercer el control de las acciones realizadas por personal propio o de terceros contratistas;
- trazar los planes y programas de obras y grandes paradas para mantenimiento y conservación;
- determinar y mantener las existencias del Almacén del área;
- elaborar los borradores de contratos de terceros contratistas;
- gestionar las contrataciones de acciones que están planificadas;
- elaborar en tiempo y forma los presupuestos operativos del área, en acuerdo con el área administrativa y la dirección de la empresa;
- trazar los perfiles del personal que deben ocupar posiciones en los diferentes organismos (grado de conocimientos, habilidades y experiencias necesarias para cada función);
- establecer programas de formación del personal, detallando los temas específicos, la estandarización de las tareas y la unificación de criterios
- proponer incorporación de personal para el área, de común acuerdo con el área de personal y la dirección

- colaborar con las áreas pertinentes en la elaboración de pliegos de llamado a concurso de antecedentes (personas) y de oferentes (empresas).
- dada la *instantaneidad* con que se opera generalmente, los responsables del área de **M&C** deben estar alertas para realizar asignaciones, reasignaciones y cambios de personal a diferentes lugares de trabajo;
- asimismo, por el ritmo que generalmente se vive en Mantenimiento, hay que estar atento a producir intercambios rápidos de personal entre diferentes trabajos....(*¡siempre que el gremio lo permita!, amén*).
- en caso de producirse una emergencia o un grave accidente técnico, el responsable de **M&C** debe tomar todas las medidas que sean necesarias.

ADVERTENCIAS:

1. es importante considerar que, aunque parezca más conveniente tener a todo el personal reunido en un solo lugar, cabe advertir que también esto puede generar algunos problemas propios de toda concentración de personas...;
2. la concentración de todos los bienes del almacén en un solo lugar, para una planta de gran extensión, puede provocar pérdidas de tiempo. Por lo mismo, si hay grandes distancias entre diferentes escenarios, es recomendable tener existencias en armarios o subalmacenes en lugares estratégicos, cercanos a las zonas de trabajo;
3. el área de **M&C** es un organismo que está limitado en sus posibilidades de atender a todos, por una simple razón de economía. Por lo dicho es seguro que se pueden producir diferencias y no pocos conflictos con los "clientes internos". La centralización tiende a facilitar la solución de esos problemas que, por experiencia, se hacen a través de la herramienta denominada *negociación* de los tiempos y prioridades asignados;

SUGERENCIA:

Hace muchos años, el área de Mantenimiento de una empresa química importante había optado por una solución inteligente: disponer de repuestos y materiales de uso intensivo cerca de los equipos e instalaciones. En armarios metálicos colocados, adosados a la pared, en los cuales se almacenaban elementos destinados al o a los equipos de la cercanía. Los elementos que se almacenaban eran como correas de transmisión, tornillería, arandelas, chavetas, repuestos de recambio frecuente, rodamientos, herramientas especiales, fluidos y lubricantes, elementos de iluminación, etc. Dichos armarios quedaban cerrados bajos llave (o con candados...); los supervisores disponían de las llaves y, a su vez, eran ellos quienes controlaban los consumos y a su vez, los mismos supervisores eran responsables de las reposiciones y de mantener los niveles de las existencias.

Nada es más terrible que la ignorancia activa.

6 – Ventajas

- Se trabaja en base a criterios y cultura laboral unificados;
- este formato, facilita el control de todas las actividades de mantenimiento y conservación, pues se trabaja en base a normas y regulaciones comunes para toda la empresa;
- este formato, en alguna medida, tiende a dar una cierta uniformidad a toda la operatoria, debido a que el *mantenimiento central* hace posible tener bajo control la utilización integral de la fuerza efectiva (*central* más los grupos *asignados*). Esto permite hacer una distribución equilibrada de las cargas de trabajo en cada momento;
- se puede esperar un buen nivel de eficacia y eficiencia del servicio;
- este formato hace posible balancear las cargas de trabajo de los grupos asignados a distintas áreas, pues, mientras algunos grupos asignados tienen una fuerte carga de trabajo, simultáneamente puede haber otros grupos asignados con baja carga;
- el personal que compone los grupos de *mantenimiento asignado,* por el contacto diario que tiene con los equipos, máquinas e instalaciones del área, va adquiriendo conocimientos y acumulando experiencia sobre los mismos;
- con la organización en un mantenimiento centralizado se trata de evitar la dispersión de responsabilidades acerca de criterios, gastos y normas;
- por otra parte se pueden trazar los diferentes programas de actividades evitando superposiciones de actividades;
- en el caso de grandes organizaciones, que poseen plantas en distintos puntos geográficos, suelen tener sus propios servicios de mantenimiento. Por lo tanto, es interesante que la casa matriz posea una dirección o gerencia de Mantenimiento, la cual debe organizar y controlar a los organismos de mantenimiento de las filiales, a fin de unificar criterios;
- en este caso el organismo central, deberá elaborar y controlar los planes de mantenimiento de cada filial, a la vez que será responsable del plan general de mantenimiento y conservación, la atención de los talleres centrales, la

atención y control de los diferentes gremios y especialidades, los posibles contratos con terceros contratistas, los costos y los presupuestos, la capacitación de todo el personal del área, la realización de controles, etc.

7 – Desventajas

- Siempre está la "tentación" de burocratizar los procesos, especialmente en cuestiones administrativas, de compra, modificaciones sin autorización de Ingeniería, etc. Estos sucesos, que se presentan con cierta frecuencia, se producen por falta de normativas y de los debidos controles;
- con el tiempo se tiende a asignar al área de **M&C** la solución de ¡TODOS los problemas!.., los que le competen y los que no… Esto requiere de un importante trabajo de organización, previo al lanzamiento de esta modalidad organizativa, diseñando los procesos de tal forma que quede en claro la asignación de responsabilidades y de límites, para evitar los problemas mencionados y cualquier otro que atente contra la eficacia del área.
- puede existir la tendencia a tener una mayor cantidad de personal (operarios) y de supervisores y, en consecuencia, podría caerse en una mayor burocratización;
- es posible que se tienda a tener una estructura sofisticada y probablemente más grande de lo necesario;
- la dispersión geográfica de trabajos, puede atentar contra la eficacia en las tareas de supervisión (seguimiento y control);
- quizá se pierda más tiempo en los traslados del personal, el herramental y equipamiento a los lugares donde se deben realizar los trabajos (una posible solución es establecer grupos asignados en lugares clave del *layout* de la planta;
- la velocidad de respuesta obliga a disponer de una suficiente flota de vehículos (propia o contratada) para hacer los traslado del personal, las herramientas y los elementos a las zonas de tareas.

En realidad, y como conclusión, el criterio de centralización en cuanto a las tareas de mantenimiento y conservación, se puede aplicar en cualquier tipo y tamaño de organización. Se da por supuesto que es aceptable poder diseñar un área de mantenimiento de muchas maneras.

8 – Diseño del Mantenimiento centralizado

8.1 – Premisas para el diseño

- Se hace la salvedad que tanto la estructura organizativa, así como el organigrama básico, la cantidad de persona –por función y por categorías–, las respectivas descripciones de las funciones que le caben al Mantenimiento centralizado, son sólo sugerencias, pues todos estos aspectos deben, en cada caso, adaptarse al tamaño de la empresa y a sus características;
- la dimensión y estructura de un mantenimiento centralizado depende, entre otros aspectos:
  * del tamaño de la empresa;
  * de la distribución geográfica de sus procesos, y,
  * del ramo en que opera la empresa;
- las funciones constitutivas de la organización del Mantenimiento centralizado podrían ser las que se mencionan:
  - la oficina de Programación
  - administración del personal y el control de los costos y presupuestos;
  - las compras de repuestos, materiales y suministros generales;
  - el almacén central y, eventualmente, los subalmacenes;
  - los diferentes talleres; y,
  - los diferentes gremios y sus especialidades.

NOTA:
El diseño de la organización, en secciones o sectores componentes, dependerá de muchos factores, por lo cual, en cada caso, se tendrán en cuenta las propias necesidades (cantidad de mano de obra por especialidad, por turno, por planta).

8.2 – Áreas de responsabilidad

El Mantenimiento central debe cubrir y desarrollar las tareas en todas las áreas de la empresa, por solicitud de éstas. Asimismo, y eventualmente, para atender picos de demanda, las áreas pueden solicitar apoyo al Mantenimiento central.

ACLARACIONES:

a) las tareas que haga el personal de Mantenimiento central serán debitadas al "cliente interno" (el área que solicita apoyo);

b) se denomina:
mano de obra fija al personal o fuerza efectiva que debe trabajar fijo en un lugar determinado, por ej. un tornero en el Taller de Mecánica;
mano de obra volante al personal o fuerza efectiva de las diferentes especialidades que, teniendo base en el Mantenimiento central, salen a realizar trabajos en diferentes lugares de la empresa.

c) la cantidad de personal y de los respectivos supervisores, responsables de dichos grupos, dependerá del tamaño de la empresa y de otros factores locales que se habrán de considerar al momento del diseño de la estructura orgánica del Mantenimiento central;

d) así es como, en cuanto sea necesario, convendría agrupar funciones bajo un mismo responsable. También es válido decidir, en el caso de empresas de gran envergadura (y si la estructura lo permite), dar entidad por separado a cada especialidad; en tal caso deberá dimensionarse cada grupo, más el correspondiente personal de supervisión.

Ejemplos:

✓ Compras y Almacenes: en muchas empresas estas son dos subáreas complementarias, que podrían operar bajo una misma conducción, salvo, en grandes empresas, donde ambas áreas funcionan en departamentos distintos, separados y que operan bajo distinta supervisión. Dependiendo del tamaño de la empresa, las funciones de compras y el almacén podrían operar dentro o fuera del área de **M&C**. En grandes emprendimientos (petróleo, gas, minería, grandes construcciones) el área de mantenimiento suelen tener sus propios organismos para las compras y el almacenamiento;

✓ Presupuestos y Contrataciones: caben las mismas consideraciones hechas anteriormente;

✓ Ingeniería: los proyectos de ampliación, de modificaciones o modernización de equipos e instalaciones se hacen desde el Departamento de Ingeniería y, por extensión, los pequeños estudios que sugiere el área de **M&C**. Sin embargo, para estos menesteres menores la propia área de **M&C**, en algunas empresas tiene también asignada la realización de proyectos menores, en total acuerdo con el Depto. de Ingeniería. Esta tarea de coordinación debería ser política de conducción empresarial, de manera de no "ensuciar" el acervo técnico de la empresa.

8.3 – Preparación del diseño del Mantenimiento central

Antes de proceder al diseño del Mantenimiento central y de definirlo, se deberá pensar en cuanto a la FORMA que más se adecua a la empresa. Luego de adoptada la FORMA y, a partir de ésta, se trazará la estructura organizativa del servicio de mantenimiento que habrá de operar de manera centralizada.

Cuando esté aprobado el formato que se le dará al Mantenimiento central dentro del área de **M&C**, cabe entrar en los detalles del funcionamiento, la asignación de responsabilidades y funciones de cada parte componente, la definición de la cantidad personas por cada función, distribuidas por niveles jerárquicos (jefes de subáreas, líderes de grupo, supervisores, personal especializado, etc.) y por especialidad.

Una vez concluida esta tarea, la propuesta de organización del Mantenimiento central, deberá ser elevada a la consideración de la dirección para su aprobación. Se mencionan las tareas más importantes que hacen al diseño del Mantenimiento central:

- el diseño de cada TIPO de mantenimiento que se adoptará (Rutinario, Preventivo, Predictivo, etc.) y del desarrollo del trabajo y responsabilidades que le cabe a cada una de esas modalidades;
- la redacción de las normas que sean necesarias para ayudar al *cliente interno* a acceder a los servicios que cada modalidad puede prestar (el **qué** y el **cómo**);
- este paso es importantísimo: se trata de la estructuración y funcionamiento la oficina de Programación responsable del trazado de los diferentes programas de actividades, teniendo en cuenta los diferentes servicios que le competen a cada modalidad (tipo de mantenimiento);
- elaborar la forma en que se desarrollarán los planes de mantenimiento y conservación y los programas periódicos de trabajo para cada uno de las tipos de mantenimiento;
- elaborar los programas de tareas que se deben desarrollar con la fuerza efectiva (*mano de obra fija* más la *mano de obra volante*), los trabajos a realizar en los talleres propios y en los talleres de terceros contratistas;
- definir el proceso que debe seguir cada Orden de trabajo, desde su recepción hasta la entrega del trabajo concluido.;
- establecer la forma del registro de datos en el *Historial*;
- protocolizar las formas que deberán darse a los diferentes informes a la dirección, al responsable del área de **M&C** y a los *clientes internos*;

- diseñar las hojas-resumen que el área de **M&C** deberá elaborar y distribuir periódicamente para informar a los responsables de todas las áreas que atiende **M&C**;
- trazar los diferentes planes de formación, capacitación y entrenamiento del personal.
- diseñar las partes componentes de la estructura del Mantenimiento central;
- definir la cantidad de personal (posiciones) por función;
- trazado de los perfiles de las diferentes funciones;
- determinación de la cantidad de posiciones de la fuerza efectiva, por zona (geográfica), jerarquía y especialidad;
- estimar y proveer de herramental, equipos e instalaciones necesarios;
- definir lugar físico para el trabajo del personal;
- estimar y adquirir los repuestos, suministros generales y materiales para el almacén de **M&C** y los subalmacenes;
- diseñar la forma de planificación y programación de trabajos;
- dejar establecidas las formas de control de los programas de tareas;
- establecer, junto al responsable de Capacitación de la empresa, las actividades básicas para nivelar conocimientos y, luego, formar y desarrollar las habilidades del personal.

9 – Diagrama de la estructura orgánica del Mantenimiento central

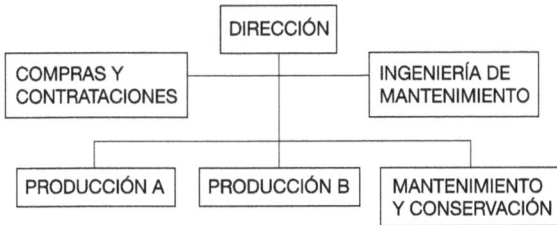

10 – Alternativa: Mantenimiento central con grupos de mantenimiento asignados

Cuando la empresa ocupa una superficie considerable (siderurgia, minería, explotaciones petrolíferas y gasíferas, destilerías, generación y distribución de energía, automotrices, etc.) se considera conveniente tener disponible, dentro y cerca de cada área de producción, grupos de trabajo para que las reparaciones se realicen lo más rápidamente posible. Estos grupos que están *asignados* a las áreas a las que deben prestar servicio, dependen administrativa y técnicamente del *mantenimiento central*.

En consecuencia, estos grupos de trabajo asignados a diversas áreas pueden tener, también y a su vez, otras dependencias menores (taller, almacén, pañol, etc.) ubicadas en el área asignada o lo más cerca posible de las zonas de trabajo. De esta forma, cada área operativa habrá de poseer un grupo (fuerza limitada) compuesto por personal con diversas especialidades básicas, para atender problemas locales. En caso de necesitarse otras especialidades, el *mantenimiento central* será quien aporte la fuerza especializada que se necesite.

Cuando se trata de atender tareas de mayor envergadura que las habituales –por ejemplo, grandes paradas o emergencias– será el *mantenimiento central* responsable de aportar el apoyo de mano de obra especializada, más el equipamiento, herramental y el material que fueren necesarios.

El *mantenimiento central* (con todas sus dependencias) está para apoyar a los grupos de *mantenimiento asignado* aportando la fuerza efectiva y con diferentes trabajos de taller, soldaduras (comunes o especiales), ensayos no destructivos, mantenimientos rutinarios, personal para montajes y para tareas especiales, traslados de piezas, mecanizados, tendido de redes y conductos de fluidos, etc.

En consecuencia, estos grupos de trabajo asignados a diversas áreas, están instalados dentro del área operativa. Asimismo, todas las dependencias periféricas antes mencionadas (taller zonal, depósitos, almacén, pañol, etc.), si son necesarias, estarán también lo más cerca posible de las zonas de trabajo. De esta forma, cada área operativa tendrá asignado el grupo de mantenimiento, con su propio espacio y equipamiento, que puede incluir un taller (zonal), dotado con un mínimo parque de máquinas, sólo las necesarias para trabajos menores e inmediatos.

"No basta con dar órdenes, hay que cumplirlas."

André Maurois

10.1 – Operatividad

Cada *grupo asignado* tiene su propia supervisión;
- este formato, con la cercanía del personal del *mantenimiento asignado*, puede brindar servicios con una mayor velocidad de respuesta a los requerimientos del área al cual el grupo está asignado;

- se diseña y asigna cada grupo a diferentes áreas, teniendo en cuenta la carga de trabajo promedio que se estime para cada una de ellas. Estas decisiones se consultan y acuerdan con los responsables de las áreas a las cuales se les toma mano de obra asignada para realizar tareas en otras áreas. ¡Esto podría generar alguna forma de conflictos!...;
- las decisiones para la realización de trabajos domésticos, las toman en forma directa los supervisores de mantenimiento;
- dentro del área asignada, los trabajos domésticos se hacen sin recurrir a la *orden de trabajo*, pero sí:
  - se ajustará a un plan doméstico de trabajos que elaborarán los supervisores del grupo; y,
  - es imprescindible registrar todo tipo de trabajo, cuya importancia lo amerite, en el *Historial*;
  - cuando se trata de atender tareas de mayor envergadura y la magnitud del trabajo así lo imponga, el *mantenimiento asignado* cursará la correspondiente *orden de trabajo* que será procesada por el *mantenimiento central*. Esto se solicita por una orden de trabajo que se analiza y, de aprobarse, ingresa al programa central de trabajos.
  - el *mantenimiento central* provee de todos los repuestos y suministros generales para cumplimentar las tareas programadas. Por otra parte, si no hay existencia del insumo necesario, el mismo *mantenimiento central* se encarga de gestionar su reposición ante el área de Compras y Almacén central;
  - el control y la calidad de las trabajos de mantenimiento, en todos los aspectos, caen bajo la responsabilidad de la supervisión del *grupo asignado* y del *mantenimiento central;*

10.2 – Desventajas

- Quizá, si no se controla debidamente, se podría producir un aumento de tareas burocráticas;
- probablemente no sea menor la cantidad de mano de obra empleada según este formato;
- puede caerse en una peligrosa tendencia a duplicar la cantidad de personal. Ello podría suceder si no se tienen en consideración y bajo control a todos los grupos de mantenimiento (*central + asignados*);

- sin dudas, se habrán de multiplicar los equipamientos, y el herramental entre todos los grupos de mantenimientos asignados;
- cuidar este aspecto: es posible que se tienda a una duplicación de las compras de repuestos y otros elementos para cubrir las existencias, repartidos tanto en el *almacén central* como en los subalmacenes;
- sin duda, en los grupos descentralizados hay una tendencia a trabajar con criterios propios, sin prestar atención a las normas que fija el área de **M&C** (causa frecuente de conflictos...).
- existe la tendencia a derivar trabajos que podrían ser realizados por el grupo de mantenimiento asignado al mantenimiento central (¡causa de conflictos!...). Esto sucede cuando aparecen trabajos que revisten cierta complejidad.
- suelen aparecer conflictos cuando la cultura del *mantenimiento asignado* –forjada desde el *mantenimiento central*– difiere de las culturas de las área a las que **M&C** debe asistir;
- pueden aparecer conflictos debido a un proceso de mimetización que, insensiblemente se va produciendo en el personal del área de **M&C** con la idiosincrasia y la cultura del área a la que está asignado el grupo. Estas tendencias se corrigen con una supervisión debidamente formada y entrenada;
- se requiere una mayor cantidad de supervisores;
- podrían aumentar las presiones que ejercen todas las áreas sobre el *mantenimiento central*, concluyendo, muchas veces en conflictos (¡casi inevitable!...);
- es muy difícil y antieconómico duplicar ciertas especialidades.

11 – El Mantenimiento central y los grandes trabajos

En empresas medianas y grandes suelen hacerse grandes trabajos de mantenimiento, actualizaciones/modernización o agregados de equipos e instalaciones y construcciones importantes. En tales casos el área de **M&C** –conjuntamente con el área de Ingeniería– llevan a cabo todas las tareas del proyecto. En caso que la magnitud de las tareas a realizar supere la capacidad del personal propio, el Mantenimiento central será responsable de los llamados a licitación y todas las tareas concurrentes hasta la emisión de la *Orden de Compra* o preparar el contrato para elevar a la dirección para su aprobación. En tales casos se agrega siempre el cronograma de los trabajos.

En el Cap. 11 "(Mantenimiento de equipos e instalaciones industriales"), se desarrollan las acciones que se deberían seguir en grandes paradas.

12 – Otros formatos posibles: Mantenimiento descentralizado – Definición

Esta forma de diseñar el mantenimiento de manera descentralizada (total o parcialmente) es de aplicación para empresas de gran envergadura que tienen varias plantas, más o menos cercanas entre sí, o que, dentro de un mismo predio, se reúnen plantas destinadas a producción y productos diferentes.

Esta podría ser una definición:

Mantenimiento descentralizado

Este diseño de la estructura obliga a trazar total o parcialmente a cada planta de una misma empresa o empresas de un mismo grupo con distintas locaciones en la geografía, su propia organización y concretar la realización todas las tareas y responsabilidades del mantenimiento y la conservación, administrando las cuatro funciones básicas (técnica, administrativa, económica e innovación).

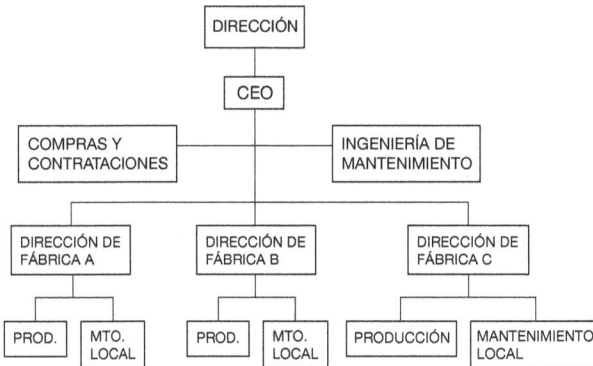

DIRECCIÓN

CEO

COMPRAS Y CONTRATACIONES — INGENIERÍA DE MANTENIMIENTO

DIRECCIÓN DE FÁBRICA A — DIRECCIÓN DE FÁBRICA B — DIRECCIÓN DE FÁBRICA C

PROD. | MTO. LOCAL — PROD. | MTO. LOCAL — PRODUCCIÓN | MANTENIMIENTO LOCAL

13 – Análisis de la definición de Mantenimiento descentralizado

"*Este diseño de la estructura obliga a trazar total o parcialmente a cada planta de una misma empresa o empresas de un mismo grupo, con distintas locaciones en la geografía...*"

Este diseño es de aplicación, como lo expresa la definición, a grandes empresas que reúnen en un mismo predio, plantas que se dedican a diferentes procesos (por ej. siderurgia) o bien, empresas que poseen diferentes plantas distantes entre sí y dedicadas a producciones diversas (destilerías de petróleo, plantas químicas, por ejemplo).

No obstante lo dicho, si bien operativamente lo hacen separadamente, se tiende a unificar algunos criterios, tales como tender a unificar criterios en cuanto a los procedimientos, a las compras y adquisiciones, el ordenamiento de la documentación de los equipos e instalaciones, a aplicar las mismas normas sobre diferentes conceptos, etc. En resumen, no obstante las distancias o las diferencias operativas, de producción y de productos, estas empresas tienden a unificar los criterios internamente, en la medida que sea posible, generando documentos, actividades de capacitación, reuniones de conciliación, etc.

"*...trazar – total o parcialmente – su propia organización...*"

Cada unidad fabril o planta diseña para sí, la organización de su propio mantenimiento, dándole la *forma*, el *estilo* y adopta los *tipos* de mantenimiento que más conviene en cada caso. Esto involucra la selección, incorporación y capacitación de personas para cubrir las diferentes funciones y niveles jerárquicos, según las actividades y especialidades que se crea necesario incluir en la organización.

NOTA:
..."*total o parcialmente...*"

El Mantenimiento descentralizado puede tomar diferentes formatos, dependiendo de las reales necesidades que tiene una gran empresa. En efecto, hay diferentes posibilidades de formatos que puede adoptar el Mantenimiento descentralizado:
1. Mantenimiento *totalmente* descentralizado:
   Esta forma de organización dice que cada filial tiene su pro-

pio servicio de mantenimiento y conservación, siendo todas las unidades totalmente independientes. Cada unidad fabril es responsable del diseño, la gestión y el funcionamiento de su propia área de Mantenimiento, sin tener que rendir cuenta más que a la dirección de su propia unidad. En este caso todas las unidades son independientes de la Casa matriz y de las demás unidades de la corporación;

2. Mantenimiento *parcialmente* descentralizado:

2.1. la dirección de la Casa matriz, en este formato tiene una gerencia central, cuya función es sólo controlar y auditar la gestión de los servicios de **M&C** de todas las filiales.

2.2. la dirección de la Casa matriz posee una gerencia de **M&C** que a más de lo dicho en el parágrafo anterior, incluye algunos grupos para desarrollar tareas especiales para prestar –a pedido de las filiales– servicios en las mismas. Valgan estos ejemplos:

- laboratorio central de ensayos no destructivos;
- tareas de controles técnicos dentro del Mantenimiento predictivo;
- las compras de elementos;
- el control de los costos;
- la organización de cursos de capacitación o actividades de entrenamiento;
- la elaboración de normas y especificaciones;

"El que busca el camino para llegar al océano, que siga río abajo."

Plauto

" *...y concretar la realización de todas las tareas y responsabilidades del mantenimiento y la conservación...*"

La puesta en marcha de la organización propia de mantenimiento es un proceso lleno de dificultades, por lo cual, el responsable del área de **M&C** local, deberá estar atento a todas las novedades y problemas que se van a ir presentando, de manera ineludible y que tienen que ser resueltos rápidamente, dando respuesta a los Objetivos del mantenimiento y la conservación de los bienes (VER Cap. 1 –punto 5.1).

" *administrando las cuatro funciones básicas (técnica, administrativa, económica e innovación.*"

Cada área de **M&C** conducirá los *tipos* de mantenimiento y conservación adoptados, de acuerdo a la *forma* y al *estilo* que se desee dar, pero sin dejar de poner el esfuerzo en los cuatro campos mencionados.

14 – Alternativas

La organización de un *Mantenimiento descentralizado* presenta dos alternativas, tal como lo hacen las empresas de cierta magnitud:

a) la dirección de la empresa no tiene un organismo centralizador que ordena las diversas actividades del mantenimiento y la conservación de todas las unidades o plantas de la empresa; o bien,…

b) en algunos casos integra la dirección de la Casa matriz una gerencia que ordena la operatoria de todas las unidades de mantenimiento y conservación, ejerce el control y audita a todas las plantas.

Por lo general se impone esta segunda alternativa, dado que la dirección general se asegura que una actividad de la importancia y envergadura que tiene el área de **M&C** esté bajo un cierto control.

Asimismo, esta última alternativa asigna a esa gerencia centralizadora la posibilidad de ejercer los controles sobre todo en cuestiones de orden técnico y, además, ejercer la auditoría en cuestiones de orden administrativo, contable y todos los aspectos relativos a la fuerza efectiva.

15 – Ventajas

- Con un estudio detallado, es posible unificar criterios en algunas acciones administrativas y operativas en los grupos de **M&C**;
- permite unificar criterios generales y particulares, es decir, normas que pueden ser de aplicación general (perfiles de funciones, de organización, planes de capacitación, sueldos y salarios, etc.); también normas y procedimientos que pueden ser comunes a dos o más plantas;
- asegurar positivamente los posibles cambios del personal de alto rango de **M&C** entre las diferentes plantas o filiales,
- trazar especificaciones técnicas de algunos repuestos, materiales y suministros generales, comunes a dos o más plantas con lo cual se facilitará su compra, a la vez que se tiende a conseguir mejores precios;
- se pueden diseñar operatorias similares, de aplicación general;

- permite el traslado de elementos que poseen algunos elementos de las plantas que lo poseen a otras que lo necesitan;
- se pueden uniformar criterios operativos de mantenimiento sobre máquinas, equipos e instalaciones iguales o similares que están instalados en las diferentes plantas;
- es posible trazar planes y programas de formación, capacitación y entrenamiento del personal de supervisión y operarios;
- poder intercambiar –eventualmente– máquinas y/o equipos, repuestos y subconjuntos entre plantas;
- uniformar normas y procedimientos, en la medida de lo posible;
- compatibilizar y comparar datos y experiencias operativas de todos los servicios de **M&C** de la empresa;
- uniformar listados de proveedores, especialmente de *elementos clave*;
- comparar resultados económicos analizando datos de todos los grupos de mantenimiento.

16 – Desventajas

- La tarea de uniformar criterios, especificaciones, normas, requiere mucho tiempo y paciencia, pues juegan cuestiones técnicas u operacionales y las de orden personal....y esto es lo más difícil;
- dado que muchas veces entre las diferentes plantas no hay igualdad de equipos e instalaciones, o son plantas que tienen diferentes antigüedades, o las producciones son muy disímiles desde el punto de vista comparativo, se hace muy difícil tender a uniformar criterios. Por lo dicho, seguramente no será fácil trazar normas y especificaciones comunes a todas las unidades en diversos temas;
- las diferencias entre unidades se acentúan cuando están localizadas en diversos países.

17 – Consideraciones acerca del Mantenimiento descentralizado

Lo expresado en estos últimos puntos 5 - *Ventajas* y 6 -*Desventajas*, es sólo a modo explicativo; seguramente se han desarrollados otras formas de organizar el mantenimiento y la conservación de plantas industriales. Dependerá de quienes diseñen la empresa y del grado de conducción que ejerza la dirección de la misma, el logro de la mayor eficiencia de la forma que se haya adoptado para organizar las diferentes entidades internas dedicadas al mantenimiento.

En esta instancia es prudente:

1. escuchar a las personas con mayor antigüedad que trabajan en las diferentes unidades de la empresa, para conocer la "historia" de cada planta, la cultura organizacional, las cosas que están bien y las que no, la calidad del personal de cada unidad, la antigüedad de cada planta, la idiosincrasia del personal de cada zona de localización, etc.;

2. es interesante cotejar con otras empresas en igual situación, para poder extraer de experiencias ajenas, conclusiones que sirvan en el proceso de diseño de la organización, ya sea de la gerencia centralizadora de **M&C**, así como las áreas de las filiales dedicadas a las mismas tareas y responsabilidades;

3. no se podrá pretender uniformar todos los aspectos que hacen a un servicio de mantenimiento, pero sí es siempre conveniente tender hacia dicho fin en la medida de lo posible; esto ayuda al buen clima y facilita la dirección de las tareas de mantenimiento y conservación;

4. cada planta definirá, según su estructura operativa, los tipos de mantenimiento que se necesitan aplicar en cada caso para obtener la mayor disponibilidad de tiempos operativos y la menor cantidad de problemas e inconvenientes que puedan afectar a la producción.

5. Mantenimiento *parcialmente* descentralizado:

    5.1. la dirección de la Casa matriz, en este formato tiene una gerencia central, cuya función es sólo controlar y auditar la gestión de los servicios de **M&C** de todas las filiales.

    5.2. la dirección de la Casa matriz posee una gerencia de **M&C** que a más de lo dicho en el parágrafo anterior, incluye algunos grupos para desarrollar tareas especiales a prestar –a pedido de las filiales– servicios en las mismas. Valgan estos ejemplos:

        ✓ laboratorio central de ensayos no destructivos;

        ✓ tareas de controles técnicos dentro del Mantenimiento predictivo;

"No es necesario pasar el tiempo porque el tiempo pasa solo."

Ugo Betti

- ✓ las compras de elementos;
- ✓ el control de los costos;
- ✓ la organización de cursos de capacitación o actividades de entrenamiento;
- ✓ la elaboración de normas y especificaciones;
- ✓ la organización de cursos y actividades de capacitación, entre otras actividades.

Capítulo 7

PROGRAMACIÓN
DEL MANTENIMIENTO

1 – Objetivos de aprendizaje

1. Tener claro el concepto acerca del planeamiento y la programación.
2. Su aplicación al mantenimiento y la conservación de los bienes.
3. Consignar algunas de sus consecuencias, justificándolas.
4. Poder describir su funcionamiento, de manera gráfica y literal.

2 – Definición

Se puede plantear la siguiente definición referida a este estilo de ordenar las acciones de mantenimiento:

Programación del mantenimiento

Es la forma de ordenar todas las acciones de mantenimiento y conservación que se solicitan al área de **M&C**, por medio de órdenes de trabajo (O.T.) para procurar la maximización del tiempo productivo y la mayor eficiencia de la producción.

---

3 – Análisis de la definición

"*Es la forma de ordenar todas las acciones de mantenimiento y conservación que se solicitan al área de **M&C**...*"

La *programación del mantenimiento* es una buena de las formas de ordenar todos los pedidos de reparación, ajustes, recambios, que se le solicitan al área de **M&C** por medio de órdenes de trabajo (O.T.), siendo la misma el único documento que se emplea en todo el sistema para solicitar todo tipo de acciones de mantenimiento y conservación.

"*...por medio de órdenes de trabajo (O.T.)...*"

Como ya se ha dicho, la Orden de trabajo es el único documento que se utiliza en el sistema de mantenimiento programado para solicitar trabajos. Cada Orden de trabajo que entra a la oficina de Programación se la estudia desde el punto de vista técnico (posibilidades de realización) y económico (posibilidad de realización desde el punto de vista económico). Debe tenerse en cuenta que hay niveles de responsabilidad, los cuales, si se superan en cuanto a la estimación del monto, debe solicitarse la autorización de los niveles superiores de dirección.

A su vez, entre quienes originan las Órdenes de trabajo (emisores) y el programador de la oficina de Programación, discuten el grado de prioridad que se le asigna a cada requerimiento de trabajo. Una vez cumplimentado este paso, las Órdenes se van incorporando a los diferentes programas de tareas, a medida que se haya disponibilidad de mano de obra, de máquinas y equipos, de repuestos y materiales.

"*...para procurar la maximización del tiempo productivo y la mayor eficiencia de la producción*".

Programar en Mantenimiento es el arte de aprovechar todo el tiempo disponible de la mano de obra, las máquinas y equipos para cumplimentar lo trabajos solicitados. Se logra la efectividad cuando el "cliente interno" está satisfecho con el cumplimiento de los tiempos prometidos y de la calidad de los trabajos realizados. De esto se trata: conseguir que los equipos e instalaciones tengan el máximo tiempo disponible para las actividades productivas.

NÓTESE QUE:

Efectividad es una palabra que aparece en la definición y que sintetiza la razón de ser de la programación de todas las acciones de mantenimiento y conservación. Además, se podrá observar que los términos *eficiencia* y *eficacia* se reiteran a lo largo de todo el libro, términos que están ligados a la palabra *efectividad*. Hay una estrecha correspondencia entre estos tres conceptos. Para que una organización alcance un grado aceptable de efectividad deben darse, también, la *eficiencia* y *la eficacia*.

4 – Características

- Se parte del concepto que los servicios que debe prestar el área de **M&C** tiene dimensión económica y, además, si se acepta lo antedicho, debe aceptarse también, que el volumen de requerimientos de trabajos siempre habrán de ser mayores que la capacidad operativa del área mencionada. Es un "desequilibrio" establecido…;
- por lo antedicho dicho "desequilibrio", puede generar, sin ninguna duda, conflictos entre el área de **M&C** y los "clientes internos" quienes solicitan la realización de trabajos de reparación; ésta es una de las características más destacables, por lo que se dice que el área de **M&C** es un *área de conflictos*;
- por lo dicho, su dirección, la supervisión y el mismo personal deben estar capacitados y entrenados para superar los conflictos, tratando que no lleguen a nivel de problemas. Sin duda, los conflictos se presentarán a diario y hay que estar preparados para enfrentar esas circunstancias;
- los *programas* de mantenimiento y conservación se elaboran estudiando y dando prioridades de atención a cada una de las O.T. recibidas;
- las *órdenes de trabajo* se pueden originar en la misma área de **M&C** y en todas las otras áreas de la empresa;
- los pedidos de trabajos se habrán de originar en cualesquiera de las dependencias de la empresa, desde la misma área de **M&C** y destinados a cualesquiera de los tipos de mantenimiento antes propuestos (rutinarios, preventivos, predictivos o especiales). En consecuencia, salvo excepciones, todos los trabajos solicitados, provengan de cualquier área o tipos de mantenimiento entrarán en un único programa de tareas;
- programar las tareas de mantenimiento y conservación es ordenar innumerables tareas que tienden a resolver problemas técnicos y tecnológicos y así ganar tiempo productivo;

- con el tiempo, tanto quienes requieren servicios a **M&C** así como quienes deben prestar los servicios, apreciarán los beneficios del ordenamiento del sistema;
- cuando se alcancen los objetivos de la Programación de las acciones de mantenimiento, se notará sensiblemente resultados positivos en diferentes aspectos, especialmente en cuanto al decrecimiento del nivel de conflictos.

5 – Objetivos

Programación de mantenimiento – Objetivos

– Ordenar los trabajos que se solicitan al área de **M&C** (oficina de Programación) por taller o por especialidad, respetando el orden de prioridad acordado;
– aumentar la eficiencia de talleres y gremios;
– cuidar los costos de los trabajos;
– mantener al día el *Historial* de todos los equipos e instalaciones;
– mantener informados a la dirección y a los responsables de las áreas.

---

6 – Programación del Mantenimiento: su *Misión* y *Visión*

Misión

La Programación del mantenimiento debe tratar que los trabajos que se le solicitan deben ser atendidos actuando con velocidad de respuesta, con calidad y al menor costo posible, con el fin de incrementar el tiempo productivo.

Por su parte de la *Visión* de la Programación del Mantenimiento se puede definir como,

---

Visión

Es ir elevando paulatinamente el nivel de la eficiencia de todo el personal para alcanzar un buen nivel de eficacia del servicio que se presta a todas las áreas de la empresa, buscando el mayor rendimiento del sistema en términos de tiempo y de dinero.

NOTA:

El significado de los dos términos precedentes dados (*Misión* y *Visión*) deben ser considerados de orden general. En cuanto al diseño de cada organización, los responsables de la misma deben pensar detenidamente cómo definirán ambos términos. Sin embargo, estas dos propuestas pueden sugerir las definiciones para cada caso, teniendo en cuenta que deben referirse a principios que tengan validez para todas las personas que integran el área que se diseña y para la empresa.

Estas propuestas deben ser coherentes y armonizadas entre sí, por lo que su elaboración y redacción deben ser estudiadas detenidamente, de forma que sean creíbles y posibles y, como consecuencia, se logre la adhesión y el respeto a sus contenidos por parte de todas las personas que integran la empresa.

7 – Ventajas

- Desde el proceso de programación de las actividades de mantenimiento y conservación, se busca brindar al *cliente interno* un servicio ordenado y efectivo;
- tiende a un mejor aprovechamiento de las partes componentes del área (fuerza efectiva, herramental, equipamiento, conocimientos y organización);
- ayuda al ordenamiento de esos factores a favor de un servicio que busca *eficacia, eficiencia, efectividad, calidad* y *economía*;
- esta forma de realizar trabajos de mantenimiento y de conservación en base a programas es absolutamente flexible en cuanto a emplear mano de obra propia más lo que pueden aportar terceros contratistas;
- al tener un programa ordenador se facilitan los controles de tiempo, dinero y la adecuada aplicación de la fuerza efectiva y demás bienes;
- con un adecuado programa, se puede tener bajo control los costos operativos y de cada uno de los trabajos.
- esta modalidad tiende a un mejor aprovechamiento del tiempo disponible de la fuerza efectiva;
- permite controlar costos cuando se trabaja en base a presupuestos de trabajos de cierta envergadura;
- permite mantener al día la información técnica (*Historial*) de las máquinas, equipos e instalaciones;
- el funcionamiento del sistema en sí es complejo, por lo que habrá que dotar a **M&C** de personal muy bien formado. El personal que administra el sistema de programa-

ción debe recibir una seria capacitación, de manera que, desde un primer momento, pueda solucionar los problemas que se vayan presentando. Las actividades de capacitación deben ser continuas, con activa participación del personal del área, de manera de ir manteniendo actualizados los conocimientos, por medio de encuentros breves para tratar determinados temas y discutir los problemas que se vayan presentando. Es la única vía que permitirá que el sistema se vaya actualizando a sí mismo con el trabajo de su propio personal. Por otra parte, la capacitación constante es una verdadera inversión que permitirá tener a futuro, al menos a un grupo del personal capacitados para trabajar bajo el criterio de "funcionar solo";

- una vez puesto en marcha el sistema, la propia conducción del área, más el aporte que haga el mismo personal, se pueden ir solucionando los inconvenientes que se van a ir presentando;
- algunas de las tareas más importantes que debe realizar el personal de la oficina de programación, a partir del estudio de cada orden de trabajo que pretende entrar en el sistema;
- entre las tareas que le caben a la oficina de Programación se mencionan la elaboración de presupuestos de grandes trabajos, el trazado de *planes* periódicos y especiales y *programas*, el estudio y asignación de tiempos, el control del avance de cada uno de los trabajos en proceso, el control de los costos, la elaboración de pedidos de compras, el control de las existencias del Almacén, previsión y la aplicación de medidas de seguridad, elaboración de borradores de contrato, el estudio de posibles mejoras, etc.

COMENTARIO

Es poco probable, pero puede que aparezca algún director de empresa que exprese que cree, realmente, en la importancia de la capacitación y, por lo mismo, no cree que la empresa deba gastar dinero en capacitación, entre otras razones (?), porque otra empresa "podría robar" ese personal capacitado. Cuando una persona está bien capacitada y con experiencia va a hacer jugar este "capital" buscando mejores condiciones. Esto es cierto. Pero también el directivo que así piensa, también puede "robar" personas capacitadas a otros. Esto indica que si todas las empresas invierten en capacitación, primero, tienen un buen nivel de personal y, seguidamente, se logra mejorar todo el conjunto de actividades, en beneficio de todos. Digo... es muy productivo y altamente eficaz hacer reuniones periódicas con todo el personal afectado a la programación del mantenimiento, a fin de conocer los problemas y escuchar soluciones de parte de los mismos participantes. Estas reuniones periódicas otorgan tres ventajas destacables, entre otras:

- dar participación a los propios actores (¡que son los que saben!...);
- se genera cohesión en el grupo; y,
- ¡muy importante!, permite a los responsables del área detectar personalidades que podrían ser los futuros líderes del área.

8 – Desventajas

- Hay que estar atentos que no se produzcan excesos burocráticos;
- no hay desventajas para mencionar; no obstante... si bien no es una desventaja en sí, la organización de un *mantenimiento programado* exige un estudio previo importante, por lo cual se deberán considerar una gran variedad de factores que entran en juego y así poder estructurar su organización con el tamaño adecuado, para lograr un funcionamiento simple que permita tener bajo control todos los elementos componentes del sistema. De esa manera, se trata de alcanzar la mayor disponibilidad de tiempo productivo, dentro de un nivel económico aceptable. Lo dicho constituye un verdadero proyecto que, como todo proyecto merece considerar el balance entre los costos y los beneficios esperados.

9 – Consideraciones para el diseño

Es oportuno que, previo a proceder al diseño de cualquier estructura y su organización se deban tener en cuenta ciertas consideraciones de base. Sólo a manera de sugerencias, cuando se trate de la oficina de Programación como dependencia del área de **M&C**, hay que tener en cuenta las siguientes premisas:

- la magnitud de tareas a realizar;
- la subdivisión interna (organización) por funciones;
- la distribución de la carga de trabajo de cada función;
- establecer la cantidad, calidad y especialidad de cada uno de los integrantes de la plantilla de personal;
- dejar establecidos los protocolos de todas las tareas que deberá atender la oficina de Programación;

Lo antes expresado, se hace sólo a modo de ejemplo y son sólo algunas de las tantas consideraciones que se deberán dejar establecidas las *Formas*, el *Estilo* y los *Tipos* de mantenimiento que deberían tenerse en cuenta a la hora de diseñar la estructura orgánica y la modalidad operativa de la oficina de Programación.

10 – Campos de actividad de la Oficina de Programación

Por la importancia que tiene la oficina de Programación – dado que se la considera el corazón del área de **M&C–,** sería aconsejable que dependiese directamente del responsable de la misma área, pues Programación debe actuar en los siguientes campos de, operativo, técnico y económico.

10.1 – *De orden operativo*:

A la oficina de Programación le cabe la responsabilidad de:

- recibir todas las Ordenes de trabajo, estudiarlas y darles el trámite que corresponda a cada caso;
- trazar los planes de acción en base a las tareas solicitadas;
- elaborar los programas periódicos para cada especialidad;
- controlar el grado de avance hasta la conclusión de lo solicitado en cada Orden de trabajo;
- ir incorporando, paulatinamente, las órdenes de trabajo que están en espera de ser ingresadas a los respectivos programas los tareas.

10.2 – *De orden técnico*:

La oficina de Programación, desde el punto de vista técnico, debe realizar varias tareas con cada O.T. que recibe, a saber:

- verificar que el texto del trabajo solicitado sea suficientemente claro;
- hacer un análisis técnico del trabajo que se solicita: importancia del tema, estimar el grado de prioridad;
- analizar la disponibilidad de los medios operativos (personal, equipos, tiempo), etc.;
- verificar que la Orden de trabajo este complementada con los documentos técnicos necesarios para realizar el trabajo solicitado;

- eventualmente, se pueden recibir órdenes de trabajo con una pieza a manera de muestra y con/sin adjuntos gráficos;
- en función de la documentación técnica recibida y/o de la muestra adjuntada, se debe estudiar el proceso *paso-a-paso* que deberá seguir la Orden a los efectos de ser cumplimentada;
- se debe hacer una estimación de tiempos parciales y total de cada orden de trabajo;
- la oficina de Programación debe controlar que haya existencias de repuestos, materiales y suministros necesarios en el Almacén para poder realizar el trabajo solicitado.

10.3 – De *orden económico*:

Cada O.T. constituye una erogación. Por lo mismo, la oficina de Programación desde lo económico debe:

- establecer una escala de montos de dinero que habiliten a determinados niveles jerárquicos a extender Ordenes de trabajo;
- evaluar –en dinero– los trabajos que tengan una cierta envergadura;
- controlar que la firma de la persona que solicita el trabajo esté autorizada (ver el 4to. Paso –Control de gastos– del punto 11, subsiguiente); en él se muestra un ejemplo de escala de valores monetarios o escalones por cada nivel de jerarquía que pueden autorizar la realización de trabajos de mantenimiento y conservación.

SUGERENCIAS:

Con una frecuencia a consensuar, se deberían reunir los responsables del área de **M&C** con el responsable de los costos de la empresa para:

1. analizar los gastos provocados por los trabajos que se realizan para cada área;
2. analizar los montos (autorizados) en juego para tener bajo control los costos del área;
3. analizar los gastos generales (por área) en cuanto a tareas de mantenimiento y conservación.

De esta manera se puede controlar el nivel de gastos por mantenimiento tiene cada área. Los mismos deben ser informados a la dirección de la empresa, periódicamente.

11 – Proceso de la elaboración de los programas

Se sugiere el sistema que sigue:

1er. Paso: *recepción de la Orden de trabajo.*

Los trabajos se pueden originar en cualesquiera de los tipos de mantenimiento adoptados dentro de la estructura orgánica que se le da al área de **M&C**.

Este primer paso es muy importante, pues todos los trabajos solicitados a la oficina de Programación deben pasar por una serie de análisis. En este primer paso se comienza a analizar el contenido (texto) de la O.T. para evitar así posibles errores. Estas son las tareas una vez hecha la recepción de la O.T.:

- asignación del número de ingreso de la orden de trabajo;
- una prolija lectura y verificación del contenido del texto;
- verificación de los documentos técnicos adjuntos;
- verificación de la firma de la persona solicitante;
- verificación de la identificación del equipo/instalación sobre el cual se solicita el trabajo;
- verificación de la existencia de todos los repuestos, materiales y suministros que serán necesarios para la realización del trabajo solicitado;
- estimación del tiempo probable que va a requerir la realización de lo solicitado;
- asignación de la prioridad, o sea, fijar la fecha de comienzo y de probable terminación de cada trabajo.

Posibles resultados de este Primer paso:

a) rechazo de la O.T. por alguna razón: se devuelve al originante ("cliente interno") con indicación del motivo del rechazo. Las razones más frecuentes de rechazo puede deberse a que el texto:
- sea poco claro o erróneo;
  - sin indicaciones técnicas mínimas o insuficientes;
  - careciente de referencias gráficas (planos, n° de planos, manuales operativos, etc.);
  - poco claro o nula la indicación del equipo, máquina o instalación a reparar, su ubicación, el estado actual, etc.;
  - requerimiento de un trabajo cuyo monto excede lo autorizado por la dirección, etc. (VER punto Niveles de autorización);

b) aceptación de la Orden de trabajo: la Oficina de programación, luego de controlar todos los datos consignados en la O.T.

NOTA:

Si se verifica en el Almacén la falta de existencia de alguno de los elementos necesarios para el cumplimentar de la O.T., la oficina de Programación requiere al Almacén que haga la reposición del ítem faltante. Luego deberá reservarlo –apropiarlo– contra el número de la O.T.

2do. Paso: *estudio y registro de la ruta* **que debe seguir la O.T. para su concreción.**

3er. Paso: *estimación del tiempo de realización del trabajo.*

4to. Paso: *análisis técnico-económico* **del trabajo solicitado y asignación de la** *prioridad*. **Control de gastos.**

NOTAS:

a) Éste es un paso de cuidado, porque puede ser motivo de diferencias de opinión entre la oficina de programación y el solicitante del trabajo y se puede llegar al conflicto. La prioridad de cada O.T. se fija entre el solicitante de la misma y la persona responsable de la elaboración de los programas;

b) siempre, para el solicitante del trabajo, su pedido tiene la máxima urgencia…;

c) pero,… ¡no discuta!, produce arrugas…

d) una vez acordada la prioridad, la O.T. queda en espera de ser incorporada a los programas de tareas. Este es un paso importante, pues antes de entrar la orden de trabajo al sistema hay que asegurar que todos los aspectos se encuentren bajo control, de forma de evitar que lo solicitado se demore por cualquier razón ya *lanzado* el trabajo por no haberlo detectado en el momento del análisis;

e) definición de mantenimiento, se dice que esta área es "un área técnico-económica". Por lo mismo, cada una de las órdenes de trabajo que se extiendan, ponen en marcha un proceso económico-administrativo que debe estar bajo control por parte de quienes detentan los niveles de autorización, partiendo desde el responsables del área. No estaría de más decir que todo el personal del área debe ser custodio de los costos operativos que produce la apertura de cada orden de trabajo. De ahí que todo el personal de **M&C** debe recibir formación acerca de conceptos referidos a la economía del servicio, de manera de cuidar los tiempos, los materiales y demás suministros, los movimientos, etc. y, en especial, el cuidado del tiempo y del dinero.

En consecuencia, como punto de partida al respecto de lo expresado, es aconsejable fijar niveles de gastos en función de los niveles jerárquicos que tenga la estructura organizacional de la empresa.

Sólo a manera de ejemplo, dado que los valores expuestos sólo sirven para dar una idea de escala, sirva el siguiente cuadro:

Nivel jerárquico	Hasta
Gerente General	según criterio
Gerentes	$ 10.000
Jefes	$ 6.000
Empleados	$ 2.000

f) como ya se expresara más arriba, la recepción de una orden de trabajo requiere una breve valoración previa. Si se está pidiendo un trabajo cuyo monto supera el establecido para el nivel del solicitante, la oficina de Programación procederá a:

- hacer un presupuesto con un cierto detalle (horas-hombre, materiales, repuestos, horas-máquina), valorizándolo;

- girará la *orden de trabajo* más el presupuesto antedicho a la instancia superior a la del solicitante para su autorización. Con esto se evita que cualquier persona ¡¡pida cualquier cosa!!...; por otra parte se mantiene informada a la instancia superior del solicitante

- una vez que está autorizado el presupuesto por quien corresponda, la oficina de programación ingresará la orden de trabajo al sistema.

5to. Paso: asignación de prioridades

Cada persona que requiere un trabajo, considera que el suyo es prioritario (¡esto es patológico!, pero es así...). Por su parte, la oficina de Programación recibe a diario muchas órdenes de trabajo: y por lo mismo, debe "negociar" con todas y cada una de las personas emisoras del pedido. Como consecuencia de ello, por cada orden de trabajo que se recibe, esta situación es una ocasión de conflicto, pero la oficina de Programación está obligada a resolver tales circunstancias con los emisores de todas las órdenes de trabajo.

NOTAS:

Acerca de las prioridades, sólo como sugerencia se proponen estas categorías de prioridades a asignar a los trabajos, según su importancia:

- **Emergencia:**
  Características:
  - en situaciones excepcionales como accidentes, incendios, cortes de energía, roturas serias de equipos e instalaciones, redes o cañerías, etc., que requieren pronta atención, dado que puede existir una alta probabilidad de comprometer la vida de las personas, la producción y los bienes de la empresa.
  - es una prioridad que se asigna en casos excepcionales;
  - su tratamiento exige rapidez, postergando todo trámite administrativo y técnico para tratarlos cuando se hayan concluido los trabajos;
  - en caso que postergar otros trabajos ya programados, la oficina de Programación, debe mantener informados a quienes afecte dicha postergación;
  - las órdenes de trabajo con esta prioridad deben estar avalados por la firma de una persona del más alto nivel jerárquico, lo cual, por otra parte obra como información;
  - dado que esta prioridad encierra un asunto importante, el área de **M&C**, al término del trabajo, debe elevar un informe al más alto nivel de la organización acerca de los daños provocados, las horas-reloj insumidas por los trabajos, la cantidad de horas-hombre empleadas, las tareas desarrolladas y cualquier otro dato que sea de interés para el nivel jerárquico antes mencionado, lo cual debe quedar registrado en el *Historial*;
  - a criterio de la dirección, el referido informe debe contener una valuación de todos los trabajos realizados en cada emergencia.

- **Urgencia**:
  Características:
  - esta prioridad se le asigna a trabajos que deben realizar cuando la situación revisten un cierto compromiso

hacia la seguridad de las personas, a la producción y, eventualmente, a los bienes de la empresa.
– esta prioridad requiere que, además de la firma de la persona solicitante, la misma está avalada por una persona de mayor nivel;
– eventualmente la dirección puede requerir a la oficina de Programación un informe acerca de los trabajos realizados, su origen, las consecuencias, los gastos provocados, etc.

- **Normal**
  Características:
  – se consideran como tal las órdenes de trabajo comunes, que no revisten mayores problemas, dado que eventualmente podrían afectar a las personas y a la producción;
  – en el momento de presentación de la O.T. en la Oficina de programación se negocia con el solicitante la fecha del comienzo del trabajo;
  – periódicamente, la oficina de Programación debe hacer una revisión de todos los trabajos que están en espera. Para ello se hace una consulta con los solicitantes de cada trabajo que está en espera de ejecución si los mismos siguen vigentes o pueden ser anulados;
  – todo dato que sea de interés debe ser registrado en el *Historial*.

ATENCIÓN:
Tan pronto como la dinámica de la programación lo permita, las órdenes calificadas como NORMAL se las irá incorporando a los programas para su ejecución.

- **Rutinaria**
  Características:
  – estas órdenes se emiten para solicitar trabajos con baja probabilidad de afectar la seguridad de las personas o que podrían afectar a la producción o los bienes. Estas órdenes se las considera en reserva y se van habilitando a medida que se van cancelando O.T. de mayor importancia o que los respectivos programas lo permitan;
  – se las trata como las O.T. *Normales* antes citadas;
  – son las O.T. que surgen del Mantenimiento rutinario, limpieza de equipos, lubricación, limpieza y recambio de filtros de aire y líquidos, iluminación, cambio o lim-

pieza de trampas de vapor, limpieza de cañerías pri-
marias y secundarias, etc.;
– todo dato de interés que surja de este tipo de O.T.
debe ser volcado en el *Historial*.

ATENCIÓN:
   Estos trabajos se deben realizar según se hayan acordado con los
   solicitantes o que se hayan establecido en los respectivos programas y siguiendo las indicaciones dadas para cada trabajo en los
   manuales operativos o establecido en las respectivas especificaciones.

6to. Paso: *apropiación*.

Cuando ingresa la O.T. a la oficina de Programación, se entiende que todos los elementos que son necesarios para cumplimentar la O.T., debe haber existencia en el Almacén a los cuales
será necesario *apropiarlos* (*separarlos*) o bien, efectuar la adquisición correspondiente en el caso que no haya existencia, tal
como se menciona en el 1er. Paso. En consecuencia, cuando
se hace el *lanzamiento*, todos los elementos necesarios estarán
separados, por lo que pueden ser considerados *apropiados* con
cargo al número de la O.T. que corresponda.

NOTA:
   A los efectos del costeo del trabajo, los repuestos, materiales y
   suministros se imputan al trabajo amparado por la correspondiente
   orden de trabajo.

7mo. Paso: *lanzamiento*

Con este término se define el paso de las O.T. que están
en espera de su inclusión en el programa de trabajos. Dicho
de otra manera, el *lanzamiento* es pasar la O.T., de la oficina de Programación al taller o especialidad que deba realizar
el trabajo. Con el lanzamiento de las O.T., se adjunta toda la
documentación de respaldo (planos, especificaciones técnicas,
indicaciones escritas, muestras, etc.), a lo que se agrega la
autorización de retiro de los materiales que están *apropiados*
para dicha O.T.

8vo. Paso: *tareas de taller*

Se trata de la realización de todas las tareas que se deben
realizar para dar cumplimiento a lo solicitado en cada O.T.

9no. Paso: el *control de avances*

En este paso se realizan diferentes controles de manera que se concreten los trabajos que fueran previstos en el proceso. El inspector tiene la tarea de estar controlando todos y cada uno de los trabajos que están en proceso de ejecución; a su vez debe facilitar que el desarrollo de cada trabajo sea continuo a fin de evitar demoras e incumplimientos.

10mo. Paso: *finalización del trabajo*

Cuando se termina el trabajo que se ha requerido, la oficina de Programación avisa de su terminación a quien lo haya solicitado.

11vo. Paso: *cancelación o conclusión de la orden de trabajo*

Cuando se dan por terminado todos y cada uno de los pasos del proceso del trabajo, éste se considera "cancelado", concluido. La oficina de Programación analiza los valores (tiempo, dinero) que insumió la orden de trabajo.

Estos datos, así como otros que resulten de interés, son registrados en el *Historial*. Este archivo está dividido en "carpetas" y cada una de ellas corresponde a cada uno de los equipos e instalaciones importantes en las cuales se van registrando trabajos o modificaciones efectuados, pero además se registra todo otro dato de interés.

Toda la documentación de respaldo utilizada en la realización de los trabajos debe ser guardada por un lapso a determinar.

Cuando algunos de los trabajos analizados muestran datos o comentarios que sean de interés, la oficina de Programación lo hace saber a quien haya extendido la O.T. o a la persona que crea pertinente.

12 – OPERATORIA

Se propone el siguiente esquema para ordenar la operatoria de la programación de los diferentes trabajos que deben cumplimentarse siguiendo todos los pasos previstos.

Este ordenamiento ha sido probado con éxito.

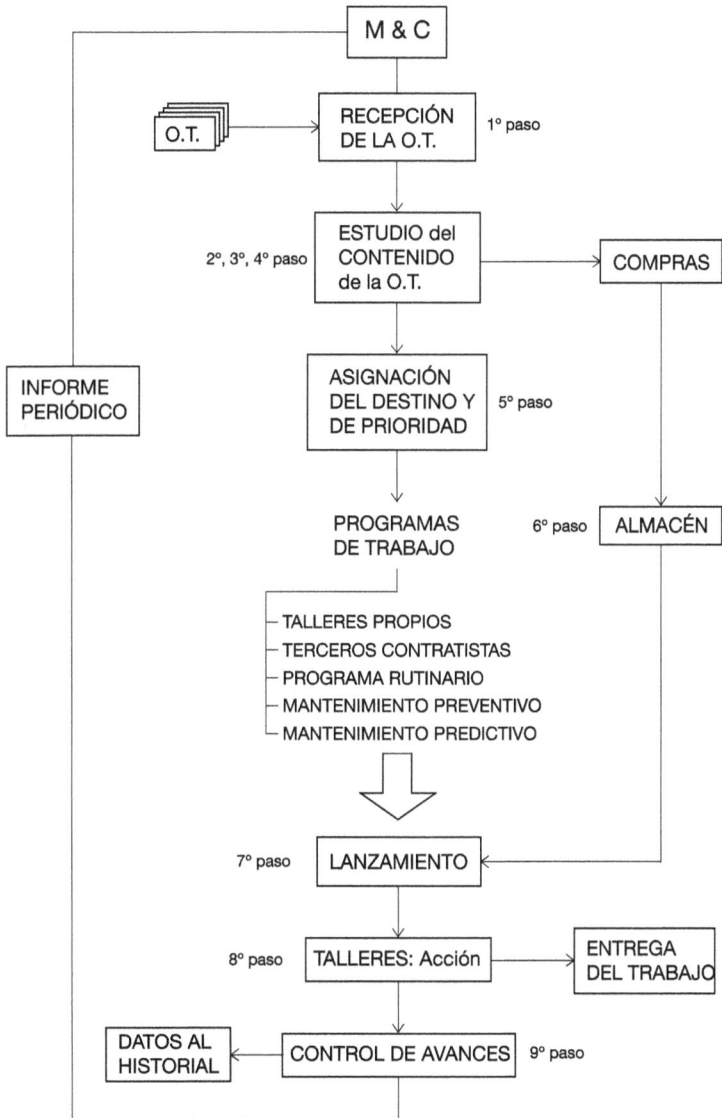

13 – Papel del tiempo en programación. Definiciones

Todas las actividades de mantenimiento y conservación se realizan en base al tiempo y... en el tiempo. De ahí que en las actividades antedichas el tiempo, como tal, juega un papel central. Téngase en cuenta la siguiente igualdad:

PROGRAMA = PLAN + TIEMPO

Puesta en palabras, esta igualdad expresa que un programa es la suma de un listado de acciones ordenadas de manera lógica (Plan) que se deben desarrollar en un tiempo determinado.

En programación se utilizan una serie de pautas del tiempo, las cuales deben ser establecidas por cada empresa, pues estas definiciones del tiempo dependen, entre otras, a las siguientes razones: del lugar, de modalidades operativas dadas por la propia empresa, de las disposiciones de las autoridades políticas locales, del tipo de producción o de servicio que se preste, eventualidades, etc. Entonces, se consideran:

- **tiempo calendario** [TC]: son los 365 días del año;
- **tiempo disponible** [TD]: se considera al tiempo calendario menos los días que se establezcan como días feriados;

ACLARACIONES:

Al considerar el *tiempo disponible* para operar, hay que restar:

1. los días feriados que están establecidos por el gobierno nacional, los estados provinciales o departamentales y las municipalidades, que afectan la programación de empresas locales;
2. asimismo, hay que considerar que muchas empresas productivas o de servicios (o áreas de las mismas) deben seguir operando, aún en días feriados y en días sábado y domingo;
3. en cada caso habrá que considerar que hay que restar el tiempo que se destina a trabajos de mantenimiento y conservación;
4. el *tiempo no disponible*, en consecuencia es el lapso que resta, después de descontar, los feriados establecidos por la autoridad (caso general), más los tiempos ociosos debido a diferentes causas (caso particular);
    - **tiempo productivo estimado** (TPEs): es el lapso en el cual los equipos e instalaciones podrían operar;
    - **tiempo ocioso** (TOc): es el lapso en que el equipo o instalación pudiendo operar no lo puede hacer por causas propias o ajenas;

- **tiempo para mantenimiento programado** (TMPr): es el lapso en que los equipos/instalaciones están parados para hacer tareas de mantenimiento programado;
- **tiempo operativo** (TOp): es el lapso denominado como tal al *tiempo productivo estimado* menos las *demoras* que se pudiesen producir por cualquier causa;
- **demora** (D): es el lapso en el cual se pierde de producir por causas propias o ajenas;
- **tiempo directamente operativo** (TDOp): es el lapso en el cual los equipos pueden realmente producir;
- **tiempo indirectamente productivo** (TIOp): es el lapso en el cual se hacen tareas de preparación o auxiliares, las cuales son imprescindibles para que se pueda producir.

Estando ya definidos los diferentes lapsos que se deben considerar en programación, se pueden reunir gráficamente tal como se muestra en el siguiente diagrama:

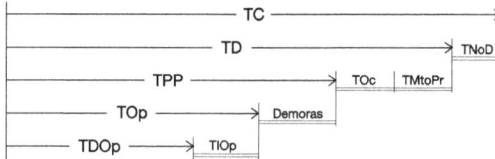

TC = tiempo calendario

TD = tiempo disponible

TNoD = tiempo no disponible

TPP = tiempo productivo programado

TOc = tiempo ocioso

TMtoPr = tiempo mantenimiento programado

TOp = tiempo operativo

TDOp = tiempo directamente operativo

TIOp = tiempo indirectamente operativo

La gran tarea de la oficina de Programación es tratar de bajar el nivel de incidencia que tienen los diferentes conceptos que restan *tiempo disponible real* para producir. Esta es una tarea de ingeniería industrial, en la que deben cooperar las áreas de producción, así como el personal de mantenimiento, quienes deben analizar de manera conjunta toda medida tendiente a disminuir cada uno de los lapsos que disminuyen el tiempo productivo estimado (TPEs). Asimismo, desde el área de **M&C** se tendrán que estudiar y aplicar muchas medidas en el mismo sentido.

Se deduce de lo antedicho que la tarea de programación no es sólo ordenar los pedidos de trabajo en el tiempo, sino, también, tratar que el tiempo (ése valor inamovible e irrecuperable) aplicado a la producción, tenga la mayor disponibilidad posible. Entonces, se puede establecer que:

> La responsabilidad más importante de la oficina de Programación es aprovechar al máximo el tiempo productivo estimado y disponible, haciendo que las tareas propias de mantenimiento se hagan en el menor tiempo posible y tratando de alcanzar la máxima eficiencia.

14 – ANEXO: Un método para facilitar la asignación de prioridades

Como ya se ha expresado, este método que se propone, tiende a facilitar tanto a solicitantes, como a la misma oficina de Programación a otorgar a cada trabajo un grado de prioridad. No es para desilusionar al lector, pero a pesar de este artilugio propuesto, siempre habrá espacio para conflictos de interpretación... En consecuencia se impone la negociación ¡una vez más!...Entonces, observando la tabla que sigue, hay dos columnas que reflejan la valoración que puede hacerse según el criterio del "cliente interno" y, en la otra columna está la valoración que se hace con el criterio de la oficina de Programación:

MANTENIMIENTO PROGRAMADO

SISTEMA DE LA VALORACIÓN DE O.T. PARA
ASIGNAR PRIORIDAD DE REALIZACIÓN

Puntaje	CLASIFICACIÓN, SEGÚN PRODUCCIÓN - equipos -	Puntaje	CLASIFICACIÓN, SEGÚN MANTENIMIENTO - acción-
10	equipos que, de no operar, paralizan toda la producción de la planta;	9	situación que presenta peligro potencial grave por accidente o riesgos de pérdidas de vida - ACCIÓN INMEDIATA;
8	equipos que, de no operar, paralizan un Departamento;	7	mantenimiento preventivo;
6	ídem anterior, pero que sólo reducen la producción de un Departamento;	5	reparación de equipos que no están operando y trabajos que requieren paradas programadas;
4	equipos auxiliares importantes, pero que no afectan ninguna producción;	3	reparación de equipos, no instalados (equipos stand-by);
2	equipos individuales que no afectan la producción para nada (calles, playas, edificios auxiliares, herramientas).	1	trabajos que sólo mejoran el aspecto.

Se sugiere este simple método para determinar la prioridad de una orden de trabajo: relacionando los valores correspondientes dados en ambas columnas (valoración según Producción y según la Oficina de programación) se obtienen una serie de resultados que aproximan a la asignación de uno de los niveles de prioridades consignadas en el parágrafo anterior (emergencia, urgencia, etc., etc.):

10 x 9 = 90	Emergencia
10 x 7 = 70; 9 x 8 = 72; 10 x 5 = 50	Urgencia
6 x 7 = 42; 8 x 5 = 40	Normales
30; 28; 24; 20; 18; 16; 14; 12; 8; 6; 4; y 2	Ordenes en reserva

15 – Organización de la oficina de Programación

Tal como ya se ha expresado, la oficina de Programación es el corazón mismo del área de **M&C** dada la importancia que tiene el ordenamiento y el cuidado del tiempo y del dinero en la realización de las múltiples tareas que cubre dicha área.

Las funciones afectadas a la oficina de Programación, con breve descripción de la función, podrían ser las siguientes:

- Jefe de la oficina: es la persona cuya responsabilidad es cuidar que todas las actividades se cumplan, según lo que está establecido en el diseño del área de **M&C**;
- Receptor: es la función de recibir las O.T. que llegan a la oficina y cumple con la tarea de registro, numeración y control de la firma del solicitante;
- Analista: es la función de estudiar, en primera instancia, el aspecto administrativo de la O.T. y luego, técnicamente, analiza la documentación de respaldo –si fuera necesario Por fin, estima tiempos y los repuestos y materiales que sean necesarios. En este caso hace las consultas al Almacén e indica las apropiaciones pertinentes;
- Programador: es la función de ir elaborando los programas de tareas para cada sección del taller y de las diferentes especialidades. A medida que se van concluyendo los trabajos, el Programador debe:
  a) dar de baja las O.T. concluidas;
  b) hacer el *lanzamiento* de otras O.T. que están en espera
     Como se puede apreciar, esta es la dinámica de este proceso continuo, tratando que no se produzcan interrupciones que se tornan en pérdidas de tiempo;

- Controlador: es la función que debe estar atenta a los avances de las tareas de cada O.T. Es el nexo entre la oficina de Programación y las diferentes secciones del taller y las especialidades. Es una función que se desarrolla paralela a la función del Programador y entre ambos van a tratar de agilizar las tareas, buscando la máxima eficiencia de los programas;
- Registro y estadísticas: concluidas las tareas sobre cada O.T., esta función deberá valorizar en dinero el trabajo realizado. Asimismo, se agrega el registro en el *Historial* de las horas de trabajo, los repuestos y materiales empleados y todo otro dato de interés.

ADVERTENCIAS:

1. sólo se mencionan las funciones que podrían componer el *orgánico* de la oficina de Programación;
2. no se consigna la cantidad de personas, pues ello estará en función del tamaño y forma de la empresa;
3. para empresas pequeñas a medianas, será lógico aunar funciones y
4. repartir tareas entre las personas que integran el grupo destinado a la programación de las tareas.

16 – Vínculos de la Oficina de Programación con otras áreas

Dentro de una organización todas las áreas tienen algún grado de relación entre sí. El área de **M&C**, si bien tiene vinculación con las demás áreas, sin embargo, tiene mayores contactos con Compras y Almacenes, Ingeniería, Ingeniería Industrial, Costos y Relaciones del Personal, Seguridad industrial, Capacitación y desarrollo, en razón de sus responsabilidades.

Considerando cada una de estas áreas antes mencionadas, el área de **M&C** se relaciona con cada una de ellas por las siguientes razones:

- *Compras*:
  - pedidos especiales de repuestos, materiales, equipamiento, etc.;
  - pedidos de reposición de existencias destinadas a mantenimiento;
- *Almacenes:*
  - pedidos de reposición de existencias y de elementos específicos;

- pedidos de separación (*apropiación*) de elementos contra órdenes de trabajo a cumplimentar;
- *Ingeniería*:
  - modificaciones que facilitan las tareas de **M&C**;
  - modernización, actualizaciones de equipos e instalaciones;
  - ampliaciones e incorporación de nuevos equipos;
  - sistematización de actividades operativas, etc.
- *Ingeniería Industrial*:
  - metodización de tareas;
  - sistematización de las tareas internas de la oficina de Programación;
  - programación de tareas;
  - programación de tareas relacionadas al registro y archivo de todos los trabajos de mantenimiento y la conservación;
  - elaboración de estadísticas que faciliten las tareas de planeamiento y programación;
- *Costos*:
  - fijación de los centros de costos;
  - diseño de las formas e imputación de cargos a sectores emisores de OT;
- *Relaciones del Personal*
  - búsqueda e incorporación del personal,
  - asignación de salarios por categoría, especialidad y antigüedad;
  - controles de salud;
  - reuniones de inducción para personas que se incorporarán a **M&C**;
- *Capacitación y desarrollo:*
  - diseño de cursos de formación para las distintas funciones;
  - diseño de actividades de capacitación sobre temas generales y específicos;
  - programas de intercambio con empresas similares de visitas técnicas;
- *Seguridad industrial*
  - programas de sensibilización acerca de las normas de seguridad generales y las específicas para el área de **M&C**;
  - controles sobre trabajos que realiza el área de **M&C**;
  - elaboración de estadísticas acerca de daños mayores y menores producidos en el personal del área.

Capítulo 8

MANTENIMIENTO PREVENTIVO

1 – Objetivos de aprendizaje

1. Tener claro el concepto y la razón de ser del Mantenimiento preventivo y sus características más salientes;
2. Describir algunas de las ventajas y desventajas de este tipo de mantenimiento.
3. Consignar algunas de sus consecuencias, justificándolas.
4. Campos de aplicación de este tipo de mantenimiento.
5. Describir su funcionamiento, de manera gráfica.

2 – Introducción

Seguramente, desde antes de la Segunda Guerra se aplicaba, en alguna medida, el concepto de *mantenimiento preventivo*. Sin embargo, durante este conflicto, los americanos comenzaron a aplicarlo en sus máquinas de guerra. Esto se manifestaba en diferentes aspectos: llevar un camión-taller junto a los vehículos de transporte, tanques, anfibios, buques, aviones, etc. Se aplicaba el criterio de "todo-o-nada"; es decir, se reparaba o se descartaba. Así es que, cuando concluyo dicha guerra los campos quedaron sembrados de todo tipo de descartes y chatarra. El concepto de mantenimiento dinámico y planes se comenzó a aplicar en tales circunstancias. Del concepto "plan de contingencia" ayudó a ir redondeando la idea de una forma preventiva de

El 80% del éxito se basa en la insistencia.

mantener en condiciones operativas a las máquinas, concepto que se trasladó a los bienes fijos de producción, una vez concluidas las operaciones de guerra.

En definitiva, nacía idea, una forma de encarar el mantenimiento con miras a hacer que las acciones fuesen más efectivas y eficaces tanto para empresas de servicio como de producción. La base del criterio mencionado –prevenir– pasa por adelantarse a los acontecimientos no deseados como las roturas, desajustes o desgastes que pueden dejar fuera de operación a equipos e instalaciones con el consecuente lucro cesante y el consecuente mayor gasto.

3 – Definición

Todas las definiciones son imperfectas y, en el mejor de los casos, no alcanzan a dar una idea acabada de lo que se desea definir. Si bien esto es cierto por regla general, de todas formas se intenta dar una definición al respecto:

> **Mantenimiento preventivo**
>
> Es un tipo de ordenamiento del mantenimiento que se basa en inspecciones y revisiones periódicas sobre *puntos críticos* de equipos e instalaciones importantes y cuyo objetivo es anticiparse a roturas, desgastes prematuros o desajustes que, de producirse pudiesen afectar la seguridad del personal, las instalaciones o la producción.

4 – Análisis de la Definición

La definición precedente trata de redondear sintéticamente una descripción acerca del sentido del Mantenimiento preventivo, la cual se analiza de esta manera:

El Mantenimiento preventivo…

"*Es un tipo de ordenamiento del mantenimiento que se basa en inspecciones y revisiones periódicas…*"

Hay que dejar en claro el sentido que se le da a los términos *inspección* y *revisión*.

Inspección: es la tarea de verificar el estado de un *punto crítico* que se realiza con el equipo en marcha o, eventualmente, con detenciones breves de manera de no afectar a la producción. Esta tarea se hace siguiendo las indicaciones dadas en las *Hojas de Proceso* y registrando los resultados en el *Historial*.

Revisión: es la verificación del estado de un *punto crítico*, siguiendo lo pautado en las Hojas de Proceso. Estas tareas se realizan con el equipo detenido y desenergizado. Los resultados se consignan en el *Historial*.

"*...sobre puntos críticos de equipos e instalaciones importantes y...*"

También, debe dejarse aclarado el alcance de los siguientes términos del texto:

Puntos críticos: son aquellos componentes de equipos o instalaciones que si fallan total o parcialmente, pueden afectar a la seguridad de las personas, a los mismos bienes y a la producción.

Estos *puntos críticos* surgen de estudiar cada equipo en particular y de estimar el grado de posibilidad de falla en cada uno de ellos.

"*...y cuyo objetivo es anticiparse a roturas, desgastes prematuros o desajustes...*"

¡Anticiparse!...ése es el detalle, prever las contingencias que pudiesen manifestar, así como las medidas a tomar en cada caso. ¡Esto es estrategia pura!. Las rutinas de inspecciones y revisiones tienden a anticiparse a posibles problemas y así tomar las medidas correctivas que fueren pertinentes

"*...que, de producirse, pudiesen afectar la seguridad de las personas, las instalaciones o la producción.*"

La última frase resume el concepto de *seguridad*, pero también de *continuidad*. Los equipos e instalaciones deben operar de tal forma que no se vea afectada la producción, pero en primera instancia está la seguridad del conjunto

5 – Características

El Mantenimiento preventivo (MPv.) es un formato ordenado y sistematizado capaz de realizar el análisis del estado de ciertos equipos e instalaciones considerados clave que, de funcionar mal podrían afectar al personal, a los bienes instalados y a la misma producción; tiene sus propias características que es prudente conocerlas antes de decidir la puesta en marcha del sistema. En consecuencia:

- el Mantenimiento preventivo es un sistema selectivo, pues sólo se aplican las rutinas de inspecciones/revisiones a equipos e instalaciones consideradas clave para los procesos de fabricación;
- es un sistema cuya puesta en marcha requiere estudios detallados de Ingeniería, Costos e Ingeniería industrial, por lo que se lo considera caro, en orden al tiempo que insume la preparación y la puesta en marcha. Por lo dicho, necesariamente, será un sistema selectivo;
- una comunicación fluida entre las partes facilitarán el éxito del Mantenimiento preventivo;
- los programas de inspecciones y revisiones deben consensuarse entre los responsables de los equipos e instalaciones – en los cuales se aplicará el sistema– y las personas que deben elaborar los programas de rutinas;
- el sistema será exitoso y dará resultados positivos en la medida que la dirección de la empresa apoye su desarrollo y haga respetar las acciones de los *inspectores,* en especial las *rutinas* de *inspección* y *revisión*;
- el Mantenimiento preventivo requiere una estructura propia, con personal debidamente entrenado y sensibilizado acerca del sistema y que no esté afectado a las contingencias del área de **M&C**;
- se requiere que el personal que habrá de ser afectado a la realización de las inspecciones y revisiones (*inspectores*) debe conocer perfectamente los equipos que estarán incluidos, en principio, en el listado de prueba;
- el personal afectado a este tipo de sistematización del mantenimiento debe ser sólidamente formado y entrenado en todos los aspectos;
- la puesta en marcha de este tipo de mantenimiento requiere que se lo vaya haciendo lentamente, para poder analizar los problemas e inconvenientes que se pueden ir presentando y, como respuesta, dándole soluciones a los mismos;
- el mantenimiento preventivo puede dar resultados entre seis meses y un año de puesta en marcha. No obstante, en lo inmediato, se van a poder ir apreciando resultados;
- los resultados concretos se ven a mediano o largo plazos;

- el sistema propuesto deberá aplicarse a equipos e instalaciones que tengan un nivel de funcionamiento aceptable;
- en el marco del mantenimiento preventivo no se realizan trabajos, salvo pequeñas tareas de ajuste, recambios o sincronización;
- con el tiempo y por el propio funcionamiento del sistema, el mantenimiento va acumulando un importante acervo de datos que quedan registrados en el *Historial*;
- para que se puedan apreciar avances del sistema, éste debe ser aplicado a equipos que tengan un buen nivel de performance. En caso contrario los equipos elegidos deben ser "puestos a cero", previo a la inclusión en el sistema.

RECOMENDACIÓN:

> No se debe aplicar el Mantenimiento preventivo en equipos e instalaciones que no estén en un aceptable estado de funcionamiento porque no se podrán apreciar resultados positivos.

6 – Ventajas

La experiencia demuestra que, si el Mantenimiento preventivo se diseña correctamente habrá de dar resultados positivos, ya a mediano plazo. Algunas de esas ventajas:

- ordena las tareas en base a programas definidos de *inspecciones* y *revisiones*;
- ordena los programas de tareas que elabora la oficina de Programación;
- el personal afectado a este tipo de mantenimiento ordenador debe estar atento a los cambios dado que se trata de una forma de ordenamiento muy dinámica;
- además del personal afectado al sistema, habrán de sumar su aporte de ideas y acciones el personal operativo de las áreas involucradas;

En el corto plazo, el Mantenimiento preventivo tiende a disminuir:

- las horas extras;
- las paradas imprevistas y los tiempos ociosos;
- las reparaciones repetitivas;

- permite detectar y estudiar causas de fallas repetitivas, desgastes prematuros, desajustes indebidos, negligencias operativas,
- tiende a agregar tiempo disponible para la producción;

Por otra parte:

- las inspecciones periódicas permiten tener bajo control a los equipos e instalaciones considerados clave para la producción;
- tienden a disminuir las causas de problemas entre el área de **M&C** y las demás áreas, especialmente las áreas productivas;
- facilita el control de costos de mantenimiento;
- permite el control de las existencias del almacén y sus reposiciones;
- en el largo plazo los costos de mantenimiento tienden a disminuir, aunque a mediano plazo se pueden apreciar buenos resultados.

7 – Desventajas

- El Mantenimiento preventivo no es de aplicación extensiva, sino intensiva;
- es un tipo de mantenimiento caro, pues requiere de una inversión inicial en términos de tiempo y las tareas de *puesta a cero* de los equipos en los que se aplicará el sistema;
- el sistema requiere mucho tiempo de preparación para la puesta en marcha;
- los resultados positivos se verifican en el largo plazo. Esto puede desmotivar al personal afectado a estas tareas.

ATENCIÓN:
- puede suceder que al principio, entre el personal de producción y de Mantenimiento haya una suerte de escepticismo y surjan, consecuentemente, algunos roces. Atención a esta posibilidad...
- a medida que el sistema demuestre resultados positivos, los roces desaparecen y...
- a su vez, cuando comienzan a notarse estos resultados positivos el área de **M&C** va a recibir muchos pedidos de inclusión de equipos e instalaciones dentro del sistema preventivo.... ¡¡Habrá que parar estos pedidos!!..., pues el sistema tiene un límite.

8 – Objetivos

Mantenimiento Preventivo – Objetivos

1. incrementar la disponibilidad del tiempo productivo real;
2. prolongar la vida útil de equipos e instalaciones, a la vez que se incrementa la fiabilidad de equipos e instalaciones;
3. mejorar la productividad de equipos e instalaciones disminuyendo las emergencias y paradas imprevistas y, de tal forma, eludir el *lucro cesante*;
4. optimizar las existencias de repuestos, materiales y suministros generales en el Almacén;
5. mejorar la efectividad del servicio que presta el área de *M&C.*

---

9 – Estructura básica y organización

A los efectos de hacer comprensible las acciones para diseñar una estructura orgánica efectiva, se ha dividido el proceso en dos etapas, partiendo de la decisión que, en tal sentido ya ha tomado la dirección de la empresa:

1era. Etapa: Preparación de antecedentes

1. plantear los Objetivos que se desean alcanzar con la aplicación del sistema preventivo;
2. los responsables del diseño deberían visitar empresas para escuchar experiencias y resultados que se han alcanzado con el sistema preventivo;
3. estudiar informes de producción y de mantenimiento de tres o cuatro años anteriores a fin de focalizar los problemas más destacados y estudiar las causas de los problemas. Este trabajo debiera realizarse junto a los responsables de las áreas operativas;
4. en base a los resultados del paso 3, seleccionar los equipos e instalaciones a los cuales se le aplicaría el sistema preventivo;
5. se selecciona uno de los equipos e instalaciones elegidos sobre el cual se hará la prueba-piloto. Recordar: el equipo o instalación de prueba debe estar en buenas condiciones, a los efectos que no se distorsionen los resultados de la prueba-piloto;

6. se elabora un programa-piloto para lo cual:
   - se trazan las *rutas* (caminos, accesos, comunicaciones, etc.)
   - se fijan los *puntos críticos* del equipo seleccionado para la prueba;
   - se establecen las frecuencias de inspecciones/revisiones para cada *punto crítico*;
   - se analizan las partes de recambio que sería necesario tener en cuenta a los efectos de hacer las previsiones de compras y almacenamiento;
7. la prueba-piloto se debe realizar por un lapso de tres a seis meses;
8. completado el lapso de prueba se comparan resultados contra los registrados en el paso 3;
9. reunión de análisis: concluido el lapso (parágrafo 7 ant.) se reúnen todas las personas involucradas en el proyecto y se discute, en base a los registros, los resultados alcanzados. De esta reunión debe salir el informe a la dirección de la empresa, con recomendaciones (de aceptación o rechazo) respecto del sistema preventivo

2da. Etapa: Preparación y elevación del proyecto a la dirección

1. Contenidos del informe de la prueba-piloto, más la propuesta de instalación del sistema preventivo, cuyos contenidos debieran desarrollarse siguiendo estos temas:
   - qué es y cómo funciona el sistema preventivo;
   - definición;
   - fijación de objetivos
   - características;
   - conocer y respetar las ventajas y desventajas de esta modalidad;
   - estudiar y decidir las soluciones a los problemas que se vayan presentando;
   - preestablecer los resultados económicos que sería dable esperar.

2. Planteo de argumentos:
   - si bien exige una inversión de tiempo y dinero, el sistema devuelve con creces dicha inversión a futuro;
   - se puede demostrar que previendo situaciones se pueden bajar los *tiempos muertos;*
   - mejora la moral de todo el personal;
   - aumenta el tiempo de producción;

- al sistematizar la prevención, se pueden disminuir las horas-hombre de mantenimiento que se aplicarían a los equipos e instalaciones clave;
- se produce una tendencia a incrementar la eficiencia del servicio de mantenimiento;
- se tiende a disminuir los costos de mantenimiento;
- tiende a prolongarse la vida –período útil– de los equipos e instalaciones clave;
- se pueden sistematizar las acciones de mantenimiento en orden a lograr mejorar el nivel de eficiencia;
- se mejora el control de repuestos y materiales a emplear en las acciones de mantenimiento y conservación;
- se puede incrementar el nivel de seguridad;
- tienden a disminuir los reclamos a *M&C* de las demás áreas;

3. Justificación del proyecto:
   - registrar y estudiar las paradas: razones de las paradas, frecuencia, tiempos muertos, cantidad porcentual de paradas graves, mayores y menores, tiempos muertos, etc.;
   - se pueden elaborar diferentes índices para control, tales como:
     - tiempo de parada vs. tiempo útil perdido;
     - dinero realmente gastado vs. presupuesto para mantenimiento;
     - horas extras invertidas en mantenimiento vs. horas estándar;
     - lucro cesante vs. ingresos esperados, etc.

SUGERENCIAS
Se sugiere que cuando se concrete por escrito el proyecto acerca del *sistema preventivo* que se elevará a la dirección de la empresa, éste debería:
- ✓ ser un informe conciso, a lo sumo de una carilla y media o como máximo, dos carillas;
- ✓ la redacción debe basarse en frases cortas;
- ✓ se recomienda utilizar gráficos en el escrito, pues son más explícitos que las palabras. Es más efectivo expresar las comparaciones por medio de gráficos;
- ✓ las opiniones deben justificarse con material de respaldo, referenciando todo concepto que se vuelque al texto;
- ✓ breve exposición respecto de las funciones, sus interrelaciones y definición de límites de responsabilidad para cada cargo;

✓ acompañar con un organigrama simple el texto que hace a la estructura;

✓ adjuntar todos los documentos que sirvan de soporte a lo escrito, pero sólo los que sean necesarios.

CONSEJITO:

> No trate de "vender" el mejor sistema de mantenimiento preventivo; antes bien "venda" un buen y constante nivel de producción.

3ª. Etapa: Aceptación del Informe y organización del sistema preventivo

En caso que la dirección de la empresa acepte el Informe referido en el punto anterior, será necesario abocarse al diseño del sistema preventivo, en todos sus detalles.

El sistema requiere de una cierta estructura, la cual tendrá la dimensión en función del tamaño de la empresa y de su distribución geográfica. En consecuencia, sería prudente tener en cuenta y resueltos algunos aspectos:

• tener instalado y en un buen nivel de efectividad el Mantenimiento programado, el cual recibirá todas las O.T. que surjan de las inspecciones y revisiones periódicas;

• preparar al personal que ocupará distintas responsabilidades en la organización del Mantenimiento preventivo;

• haber definido el equipo y/o instalación que, en principio, se hará a manera de ensayo la instalación de este estilo de mantenimiento.

NOTAS:

1. el responsable del área de **M&C** tendrá que seleccionar el personal que trabajará dentro de este esquema;

2. la elección de los equipos sobre los cuales, en principio, se aplicarán las inspecciones/revisiones, deberá ser hecha de común acuerdo con el responsable de producción y el personal del área de **M&C** que estará afectado a este tipo de mantenimiento;

3. tal como se expresara al desarrollar otros tipos de mantenimiento:

   a) en empresas pequeñas o medianas será necesario aunar funciones, y

   b) el número de personas afectadas a las tareas de mantenimiento preventivo variará en función de las mismas consideraciones respecto del tamaño y la distribución geográfica de las instalaciones.

10 – Diseño del Mantenimiento preventivo

En el caso que la dirección de la empresa acepte el Informe referido en el punto 9 anterior, será necesario abocarse al diseño del sistema preventivo, en todos sus detalles.

El sistema preventivo requiere de una cierta estructura, la cual tendrá la dimensión en función del tamaño de la empresa y de su distribución geográfica. En consecuencia, sería prudente tener en cuenta y resueltos algunos aspectos que son previos a la instalación de este tipo de mantenimiento, para lo cual se debería:

- tener instalado y en un buen nivel de funcionamiento el Mantenimiento programado, el cual recibirá todas las O.T. que surjan de las inspecciones y revisiones periódicas;
- preparar al personal que ocupará distintas responsabilidades en la organización del Mantenimiento preventivo;
- elegir los equipos y/o instalaciones que en principio se hará a manera de ensayo la instalación de este tipo de mantenimiento.

NOTAS:

1. antes de seleccionar los equipos e instalaciones en los cuales se aplicará este tipo de mantenimiento, el responsable del área de M&C tendrá que haber seleccionado el personal que trabajará dentro de este esquema;
2. la elección de los equipos sobre los cuales, en principio, se aplicarán las inspecciones/revisiones, deberá ser hecha de común acuerdo con el responsable de producción y el personal del área de **M&C** que estará afectado a este tipo de mantenimiento.

11 – Funciones

Cada organización tiene diferentes funciones dentro de su diseño. Para una organización básica de mantenimiento preventivo es aconsejable considerar estas funciones. Téngase en cuenta que no se especifica la cantidad de posiciones por cada función, pues ello dependerá del tamaño de la organización:

- *responsable del sistema*: es quien deberá dirigir el grupo afectado al mantenimiento preventivo. Debe estudiar todos y cada uno de los equipos e instalaciones de la empresa y sugerir a cuáles se los debe ir incluyendo en el sistema preventivo;
- *programador*: es quien debe estudiar y registrar en la *Hoja de control*, en la cual se dan todas las indicaciones

al personal; debe trazar los programas de inspecciones y revisiones, fijando frecuencias, de todos los equipos que están dentro del sistema, dejando indicado el herramental a usar, las medidas de seguridad a respetar. etc.

Esta tarea se debe hacer de común acuerdo con los "dueños" de los equipos, de manera de no crear zonas de conflictos;

– *lanzador*: es la persona que, en base a lo indicado en el *programa de rutinas* de inspección/revisión más lo indicado en las *Hojas de control*, distribuye las tareas a los inspectores con la debida anticipación (24/48 hs. antes de la rutina).

– *inspector*: tiene la función de realizar las tareas indicadas en la *Hoja de control* respectiva, siguiendo la rutina indicada en el programa. Cada vez que concluye su tarea de inspección/revisión debe elaborar todas las O.T. por los trabajos que surjan de la rutina. A su vez, debe informar de todas las novedades dignas de mención que ha podido observar en las tareas de inspección/revisión y las debe dejar registradas en el *Historial*.

– *suministro*: esta función se aplica apersonas encargadas de conseguir y apropiar los repuestos y suministros necesarios para llevar a cabo cada orden de trabajo que surge de las inspecciones o revisiones. Esta función debe estar en constante contacto con áreas tales como Almacén y Compras. Cabe dentro de esta función apropiar cada elemento, especificando el número de la O.T. a la cual está destinado.

12 – Organigrama

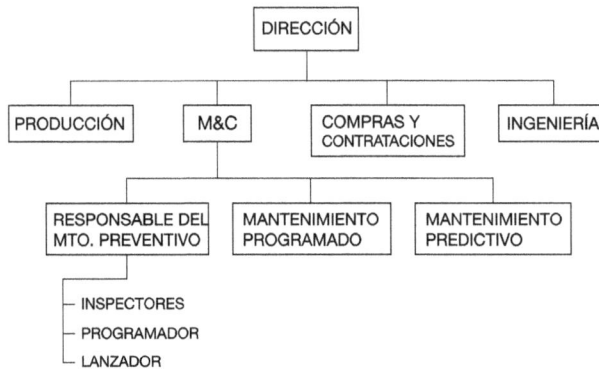

13 – Operatoria

En los párrafos anteriores se dejó explicitado que deben estar aprobados el *programa de rutinas* y las *Hojas de control*. Esta es la secuencia que debe seguirse en el sistema preventivo:

1. se deben realizar dos copias del programa semanal de rutinas de inspección/revisión. Una es para el Inspector del MPv. y la otra copia es para la gerencia de producción;
2. con anticipación el Inspector debe hacer todos los preparativos para realizar las tareas del día-a-día (personal, la *ruta*, el herramental y las *Hojas de control*)
3. en el caso de las *inspecciones*, generalmente no se presentan problemas que pudiesen alterar los programas;
4. en cuanto a las *revisiones* es posible que haya problemas, pues deberá detenerse el equipo o la instalación haya problemas con "dueño" del equipo que se debe revisar, indicando que se debe trabajar con el equipo detenido y, muchas veces desenergizado. En este caso se deberá acordar con anticipación tal situación, pues estas tareas insumen tiempo que se resta al tiempo productivo.

NOTA:

El "dueño" del equipo puede negarse a entregar el equipo "para no perder producción y no bajar la productividad". En este caso en la misma hoja del programa debe dejar asentado su negativa a entregar el equipo, haciéndose responsable de las contingencias que pudiesen acontecer.

5. Concluida la ruta fijada para cada día, los operarios, la supervisión y el inspector de MPv. retornan a sus bases. El inspector, ya en la oficina de **M&C**, comienza la tarea de:
   * registro en el *Historial* de las novedades observadas en la ruta establecida;
   * elaboración de las O.T. por cada trabajo que hayan surgido de las inspecciones/revisiones;
   * estas O.T. se giran a la oficina de Programación para que se las trámite como cualquier otra orden, dentro del sistema de la programación del mantenimiento.

En este punto comienza el trabajo de análisis de lo realizado:
   a) sintetizar toda la información que se va recogiendo para tener una idea del estado de avance del Mantenimiento preventivo;

b) analizar los inconvenientes que se fueron presentando a fin de poder ir solucionándolos anticipadamente;

c) estudiar la posibilidad de ir incorporando al sistema preventivo otros equipos e instalaciones que se sido preseleccionados y están en lista de espera para entrar al sistema.

13 – OPERATORIA

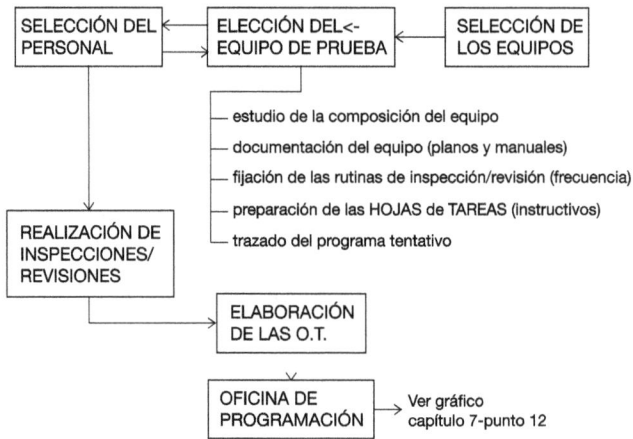

14 – Informe periódico

Con el tiempo se va acumulando una buena cantidad de datos e informaciones que deben servir para tomar decisiones de todo orden. El responsable del Mantenimiento preventivo –que generalmente atiende también al Mantenimiento rutinario– debe preparar un informa periódico que se elevará a la dirección de la empresa y a los responsables de las áreas donde se aplican estos dos tipos de mantenimiento.

En dicho informe se dejan expresados datos diversos y todo otro dato digno de ser tenido en cuenta. Toda esta información es extractada de los datos que se han ido volcando en el día-a-día en el *Historial*.

Capítulo 9

MANTENIMIENTO PREDICTIVO

Por el Ingº Enrique L. MANFREDINI

1 – Objetivos de aprendizaje

1. Tener claro el concepto del mantenimiento predictivo, sus especificidades, así como sus características más salientes.
2. Describir algunas de las ventajas y desventajas de este tipo de mantenimiento.
3. Consignar algunas de sus consecuencias, justificándolas.
4. Definir campos de aplicación de este tipo de mantenimiento.
5. Trazar una sucinta descripción de las bases teóricas del Mantenimiento predictivo.
6. Formas de implementación.

2 – Un poco de historia

Es en la década de los '60 del pasado siglo XX cuando se comienza a definir el concepto de mantenimiento predictivo, si bien con anterioridad ya se estaban desarrollando mecanismos de investigación en diferentes fenómenos, tales como el calor, las vibraciones, el análisis de las estructuras metalográficas, etc.

En la década señalada se registró un avance considerable a partir de la aplicación de equipos electrónicos en los más variados aspectos de diferentes disciplinas. Quizá lo más destacado sea el comienzo de estos avances tecnológicos aplicados a la medicina que, poco a poco fue llegando masivamente a la gente. En el campo de la ingeniería electromecánica esos avances permitieron profundizar el conocimiento de las variables que jugaban en diferentes partes de una máquina. El ejemplo más simple es que se podía medir con precisión la presión en el interior de un cilindro de motores a explosión. Las variables vibratorias se podían medir y, con sucesivas mediciones se lograría observar el comportamiento de las diversas partes componentes del motor.

Asimismo, dichas variables vibratorias se podían medir con rapidez y precisión en función del tiempo, el ángulo de fase del eje rotatorio, la descomposición de la onda en sus frecuencias componentes, etc. Todo esto se podía ver en la pantalla de un osciloscopio, detenerlo en el momento deseado y grabar las oscilaciones para el posterior estudio y, así, poder tomar decisiones más precisas y seguras. Esto llevó a plantear un nuevo paradigma dentro del mantenimiento: *medir para conocer.*

Este paso adelante, promisorio de por si, se extendió como filosofía a todo el panorama del mantenimiento, limitado solo por la imaginación. Pero, además, permitió registrar y retener información sucesiva para aumentar las posibilidades de estudio y aprendizaje, lo cual se transformaba, paulatinamente, en avances técnicos y tecnológicos.

3 – Introducción: el Mantenimiento predictivo dentro del marco del concepto de mantenimiento

Se podría decir que en el mantenimiento industrial se destacan tres tipos o campos de acción, los que se mencionan al solo efecto, por ahora, para ubicar y definir al *Mantenimiento predictivo* (en adelante MPd.) dentro de las actividades del mantenimiento industrial y en otros campos. Estos tres tipos se desarrollaron en diferentes etapas del siglo XX:

• Mantenimiento correctivo *o "a rotura" (Mr)*:

Basado en el criterio simplista que expresa que:

"*Cuando se rompe, se arregla*"

(VER Cap. 5 - Mantenimiento "a rotura").

Su "éxito" estaba ligado a la capacidad (o habilidad) de las personas que hacían las tareas de reparación. Se consideraba que la oportunidad siempre...es "ya", por lo que, casi siempre... se dejaban trabajos inconclusos, postergados, sucesivamente por otros más importantes. De esta manera de proceder hacía que se acumularan trabajos sin terminar, lo que producían importantes cifras de lucro cesante por máquinas... ¡y líneas paradas!

• Mantenimiento preventivo (MPv.)

Es de hacer notar que en tiempos de la Primer Guerra ya estaba establecida la estandarización en la fabricación de las partes componentes de los equipos, criterio operativo que fue mejorando de manera sensible, especialmente impulsada por la industria automotriz. Después de la Segunda Guerra mundial comenzó a desarrollarse el llamado *Mantenimiento preventivo* (MPv.) para tratar de evitar las impredecibles y costosas averías que no evitaba el mantenimiento correctivo. Entonces, ambos criterios (la producción estándar y el Mantenimiento preventivo) condujeron a la premisa básica que se basa en el criterio que...

"*Máquinas iguales debieran presentar iguales desgastes o averías, en lapsos relativamente iguales*".

Esto venía a darle un gran empuje a las tareas de mantenimiento, tratando de anticiparse a los acontecimientos de fallas, con el sentido de aumentar el tiempo productivo de los equipos y la calidad de la producción. Al mismo tiempo se fue ganando experiencia en cuanto a la mejora de los materiales, a procesos productivos eficaces y la forma de llegar al conocimiento de los desgastes y la factibilidad de averías. En este criterio se basó el trazado de programas donde se fijaban las inspecciones y revisiones de las partes críticas de los equipos, con una frecuencia determinada para cada punto de acción de cada equipo o instalación.

El Mantenimiento preventivo ha ayudado a la realización de dos tipos de acción:

– las rutinas de inspecciones/revisiones → *ver para conocer*; o bien,
– reparar los daños o averías que aparecen en las rutinas de inspección/revisión → *conocer qué pasa, antes de tomar acción*.

La calidad de la información acumulada y el ordenamiento de las acciones serían las determinantes del éxito de esta modalidad de encarar el mantenimiento de equipos e instalaciones. Todo esto se resume en la anticipación de las acciones a los hechos [VER Cap. 8 - Mantenimiento preventivo (MPv.)]

• Mantenimiento predictivo (MPd.)

Varias décadas atrás estas observaciones basadas en inspecciones y revisiones, las hacía un operario avezado, de manera rudimentaria, apoyando el oído sobre un destornillador o varilla que le permitía "escuchar" el funcionamiento de un eje o un cojinete. O apoyando la mano sobre una carcasa para detectar vibraciones. Quizá esto al lector le suene a fantasía, pero ésa era la forma de apreciar el estado de un equipo.

La amplísima y fructífera incorporación de instrumentos de medición, precisos y sofisticados, más los avances tecnológicos, ha permitido obtener resultados ajustados con los que, a su vez, ayudan a tomar decisiones acertadas para solucionar fallas, averías y desgastes anticipadamente.

El *Mantenimiento predictivo* ha venido a ordenar esas acciones para obtener mejores resultados, recurriendo a las facilidades que aportaba la tecnología. La operatoria en sí, es simple; a modo de ejemplificación, teniendo en cuenta los resultados, por ejemplo, de una bomba centrífuga midiendo la presión y registrando el amperaje de manera periódica, se pueden apreciar las variaciones que conducen a conclusiones acerca del estado de desgaste de un medio impulsor, de un aro de cierre o el estado de una empaquetadura. Si se observaran diferencias en el amperaje o una disminución de la presión, se puede inferir la existencia de desgastes de los cojinetes, la presencia de roces o alguna obstrucción, entre otras tantas averías.

En conclusión, el *Mantenimiento predictivo* es una disciplina consistente, que ha tomado una explosiva vigencia y aplicación a partir de mediciones y registros de variables, de manera continua, lo que posibilita la acumulación de datos y, así, permitir, por comparación de estados inferir fallas. Se puede decir, entonces, que:

- los equipos e instalaciones no funcionan "a ciegas", dado que se puede disponer de información precisa y constante → saber CÓMO está la SITUACIÓN;
- los trabajos se pueden programar →CUÁNDO hacer los trabajos;
- cuando se detiene un equipo se sabe qué hay que reparar, cambiar o ajustar→QUÉ se debe HACER;
- las paradas para mantenimiento se hacen sólo cuando sean necesarias;
- se tiende a incrementar el tiempo operativo real.

> **CONCLUSIÓN**
> Resumiendo los conceptos expresados se pueden apreciar en el siguiente cuadro, de manera comparativa, los tres tipos de mantenimiento definidos conceptualmente o su filosofía de sustento, su forma normal de accionar, los factores de base, aspectos que hacen al éxito de cada uno, su basamento ideológico, ventajas y desventajas y sus respectivos campos de aplicación.

A continuación se describen, de manera sintética, los tres tipos de mantenimiento genéricos que se fueron desarrollando hasta el presente, sin dejar de considerar otras modalidades de realizar el mantenimiento:

A – Mantenimiento correctivo o a rotura [(Mr) → (VER Capítulo 5)]

- ESPÍRITU O FILOSOFÍA BÁSICA: cuando un equipo, máquina o instalación se rompe o se descompone, se arregla.
- ACCIONAR: se harán tareas de reparación cuando se descomponga o se rompa.
- RAZÓN PRINCIPAL DE SU ÉXITO: tener un buen taller, bien equipado y con personal capaz.
- SÍNTESIS: cura lo que se rompe o descompone.
- ESTÁ LIGADO A LA IDEA DE: reparación.
- VENTAJAS: sólo actúa cuando ya se produjo el mal; genera costos y lucro cesante.
- DESVENTAJAS: no presenta variantes para anteceder a las roturas, que pueden costosas e inoportunas
- CAMPOS DE APLICACIÓN: todo tipo de máquina, equipo o instalación.

B – Mantenimiento preventivo [(MPv.) → (VER Capítulo 8)]

- ESPÍRITU O FILOSOFÍA BÁSICA: equipos y máquinas debieran presentar iguales desgastes, desajustes o averías en iguales lapsos.
- ACCIONAR: se realizan inspecciones/revisiones periódicas en lapsos prefijados (rutinas) en base a las recomendaciones de los fabricantes, la experiencia de otras empresas o del propio criterio.
- RAZÓN PRINCIPAL DE SU ÉXITO:
  1. se genera calidad de información archivada en el Historial que es disponible;
  2. en base a esa información se pueden trazar rutinas de inspección/revisión;

3. se pueden realizar reparaciones, reajustes, controles, recambios previsibles y de manera anticipada.

- SÍNTESIS: trata de evitar los males causados por roturas y, en consecuencia, paradas imprevistas.

- ESTÁ LIGADO A LA IDEA DE: la realización periódica (rutinas) de inspecciones y revisiones con la idea de adelantarse a emergencias.

- VENTAJAS:

    1. por lo antedicho, se evitan averías e inconvenientes costosos e inoportunos;

    2. su aplicación es selectiva, pues las rutinas se aplican sólo a equipos-clave y a puntos neurálgicos de la instalación.

- DESVENTAJAS: es una metodología cara, pues, aunque se gana en seguridad, no pocas veces se procede a realizar inspecciones/revisiones innecesarias. Es importante ir reajustando los lapsos de inspecciones y revisiones en orden a la economía de esta modalidad.

- CAMPOS DE APLICACIÓN: Es de amplia aplicación, pero selectiva.

C – Mantenimiento predictivo (MPd.) → (VER Capítulo 9)

- ESPÍRITU O FILOSOFÍA BÁSICA: cada máquina, equipo o instalación, por muchas razones, sufre desajustes, desgastes o roturas que provocan una alteración de las variables en juego. La evaluación de dichas variables permite conocer ajustadamente el estado de la unidad bajo estudio.

- ACCIONAR: mide, evalúa y cuantifica variables.

- RAZÓN PRINCIPAL DE SU ÉXITO: tiende a mejorar y generar una interrelación armónica de todos los elementos que integran el mantenimiento y de las demás áreas de la empresa.

- SÍNTESIS: "escuchando" y "percibiendo" a la máquina se puede anticipar a la aparición de una falla.

- ESTA LIGADO A LA IDEA: del estudio por métodos complejas de los bienes de la producción, especialmente de aquellos que son clave para la empresa.

- VENTAJAS:

    1. Seguridad operativa;

    2. evita acciones innecesarias de mantenimiento;

    3. permite obtener y mantener información actualizada y reunida en el Historial de cada unidad;

    4. ayuda al personal de mantenimiento y a la dirección a tomar decisiones más precisas.

- DESVENTAJAS:
  1. es una metodología compleja y muy selectiva;
  2. es una metodología onerosa. Por lo mismo debe utilizarse sólo en equipos e instalaciones clave;
  3. si se lo implementa o utiliza adecuadamente, se conseguirán malos resultados. La misma requiere de personal altamente capacitado.
  4. esta metodología da resultados a largo plazo.
- CAMPOS DE APLICACIÓN: su aplicación requiere un estudio previo y se justifica, por su costo, aplicarlo a unidades de alta inversión y/o alta criticidad.

En este punto se ha tratado de reunir los conceptos más salientes de los tres principales tipos de mantenimiento que se aplican y desarrollan en las plantas industriales. La lectura de estos conceptos permite tener una idea acabada de cada uno de los tipos de mantenimiento y sus alcances.

4 – Definición

Con lo dicho hasta acá, se puede intentar elaborar una definición acerca del Mantenimiento predictivo, sin dejar de suponer que existen otras definiciones válidas al respecto:

Mantenimiento predictivo

Por medio de mediciones periódicas y rutinarias, exista o no una alarma o deficiencia y utilizando un equipamiento muy desarrollado, se pueden obtener registros de variables, tomadas metódica y ordenadamente las que, debidamente consideradas y evaluadas, permiten detectar el real estado de funcionamiento de equipos e instalaciones, pero, a su vez, permite hacer comparaciones para estudiar la evolución. Los resultados obtenidos permiten tomar acciones precisas para volver al estado original de los mismos y así producir y así aprovechar la máxima capacidad de un equipo o instalación.

---

5 – Técnicas de diagnóstico y áreas de aplicación

No pocas veces se han confundido las definiciones y alcances del Mantenimiento predictivo con las *técnicas de diagnosis*, pues mientras el primero requiere una tarea rutinaria, las técnicas de diagnóstico se realizan de manera puntual sobre una determinada manifestación (ruidos, aumentos de temperatura o de vibraciones entre otras), para tratar de obtener datos que indiquen el estado y/o gravedad de la situación, para después actuar para corregir. Aunque ambos –Mant. predictivo/Técnicas de diagnosis– pueden utilizar la misma aparatología y criterios de observación y medición de las mismas variables, es diferente su aplicación.

También es importante dejar aclarado que las técnicas de diagnóstico actúan frente a una averiguación específica. Es, en realidad, es una acción clínica donde, en función de toda la información disponible (registros en el *Historial* o manuales operativos), más los conocimientos y experiencia del personal técnico de operación y de mantenimiento puedan arribar a una conclusión certera sobre el posible mal que afecta a la unidad bajo estudio; de esa manera se puede proceder acertadamente. Sin duda, esta opción requiere de una especialización marcadamente superior acerca del manejo de variables y aparatología sofisticada.

Sólo a nivel informativo, las técnicas de diagnóstico se aplican con éxito, entre muchos otros, en los siguientes campos:

- MÁQUINAS ROTATIVAS (turbinas, compresores rotativos, centrífugos y axiales, bombas rotativas, rotores de cualquier tipo):
  - estado de balanceo
  - estado de alineación
  - estado de los cojinetes y rodamientos
  - influencias externas (de otras máquinas, equipos o estructuras)
  - influencias internas (golpes de ariete, zumbidos)
  - velocidades críticas
  - capacidad del basamento para soportar reales esfuerzos
  - estado del acoplamiento, etc.
- CAJAS DE REDUCCIÓN
  - estado de los dientes de los engranajes
  - engranajes desplazados o fuera de centro
  - "ronroneo"
  - "golpes de látigo", etc.
- MOTORES TÉRMICOS
  - estado de los aros de compresión, en cada cilindro
  - calidad de la combustión
  - estado de la "puesta a punto"
  - estado y regulación de las válvulas

- balanceo de cargas sobre el cigüeñal
- potencia entregada (real)
- en ciclos Otto: control de bujías, magneto, platinos, etc.
- COMPRESORES ROTATIVOS
  - potencia entregada (real)
  - rendimiento volumétrico
  - estado de los aros, del espacio nocivo, compresión y válvulas
  - estado del sistema enfriamiento, etc.
- CICLOS FRIGORÍFICOS
  - Donde es necesario tener bajo control, presiones y temperaturas de todo el ciclo, tomando mediciones periódicas en puntos clave del proceso. De esta manera se pueden detectar fugas del gas, disminución de la eficiencia de la válvula expansora, medir el grado de rendimiento del compresor, etc.

En función de lo expresado la metodología predictiva tiene un campo de aplicación sólo limitado en la imaginación de los profesionales técnicos en la búsqueda de dimensionar y analizar variables útiles. Por todo lo expresado, se puede inferir que el Mantenimiento predictivo se puede extender en su aplicación a casi todos los campos de la actividad industrial. Tal es el grado de aplicabilidad de estas técnicas.

6 – Monitoreo

El *monitoreo* es una de las tantas argucias que tiene la técnica de control para conocer el comportamiento de un equipo en su totalidad o de sus partes componentes, en tiempo real, es decir, a cada instante. Esto permite verificar su funcionamiento y descubrir las causas de posibles fallas o alteraciones que se estuvieren produciendo. El *monitoreo* es una de las formas más eficaces de ir conociendo el estado de equipos e instalaciones. Esta metodología se utiliza en una amplia gama de equipos, especialmente los considerados críticos, de tal manera de anticiparse a daños mayores.

En definitiva, esta forma de ir controlando y observando el funcionamiento de equipos, máquinas e instalaciones –tal como se lo aplica en las distintas modalidades de mantenimiento– se está realizando, en realidad, un monitoreo de manera frecuencial. Pero, es importante dejar expresado que los métodos de medición del estado del parque de máquinas, equipos e instalaciones habrán de dar un resultado positivo sólo si:

1. se aplica metodológicamente y de manera consistente; y,
2. si en base a la información lograda, se toman las medidas pertinentes, en orden a ir mejorando el estado de toda la instalación productiva.
3. Es necesario aplicar el criterio técnico a las acciones de mantenimiento y conservación.

Se define como tal:

Monitoreo

Es una forma amplia de acción de control que puede realizarse aplicando, entre otros medios, sensores; por medio de los cuales se puede establecer una verificación constante sobre un sistema y sus equipos componentes. Los valores que se van obteniendo se pueden registrar numérica y/o gráficamente, de tal forma que permite observar el comportamiento de las variables en pantalla y en tiempo real.

Los sensores que se colocan en equipos e instalaciones a controlar tienen, entre otras funciones:

- brindar las indicaciones que se desean de manera continuada;
- activar alarmas que indican señales límite;
- detener el equipo cuando las señales superen ciertos valores;
- graficar señales de manera permanente, etc.

7 – Variables más utilizadas

En el Mantenimiento predictivo son muchas las variables susceptibles de ser útiles de aplicación, según sea posible medirlas y de relacionarlas para poder extraer conclusiones. La medición periódica y las correspondientes comparaciones entre los diagramas obtenidos permitirá conocer el estado de las válvulas, del encendido, el estado de los aros, bujes de bielas y cigüeñal, "cabeceos", etc.

En la figura 3 que sigue, es posible observar el encendido, los golpes de las válvulas y en los cilindros de un motor a explosión, en función del ángulo de giro del cigüeñal:

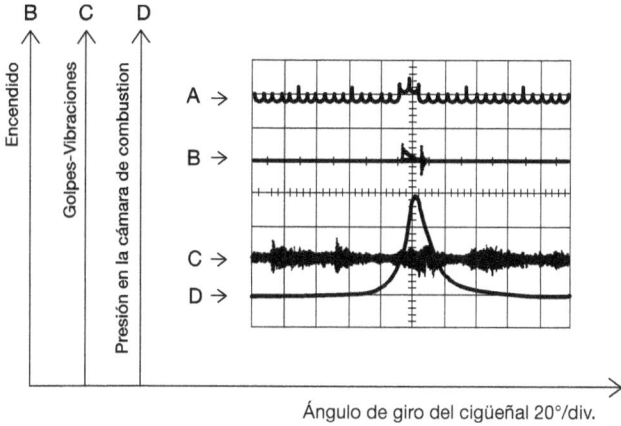

Figura 1

Obtenido con el mismo equipamiento en la Fig 2 se puede ver la representación del "diagrama cerrado" o *presión/volumen* del mismo motor de combustión interna.

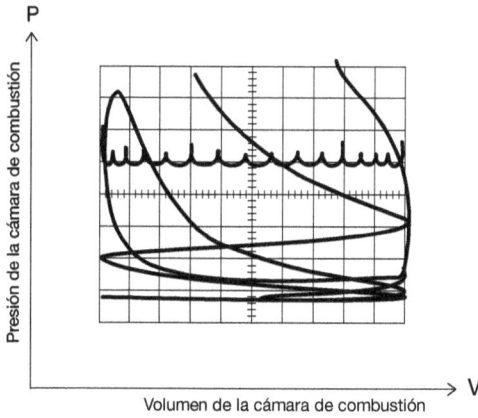

Figura 2

En la siguiente figura 3 se muestra las vibraciones que se verifican en una turbina.

Se han medido en el mismo punto (cojinete) las tres variables: Desplazamiento, velocidad y aceleración de las variables vibratorias. Nótese el desfasaje del desplazamiento respecto de la velocidad de la misma onda:

VIBRACIONES

SIST.	ECUA.	SOLUCIONES — GENERAL	SOLUCIONES — PARTICULAR	FRECUENCIA NATURAL DEL SISTEMA
LIBRES (sin fuerza excitadora) — SIN AMORTIGUAMIENTO $c=0$	$Kd + m\dfrac{d^2d}{dt^2} = 0$ (2-11a)	$d = C_1 \operatorname{sen}\!\left(\sqrt{\tfrac{K}{m}}\right)t + C_2 \cos\!\left(\sqrt{\tfrac{K}{m}}\right)t$ (2-11b)	$\boxed{d = d_0 \cos\!\left(\sqrt{\tfrac{K}{m}}\right)t}$ (2-14) Expresa cómo vibra el sistema sin amortiguamiento, luego de haber desaparecido la excitación. y, dado que $t\sqrt{\tfrac{K}{m}}$ hace adoptar a d todos los valores posibles desde $t=0$ hasta $t=T$ o sea $\sqrt{\tfrac{K}{m}}\,T = 2\pi$:	$t_n = 2\pi\sqrt{\dfrac{m}{K}}\quad T = 2\pi$ $f_n = \dfrac{1}{2\pi}\sqrt{\dfrac{K}{m}}$ $\boxed{W_n = \sqrt{\dfrac{K}{m}}}$ Pulsación natural
CON AMORTIGUAMIENTO VISCOSO	$c\dfrac{dd}{dt} + Kd + m\dfrac{d^2d}{dt^2} = 0$ (2-17)	$d = C_1 e^{S_1 t} + C_2 e^{S_2 t}$ (2-18) $S_1 = -\dfrac{c}{2m} + \sqrt{\left(\dfrac{c}{2m}\right)^2 - \dfrac{K}{m}}$ (2-19) $S_2 = -\dfrac{c}{2m} - \sqrt{\left(\dfrac{c}{2m}\right)^2 - \dfrac{K}{m}}$	$\boxed{d = e^{-\frac{c}{2m}t}\left(C_1' \cos qt + C_2' \operatorname{sen} qt\right)}$ (2-20) Donde: $C_1' = C_1 + C_2$ $C_2' = jC_1 \pm jC_2$	$\boxed{q = \sqrt{\dfrac{K}{m} - \left(\dfrac{c}{2m}\right)^2}}$ = Pulsación natural
FORZADAS — SIN AMORTIGUAMIENTO $c=0$	$Kd + m\dfrac{d^2d}{dt^2} = P_0 \operatorname{sen} wt$ (2-21)	$d = C_1 \operatorname{sen} W_n t + C_2 \cos W_n t$ (2-22) $+ \dfrac{dest\,(\operatorname{sen} Wt)}{1 - (W/W_n)^2}$ (el resto es conocido) Nótese que la primera parte es similar a la 2-11-B y el tercer término es una solución particular de la 2-11a:	$\boxed{d = \dfrac{dest\,(\operatorname{sen} Wt)}{1 - (W/W_n)^2}}$ (2-24) W = Pulsación de la excitación forzada Nótese que el valor de d dependerá de la relación W/W_n	
CON AMORTIGUAMIENTO	$c\dfrac{dd}{dt} + Kd + m\dfrac{d^2d}{dt^2} = P_0 \operatorname{sen} wt$ (2-25) 'LA ECUAC. ES COMPLETA'	Haciendo la misma consideración realizada se llega a la siguiente ecuación particular	$\boxed{\begin{array}{l} d = e^{-\frac{c}{2m}t}\left(C_1' \cos qt + C_2' \operatorname{sen} qt\right) + \\ + d_0 = \operatorname{sen}(W_f t + \varnothing\phi) \end{array}}$ (2-26) tiene por términos: $d = e^{-\frac{c}{2m}t}\left(C_1' \cos qt + C_2' \operatorname{sen} qt\right) +$ Vibraciones libres con amortiguamiento viscoso $+ d_0 = \operatorname{sen}(W_f t + \varnothing\phi)$ (Vibr. forzada)	

GRÁFICOS Y CONSIDERACIONES PARTICULARES

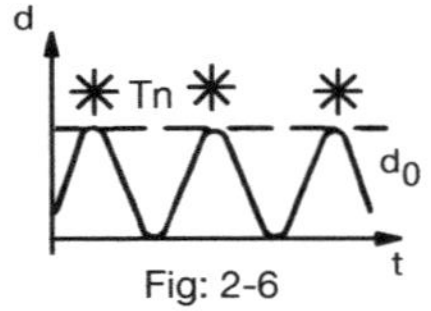

Representación de la 2-20

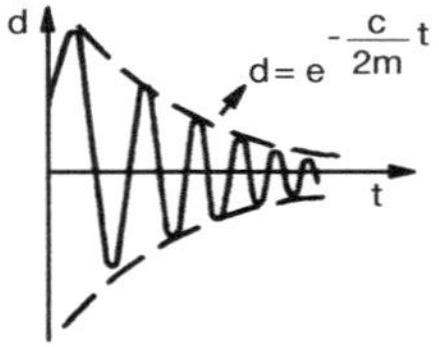

$d = e^{-\frac{c}{2m}t}$

Representación de la vibr. forzada:

$d = d_0 \, \mathrm{sen}(W_f t + \emptyset\Phi)$

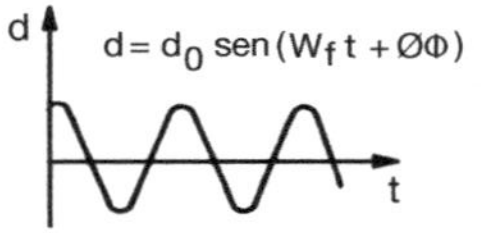

Representación de la suma

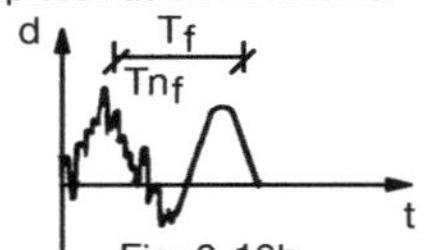

T_f

T_{nf}

Fig: 2-13b

Nótese que si $T_f = T_n$

$W_f = W_n$ y $d = \infty$ (si C=0)

por lo que d está limitado por C

Solución particular

$$d = \frac{P_0}{K\left(\sqrt{\left(1 - \frac{W^2 f}{W^2 n}\right)^2 + \left(2\frac{cWf}{c_c Wn}\right)^2}\right)}$$

$$d = \frac{P_0}{\sqrt{(C\,W)^2 + (K - mW^2)^2}}$$

Expresión final y real de forma

$I = U/Z$

Para eléctricos y electrónicos

$$Q = \frac{E_0}{\sqrt{(R\,W)^2 + (1/C - LW^2)^2}}$$

Se distinguirán en el gráfico tres zonas muy distintas

a : cuando $W < W_n$

b : cuando $W = W_n$

c : cuando $W > W_n$

$$d_0 = \frac{dest}{1 - (W/W_n)^2}$$

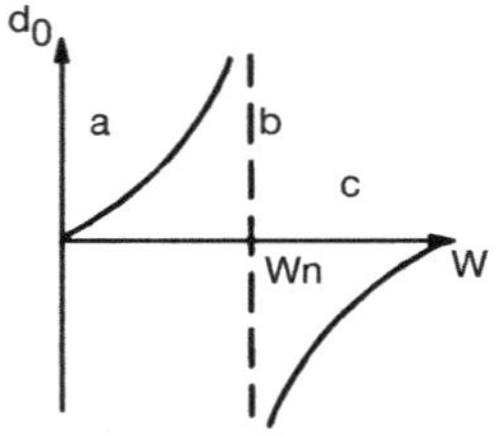

Fig: 2-1

Nótese que en la 2 - 20 son dos factores los que regulan el valor de d.

($C'_1 \cos qt + C'_2 \, \mathrm{sen}\, qt$) de la misma forma que la 2-11b, es decir que representa una vibración sin amortiguación.

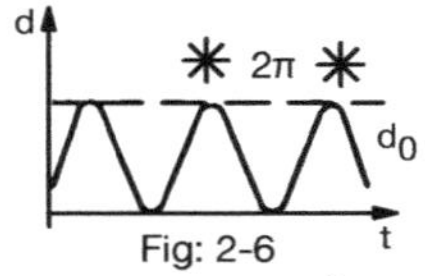

2π

Fig: 2-6

y el otro término $e^{-\frac{c}{2m}t}$

determina el amortiguamiento (normalmente) su gráfico es:

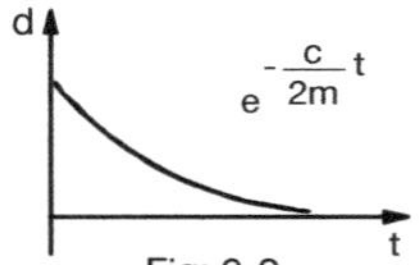

$e^{-\frac{c}{2m}t}$

Fig: 2-9

por lo que el producto, o sea la representación completa es:

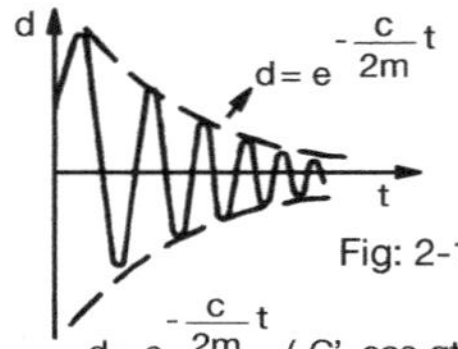

$$d = e^{-\frac{c}{2m}t}\left(C'_1 \cos qt + C'_2 \, \mathrm{sen}\, qt\right)$$

$d = e^{-\frac{c}{2m}t}$

Fig: 2-10

T_n

Fig: 2-6

Que, como es lógico, no es un caso real

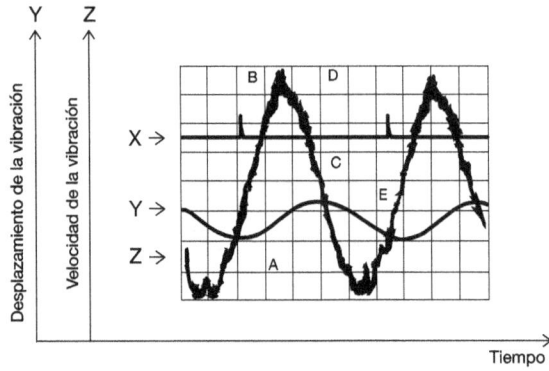

Figura 3

El esquema de la figura 4 representa al sistema vibratorio con un grado de libertad, mientras que el diagrama de la figura 5 se muestra un sistema vibratorio con dos grados de libertad. Ambos casos se demuestran con diferentes sistemas de ecuaciones y argumentos, cuyo desarrollo no es materia de este libro pero para quién le interese ofrecemos el cuadro N° 2 en el que pueden verse esquemáticamente todos los tipos de vibraciones (naturales o forzadas con y sin amortiguamiento) sus ecuaciones resolutorias y los gráficos correspondientes.

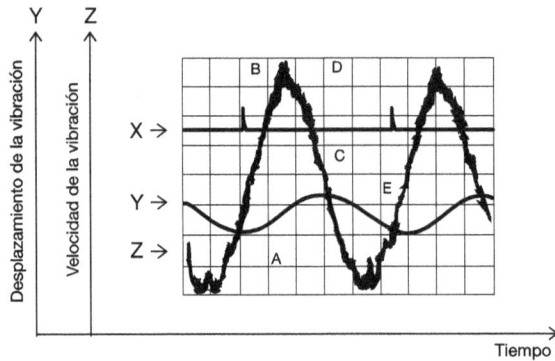

Figura 4

En la siguiente figura 5 que sigue, se muestra las vibraciones que se verifican en una turbina.

Nótese el desplazamiento o desfasaje de la vibración y la velocidad de la misma onda.

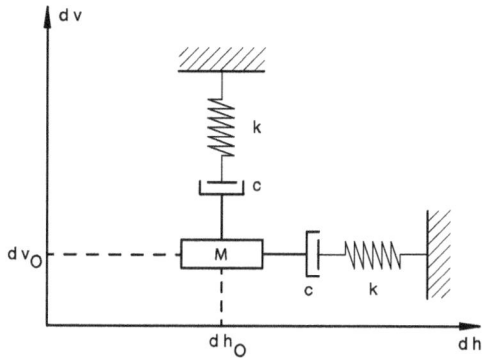

Figura 5

Por costumbre cuando se hace referencia al valor de la onda vibratoria en cualquiera de sus expresiones (amplitud del desplazamiento, de la velocidad o de la aceleración) se está considerando su valor máximo, prescindiendo de los valores instantáneos y como valor máximo del desplazamiento se considera el de onda completa es decir su valor Pico-Pico, en cambio al referirnos a la velocidad o aceleración de la vibración se considera el valor máximo de media onda o valor pico. A los efectos prácticos se muestra la figura 6, en la cual se pueden observar cómo se vinculan las variables.

El esquema de la fig. 6 representa al sistema vibratorio con un grado de libertad, mientras que el diagrama de la figura 7 se muestra un sistema vibratorio con dos grados de libertad.

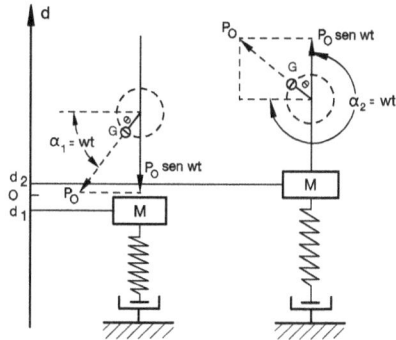

Figura 6

EN FUNCIÓN DE VARIABLE	D(PaP)	V(P)	A(P)
D(PaP)		$\dfrac{V\ 19120}{rpm}$	$\dfrac{A\ 8391^2}{rpm^2}$
V(P)	$5.23 \times 10^{-5}.D.rpm$		$\dfrac{A\ 3690}{rpm}$
A(P)	$1.42 \times 10^{-8}.D.rpm$	$2.71 \times 10^{-4}\ V.rpm$	

Figura 7

Ambos casos se demuestran con diferentes sistemas de ecuaciones y argumentos, cuyo desarrollo no es materia de este libro.

Resumiendo:

Se puede decir que las variables que más se observan, se miden y se tienen en cuenta a los efectos comparativos, son las siguientes:

- En el estudio de ondas vibratorias:
  - desplazamiento
  - velocidad
  - aceleración
  - frecuencia
  - fase.

  Parámetros que están vinculados o en función de:
  - presión
  - temperatura
  - proceso de encendido
  - potencia
  - golpes (cuantificación y ubicación del golpeteo), etc.

- Variables termográficas:

  La medición a distancia de temperaturas y su representación computarizada mediante colores que corresponden cada uno a diferentes temperaturas medidas dio origen a la Termografía aplicada al Mantenimiento preventivo (MPv).

  Mediante esta técnica se detectan pérdidas de aislamiento en estado incipiente, seguir su evolución y adelantarse a cualquier otro evento generado por sobre-temperatura, que se manifiestan como calentamientos producidos por rozamientos.

- Medición de espesores:
  La metódica medición de espesores, incorporada recientemente al Mantenimiento predictivo (MPt) permite seguir la evolución de ciertos desgastes en puntos críticos que evitan averías imprevistas y con consecuencias que pueden considerarse impredecibles.

- Fatiga de metales:
  Este tipo de análisis generalmente lo hace un laboratorio (propio o externo) especializado en estudios de estructura de metales.

8 – Tecnología vibratoria: teoría básica

Es la tecnología vibratoria la que le ha dado al Mantenimiento predictivo su impulso mayor en los tiempos recientes por lo que se tratará de explicar, con extrema simplicidad la teoría, de manera de abordar expresiones prácticas de las variables que integran el movimiento vibratorio.

En la definición en sí misma se trata de dejar en claro el sentido y aplicación del movimiento vibratorio. El estudio del movimiento vibratorio, en teoría y en la práctica, sirve de base a este importante fenómeno que debe tratar el Mantenimiento predictivo con mucha frecuencia, de manera de abordar expresiones prácticas de las variables que integran el movimiento vibratorio, una de cuyas definiciones es la siguiente:

> **Movimiento vibratorio**
>
> Se define como tal, al movimiento que describe un punto o una serie de puntos, que oscilan periódicamente alrededor de un denominado *punto de equilibrio*.

Nótese que la única característica particular de este fenómeno es el *período*. Referente al *punto de equilibrio*, el mismo puede ser fijo o móvil; en este último caso puede ser, también un punto móvil y, si a su vez está afectado de movimiento vibratorio, se está frente al caso de vibraciones compuestas. Este fenómeno es muy frecuente en la industria con equipos de grandes dimensiones o alta potencia, motores marinos, turbinas de aviación, turbinas de centrales hidroeléctricas, etc. Sin embargo el tema del movimiento vibratorio alcanza cualquier tipo de máquina rotativa, sin interesar su tamaño, potencia y aplicación.

En nuestro libro (VER "Mantenimiento Predictivo - Análisis vibratorio", del Ingº E. L.Manfredini) se tratan los aspectos que hacen a los fenómenos del movimiento vibratorio, sus fundamentos, estándares de aplicación, instrumental, etc.

9 – Organización del Mantenimiento predictivo

Poner en marcha un área destinada al desarrollo de un mantenimiento predictivo requiere poner de manifiesto criterio y no poca sagacidad de parte de quien tenga tal responsabilidad, dado que habrá que tener en cuenta una serie de consideraciones de orden técnico, operativo y económico, cuya armonización será el factor fundamental para lograr el éxito de tal decisión.

No hay normas rígidas a tales fines, pues cada caso debe estudiarse en particular. Si se tiene en cuenta que a la fecha, hay una amplia gama de industrias que se apoyan en las técnicas del Mantenimiento predictivo, se infiere que cada caso debió estudiarse en particular, antes de resolver la posibilidad de su aplicación, recurriendo, como mínimo, a la consideración de la relación *costo-beneficio*.

9.1. Posibles formas de estructurar el Mantenimiento predictivo

Existen tres alternativas que podrían responden a diferentes posibilidades que deben considerar la empresa antes de decidir la incorporación de un servicio del Mantenimiento predictivo que se ajuste a sus necesidades. Cada una de estas alternativas deben considerar los mismos aspectos para llevar a cabo su estructuración, es decir organización, personal técnico calificado y equipamiento.

Sin descartar otras alternativas posibles, se presentan las siguientes formas distintas de diseñar un Mantenimiento predictivo:

1. **Estructura integrada propia**:
   Esta alternativa cabe sólo para grandes emprendimientos que necesiten tener bajo control problemas especiales de mantenimiento o de una ubicación geográfica particular. Es el caso de las usinas donde se trabaja con turbinas, o grandes compresores impulsores de gas (gasoductos). Toda la estructura pertenece a la empresa y es responsable de todos los pasos que se pueden apreciar en el parágrafo 9.2 que sigue. Esta alternativa no es la más frecuente.

2. Servicio externo contratado:
En cuanto a esta alternativa es de aplicación para atender programas de control con amplitud de tiempo entre
cada inspección. Por lo mismo, se aplica en pequeñas o
medianas empresas o para astilleros, entre otros ejemplos, ubicadas en áreas industriales donde es posible acceder a estos servicios de terceros.

3. Una organización mixta:
Al igual que en el caso anterior, esta alternativa es de
aplicación en empresas localizadas en áreas industriales, en las cuales, además de tener su propio equipo de
análisis, también se puede recurrir a laboratorios locales,
complementariamente, para atender parte del servicio.

10 – Implementación de un Mantenimiento predictivo

Con el fin de facilitar la organización de esta modalidad de
mantenimiento, se propone ver, paso-a-paso, cómo se puede ir
estructurando este servicio, haciendo la aclaración que el proceso se puede adaptar a cualquiera de las tres alternativas vistas
en el parágrafo anterior:

1er. Paso: analizar *para qué* instalar el Mantenimiento predictivo;

2do. Paso: *qué* se necesita para instalar el Mantenimiento
predictivo;

3er. Paso: decidir si incorporar un área responsable de desarrollar el Mantenimiento predictivo propio o contratado.

Los tres primeros pasos antes mencionados se los puede
unificar de tal forma que se muestre, claramente, que dichas tareas deben realizarse bajo la supervisión de la dirección de la
empresa. La primera gran tarea es la de pensar las vías de acción más convenientes, que ayuden a tomar las decisiones con
criterio técnico y económico acerca de la aplicación del Mantenimiento predictivo y, posteriormente, diseñar su estructuración.
Sigue la selección del personal técnico que se ocuparía de las
diferentes tareas. Finalmente, se debe describir la operatoria o
manera de accionar de esta modalidad.

En estos tres primeros pasos están involucrados la dirección
de la empresa, el área de Ingeniería y el responsable del área
de Mantenimiento, pues deben decidir qué hacer respecto de la
instalación el Mantenimiento predictivo y tomar las decisiones
pertinentes.

En el caso que se decida tener un equipo de Mantenimiento predictivo propio, esto es, se decide tener un laboratorio propio, se debe buscar e incorporar una persona con sólida experiencia en estos temas y excelente formación técnica. Quien sea designado, deberá depender del responsable del área de Mantenimiento. Entonces:

4to. Paso: búsqueda e incorporación de la persona que estaría a cargo del esta modalidad;

5to. Paso: preselección y selección del personal que integrarán la fuerza efectiva del Mantenimiento predictivo;

6to. Paso: formación/capacitación del personal técnico seleccionado para integrar la fuerza efectiva de esta modalidad;

La integración de la fuerza efectiva destinada a realizar las tareas del Mantenimiento predictivo es un trabajo delicado que le cabe a la dirección de la empresa, más el responsable del área de **M&C**.

Terminada la selección e integración de la plantilla de personal, sigue 6to. Paso, la formación del personal que estará afectado a las tareas del Mantenimiento predictivo. Los responsables de Ingeniería y del área de Mantenimiento, más el responsable de este tipo de mantenimiento deberían ser los responsables de encarar esta delicada e importante tarea de la formación y la capacitación del personal técnico que integraría la plantilla. Del nivel que se brinde a la formación y a la capacitación del personal dependerá el éxito del trabajo del Mantenimiento predictivo en términos de eficiencia y efectividad del servicio.

Los pasos que siguen se refieren a las actividades que, en concreto, debería desarrollar el servicio propio de Mantenimiento predictivo:

7mo. Paso: selección de los equipos en los cuales se aplicarán las técnicas del Mantenimiento predictivo;

8vo. Paso: trazado de un plan de aplicación sucesiva del Mantenimiento predictivo;

9no. Paso: trazado de un programa de rutinas, en base a las variables estudiadas y decididas, para su evaluación y registro;

10mo. Paso: realización de las mediciones/observaciones periódicas de las variables;

Concretado el plan (8vo. Paso), se deberá pasar al programa ordenador en el cual, además del ordenamiento, deberán consignarse los tiempos –fechas y lapsos– (9no. Paso) Con el avance de la aplicación del Mantenimiento predictivo, se irán incorporando otras unidades al programa de tareas.

El 10mo. Paso se refiere a la realización –en términos concretos– de las tareas propias del Mantenimiento predictivo, es decir, las mediciones y observaciones de los puntos críticos de los equipos que componen el primer programa de tareas, tomando como base las variables representativas para cada caso.

11ro. Paso: análisis de los resultados → determinar las variaciones y la magnitud (gravedad) de las mismas; y elaboración de diagnósticos;

12do. Paso: decisión acerca de las medidas reparatorias que sean pertinentes en cada caso.

13ro. Paso: se emite una orden de trabajo (O.T.) por la cual se solicita el trabajo de reparación que sea pertinente. Esta orden de trabajo entra en la programación de todas las tareas que se le solicitan a la oficina de Programación.

Con estos trece pasos que se han detallado se cumple todo el proceso de análisis y reparación de un equipo sometido a la inspección dentro del campo del Mantenimiento predictivo. Previamente, se ha descripto la estructuración y la organización del Mantenimiento predictivo, con un cierto detalle. Con los datos y las evaluaciones a la vista comienza el estudio de los mismos, determinando de esta manera las variaciones manifiestas. Surgirá también la magnitud de los daños o el nivel de gravedad de cada situación (11ro. Paso).Este ciclo concluye con la mejor decisión de reparación a seguir. Quienes son responsables de esta tarea deben sugerir a la oficina de Programación y al "dueño" del equipo el camino más criterioso a seguir para resolver el problema detectado en los estudios.

Decididas las medidas a tomar, el "dueño" del equipo o instalación extiende una orden de trabajo que se envía a la oficina de Planificación (del mantenimiento) y el proceso sigue como se hace con cualquier trabajo, según se indica en el capítulo 7 - Mantenimiento programado.

Por fin, si la falla detectada tiene una cierta magnitud, antes de decidir qué camino seguir, es aconsejable que se reúnan los responsables del área de **M&C**, del Mantenimiento predictivo y el del área de Ingeniería (si fuese necesario). Tales trabajos importantes deben ser considerados desde el aspecto económico en término de costos, tiempo de parada, lucro cesante, etc.

11 – Escalones jerárquicos intervinientes

Dentro de la tarea de diseñar esta forma de servicio, es importante definir las responsabilidades que le caben a los diferentes escalones que intervienen en la implementación del Mantenimiento predictivo:

Primer escalón (analistas)**:**
- realiza los trabajos de campo, por ej., las mediciones de rutina;
- el primer proceso es el dato obtenido;
- determina la existencia de variaciones notables;

Segundo escalón (supervisión):
- en el caso de ser informado por el primer escalón de la existencia de una variación notable en alguno de los datos obtenidos, determina con ayuda de los *standards*, el grado de gravedad de la situación;
- orienta las decisiones subsiguientes. Usualmente este escalón es cubierto por el responsable del Mantenimiento predictivo, del área de *M&C.*

Tercer escalón:
- asesora la implementación del Mantenimiento predictivo;
- es responsable de la capacitación del personal del MPd.;
- hace el plan de rutinas de inspección, dentro del MPd.;
- supervisa el sistema;
- realiza los diagnósticos.

Diagrama de escalones

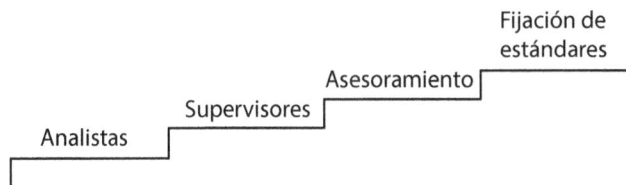

12. *Standards* (estándares)

Quizá para todo el universo de la ingeniería, en todas sus ramas, es tener, de alguna manera, la posibilidad de poder saber qué pasa o cuál es la magnitud que pueda medir una performance de un organismo mecánico, entre otros. Uno de los grandes aportes de la tecnología vibratoria al Mantenimiento ha sido poder disponer de *standards,* que se define como:

Standard (estándar)

Es un patrón de referencia por el cual es posible calificar, objetivamente, el estado o conocer la capacidad de un sistema mecánico en un momento.

O bien:

Es la posibilidad de referir, objetivamente, el estado general de un sistema mecánico, lo cual también implica la factibilidad de efectuar comparaciones con otros valores.

Otras tecnologías también aportan estándares al Mantenimiento predictivo; nosotros nos referiremos solamente y como ejemplo a las basadas en variables vibratorias, allí encontramos:

- **estándares genéricos**: Aplicables a todas las máquinas rotativas;
- **estándares específicos**: elaborados para estudiar, puntualmente, máquinas de un determinado tipo (por ej: Turbinas de gas).
- **estándares especiales**: que se elaboran para evaluar anomalidades determinadas (por ej: desbalanceos de ejes).

De las definiciones antes mencionadas se desprende la utilidad que ofrece trabajar con estándares aun en aquellos casos en que el mecanismo no evidencie un estado de gravedad alguna, pero que permita, por comparación, conocer alguno de los parámetros vitales.

Largos esfuerzos fueron necesarios para lograr "la medición" del estado de una máquina. Loa avances tecnológicos han ayudado a esta finalidad. Por lo expresado, da una idea por demás elocuente de la enorme avance que se incorpora, de esta manera, para quienes dirigen el área de *M&C*, pues se mejorará el resultado de las inspecciones y revisiones de equipos e instalaciones en estos aspectos:

✓ Objetivación de los juicios sobre estados de los equipos;
✓ es posible hacer un seguimiento de la evolución del estado s través del tiempo;
✓ es posible tomar decisiones más seguras en el momento de una reparación;
✓ es un medio eficaz para evaluar las reparaciones realizadas.

Capítulo 10

MANTENIMIENTO RUTINARIO

1 – Objetivos de aprendizaje

1. Lograr que quede claro el concepto del *mantenimiento rutinario* y sus características más salientes.
2. Describa algunas de las ventajas y desventajas de este tipo de mantenimiento.
3. Justifique algunas de sus consecuencias, justificándolas.
4. Exprese los campos de aplicación de este tipo de mantenimiento.
5. Describa su funcionamiento, de manera gráfica.

2 – Definición

> **Mantenimiento rutinario**
>
> Es la forma de tener bajo control puntos predeterminados de partes, sistemas o subconjuntos de equipos e instalaciones, basado en programas periódicos de *verificación→acción* sobre dichos puntos, a fin de que "todo funcione". Estas acciones se realizan respetando tiempos preestablecidos.

2.1. Análisis de la definición de Mantenimiento rutinario

– *"Es la forma de tener bajo control puntos predeterminados de partes, sistemas o subconjuntos de equipos e instalaciones,…"*:

Esta modalidad de mantenimiento trata de evitar que se produzcan problemas en diferentes partes de los equipos e instalaciones haciendo recorridas periódicas en puntos importantes, tomando todas las medidas que sean necesarias y tan pronto como sea posible.

El personal afectado a este tipo de mantenimiento trazará las rutas, las frecuencias de las acciones correspondientes a cada punto predeterminado, de manera de tratar de alcanzar estos objetivos:

- con las acciones periódicas se trata de aumentar la cantidad de tiempo disponible para la producción; y,
- procurar que "todo funcione".

NOTAS:

1. Esta modalidad se lleva a cabo, en esencia, para resolver problemas menores, se trata de manera rápida, evitar que se produzcan males mayores. A su vez, se logra brindar mayor cantidad de tiempo a trabajos de mayor envergadura.

2. Las *rutinas de acción* se van modificando con el tiempo, en función de la cantidad, magnitud e importancia relativa de los puntos de verificación/acción. Esta modalidad se basa, en un programa de *rutinas de acción* que orientan a la verificación del estado de los puntos que se han prefijado. Estas rutinas se trazan atendiendo todo los ámbitos de la planta. Con el tiempo, se pueden ir modificando las *rutinas de acción en todas sus partes*: puntos de verificación y acción, las rutas, las frecuencias, las tareas a concretar en cada punto, los métodos de trabajo, herramientas e instrumentos a utilizar, etc.

"*...basados en programas periódicos de verificación→acción sobre dichos puntos...*":

Las verificaciones rutinarias sobre puntos predeterminados, dan como consecuencia una cantidad importante de información acerca del estado de los puntos de verificación y los trabajos que se deben realizar. Esos trabajos se van integrando dentro del programa de rutinas de *verificación/acción*. De todas maneras, en algunas organizaciones, para atender estas tareas se dispone de una dotación mínima, constituida por personas mayores con capacidad suficiente o personas para ser considerado como *personal multipropósito*. Para ello se recurre a personas que han estado muchos años trabajando en el área. Estos *puntos de acción*, tienen una cierta similitud con los *puntos críticos de inspección/verificación* que se mencionan en el Mantenimiento preventivo.

ATENCIÓN:

Es muy probable que se produzca la tendencia de ir incorporando, cada día, una mayor cantidad de *puntos de acción*. En tal caso. la oficina de Programación deberá ir evaluando esta situación para tratar de evitar todo desborde de su capacidad.

"... a fin de que "todo funcione":

Ésa es la intención al aplicar este tipo de mantenimiento: que todo funcione, atendiendo problemas menores, tales como fallas de iluminación, pérdidas de fluidos, reparación de equipamiento de oficinas, cambio de filtros de aire y de líquidos de los sistemas hidráulicos, sistemas de alarmas, reposición de aceites, grasas, conexionados, sistemas de comunicación y de intercomunicación, pintura, cerrajería, techos, caminos y playas, ajustes varios, etc.

"Estas acciones se realizan respetando tiempos preestablecidos."

ENTONCES:

El objetivo principal de esta forma de concretar el mantenimiento y la conservación es facilitar *que todo funcione*. Con este objetivo, a su vez, se están persiguiendo estas metas:

SI USTED SE ANTICIPA AL DESPERFECTO, EVITARÁ UN DESASTRE

- las tareas de verificación y las acciones resultantes se hacen respetando un programas de rutinas;
- *hacer que todas las cosas funcionen* –se agrega: *que funcionen correctamente* y esto es realmente bueno. El mismo criterio es extensivo al domicilio de cada uno, donde todas las cosas deben funcionar, porque....por alguna razón esas cosas están instaladas y si están instaladas deberían funcionar correctamente....;
- hay que dejar en claro: ¡*que todo funcione* no significa que deba ser a cualquier precio o de cualquier forma!, ...y esto es importante...
- "vender" una buena imagen del área de **M&C** pues, se podría decir que... es una decisión políticamente correcta.

Todos los tipos de mantenimiento descriptos deben dejar una imagen de *efectividad* de dicha área.

3 – Áreas de aplicación

Esta forma de realizar el mantenimiento y la conservación se puede aplicar en cualquier tipo de empresas productivas o de servicio, sin importar la dimensión y el ramo de las mismas.

Se considera que su campo de aplicación lo constituyen todos los edificios, las calles y caminos internos, playas, depósitos, parquizados, iluminación, suministro de fluidos, sistemas de desagües, señalizaciones, etc.

Se excluyen de estas tareas los sistemas de comunicación, puentes-grúa, ascensores y montacargas, cuya inspección constante y atención debe estar en mano de personal especializado. Generalmente, para realizar estas tareas se contratan a empresas que se especializan en controlar esos equipos y repararlos cuando es necesario.

4 – Características

Este tipo de mantenimiento o modalidad se basa en hacer recorridos periódicos de puntos predeterminados, en los cuales se considera que es necesario tomar acciones rutinarias periódicas. Si al hacer las verificaciones, el personal detecta fallas, desperfectos o irregularidades en las instalaciones, el mismo personal debe realizar las reparaciones, en forma inmediata.

Con ello se logran dos cosas:

- se aliviana el trabajo específico del área de **M&C** realizando los trabajos menores que se van detectando; y,
- deja mayor disponibilidad de tiempo para atender tareas de mayor importancia.

IMPORTANTE:
Tener en cuenta que esta modalidad ayuda a la buena imagen de **M&C**, por que son tareas que benefician a todos y, además…"sus resultados se ven".

- esta modalidad requiere una constante labor de verificación →acción, tal como se establece en el correspondiente programa. Las acciones correctivas que surjan de las verificaciones/acciones, en la medida de lo posible, deben ser realizadas casi inmediatamente de su detección;
- las rutinas de *verificación→acción* se concretan siguiendo el orden que le asigna el programa correspondiente;

- el grupo de personal asignado a estas tareas dependerá del tamaño de la empresa, pero en todo caso no puede afectarse a estas tareas más de dos o tres personas;
- por otra parte, los integrantes de este grupo de *verificación → acción*, no necesariamente deben ser los mismos. Esto da una gran flexibilidad a la conformación del equipo afectado a esta modalidad o tipo de mantenimiento;
- esta forma de encarar el mantenimiento y la conservación se asemeja y se complementa con el denominado *Mantenimiento preventivo* (VER);
- las rutinas de *verificación→acción* se pueden ordenar por:
  - – lugares geográficos de la empresa;
  - – por fechas y/o períodos de *verificación→acción*; y,
  - – por tipo de acciones y tareas.
- si bien esta modalidad requiere un cierto trabajo previo de preparación, su realización es económica, pues no necesita la atención de mucho personal. No obstante, si la carga de trabajo es de una mayor importancia, se puede recurrir a varias soluciones:
  1. eventualmente, las *verificaciones→acciones* se podrían realizar en horas extraordinarias;
  2. las tareas de conservación (pintura, carpintería, iluminación, albañilería, etc.) que aparecen en las verificaciones, pueden ser contratadas a terceros contratistas.

5 – Representación gráfica del proceso

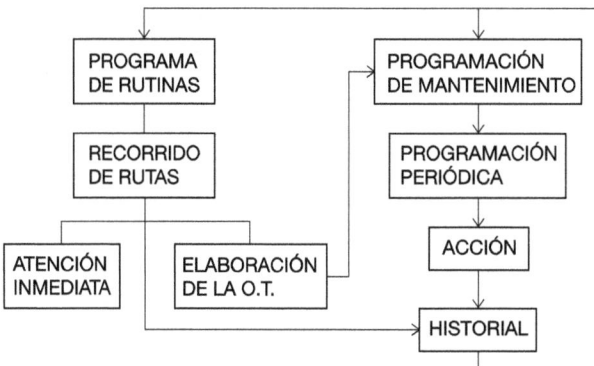

6 – Ventajas

- Al trabajar con un programa de rutinas de *verificación* se obtiene una visión más amplia del estado de los equipos e instalaciones tendiente a facilitar las tareas de **M&C**, a la vez que se evitan pérdidas de tiempo;
- esta modalidad muestra que los trabajos que se hacen "lo ve mucha gente"... En otras palabras, si se encara seriamente esta modalidad y se asignan las tareas de *verificación→acción* a personas responsables, sin duda que se conseguirán resultados positivos. Esto ayuda a la imagen del área de **M&C**;
- es una tarea económica que se realiza con muy poco personal propio. Muchas de las tareas que surgen de las verificaciones se pueden realizar con mano de obra libre de carga de trabajo, dentro del plan normal de trabajo (Mantenimiento programado). El equipo de personal se puede integrar con personas mayores, más aprendices o personal joven que están en etapa de formación.
- de esta forma, se alivianan los programas corrientes de trabajos, que afectan a la producción y los servicios de la empresa.

7 – Desventajas

- Esta forma de realizar mantenimiento y tareas de conservación no muestra mayores desventajas;
- para que no se produzcan retrasos en el cumplimiento de los programas periódicos, la dirección del área de **M&C** deberá controlar su cumplimiento y así tratar de evitar demoras y la acumulación de tareas que puedan generar reclamos.

ADVERTENCIAS:
La supervisión deberá estar atenta, controlando el cumplimiento de los programas rutinarios:

8 – Armado de la organización y funcionamiento

Estos son los pasos a seguir para instalar esta modalidad o tipo de mantenimiento:

Primer paso: preparación del proyecto

Las personas responsables del área deberán preparar el borrador del documento en el cual se volcarán todos los aspectos que hacen a la organización:

- la fijación de claros objetivos de esta modalidad;
- diseño de su funcionamiento;
- trazado del plan de tareas que se refieren al diseño y puesta en marcha, con todas las tareas que ello implica;
- establecimiento de los debidos controles.

Este documento deberá ser aprobado por la dirección de la empresa. Pero además, el proyecto deberá ser conocido y aceptado por los responsables de las áreas operativas, pues debe tenerse en cuenta que, el personal responsable de las *verificaciones→acciones* las realizará, generalmente, con los equipos e instalaciones funcionando.

En definitiva, en el proyecto se deberán estimar las ventajas y desventajas que podría tener esta modalidad, a fin de asegurar que su costo justifique su realización y asegure un incremento de la eficacia y la efectividad de los servicios del área de **M&C**.

Segundo paso: selección del personal

Teniendo en cuenta que esta modalidad requiere de muy poco personal, no será difícil encontrar dentro del mismo orgánico de personal del área los operarios que se podrían afectar a las tareas del Mantenimiento rutinario.

RECOMENDACIONES:

Para llevar a cabo las tareas de verificación y realización de tareas dentro de esta modalidad, es conveniente integrar el equipo con personas que tengan una cierta antigüedad dentro de Mantenimiento. Generalmente, estas personas, por su experiencia, habilidades y su conocimiento de las instalaciones, podrán dar respuesta a los fines perseguidos en esta modalidad de *verificación→acción*.

Sería recomendable integrar el grupo sólo con personal que pertenece a la empresa. De no ser posible, se podría recurrir a un llamado de incorporación de personas que tengan experiencia y capacidad para la realización de estas tareas.

VIEJO: PERSONA CON EXCESO DE PASADO...

Tercer paso: curso de inducción para el personal seleccionado.

Seleccionado el personal que se incorporaría a esta modalidad, el grupo tendrá que recibir una capacitación inductiva, en la cual se deberían desarrollar temas tales como:

- conocimiento acerca de los procesos productivos que se van a atender;
- explicitación de los contenidos referidos a la operatoria de esta modalidad;
- ventajas del trabajo en equipo;
- el trabajo responsable como concepto, donde se buscará dar significado a conceptos tales como *eficacia, eficiencia, tiempo, tiempos preestablecidos, costos...*);
- conocimientos acerca de los aspectos administrativos (del tiempo, del dinero, las compras y reposiciones, las anotaciones de novedades en el *Historial*);
- conocimiento y aplicación de las normas de seguridad de la empresa;
- aspectos técnicos (informe de novedades, con anotaciones pertinentes en el *Historial*) y uso del mismo.

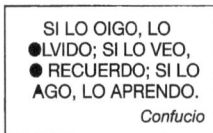

SI LO OIGO, LO OLVIDO; SI LO VEO, RECUERDO; SI LO HAGO, LO APRENDO.
Confucio

Cuarto paso: armado del equipo y preparación de la documentación de base

1. Dado que se supone que el personal seleccionado tiene conocimiento de las instalaciones, es conveniente que participe de las tareas de preparación de esta modalidad para discutir ideas y expresar sugerencias para el mejoramiento constante de los programas de rutinas;
2. reunión del responsable del área de **M&C** con el personal que será afectado a esta modalidad de trabajo, para estudiar y decidir:
   - el trazado de las rutas y fijación de las frecuencias de las verificaciones;
   - la marcación de los puntos en los cuales se trabajará;
   - trazado de las rutas;
   - las zonas a recorrer rutinariamente.
3. trazado del programa de verificación de puntos (*frecuencia*).

NOTAS:
1. El protocolo de *verificación/acción* deberá incluir las reglas de seguridad establecidas y respetadas en la empresa, a las cuales deberá ajustarse el personal afectado a las tareas rutinarias antes mencionadas;
2. a medida que se vaya adquiriendo experiencia, el mismo personal afectado a esta modalidad rutinaria, deberá estudiar la mejor

forma de realización las frecuencias (*rutinas*) y la forma más eficaz de hacer estas tareas, el recorrido de las *rutas* y el control de los *puntos de acción* a ser controlados;

3. asimismo, el personal preseleccionado deberá ir elaborando el listado de las necesidades operativas, especialmente en cuanto al herramental, equipamiento de trabajo, movilidad y elementos de seguridad necesarios;

4. este mismo personal deberá preparar la lista de elementos, materiales y repuestos que deberían estar en existencia en el almacén. Este listado previo, deberá ser discutido con el responsable del área de **M&C**;

5. sería conveniente que estas tareas se haga con personal que trabaja dentro del Mantenimiento preventivo dado que pueden complementarse ambos tipos de mantenimiento.

OBSERVACIÓN:

Es de esperar que, a medida que se vaya avanzando en la aplicación de esta modalidad se irá perfeccionando en todos sus aspectos, para lo cual es muy importante el aporte que haga el personal afectado a estas tareas.

Quinto paso: realización de las verificaciones

1. El día anterior a la recorrida de una ruta el personal, teniendo en cuenta lo establecido en el programa, deberá preparar el herramental, el equipamiento y portar los repuestos y materiales que serían eventualmente necesarios para hacer los eventuales recambios, sin descuidar los controles y las reparaciones;

2. en las recorridas periódicas se irá tomando nota de las novedades que se vayan encontrando en el recorrido, las que pueden requerir estas posibles acciones:

   • modificaciones, si fuera necesario, de las *frecuencias* de los recorridos de las *rutas;*

   • ajuste de las cantidades de los repuestos y materiales que es prudente tener en existencia en el almacén;

   • actualización acerca del listado de herramental y equipamiento a utilizar. El mismo criterio se empleará para todos los materiales, repuestos y suministros generales;

   • la realización de trabajos mayores que se encuentren en la rutina, se solicitará por medio de órdenes de trabajo las que serán tratadas dentro del sistema establecido de programación de trabajos;

   • si surgiese la necesidad de hacer una tarea con el equipo o instalación detenidos, deberá recurrirse al responsable de producción que esté a cargo para que

detenga los equipos por el lapso que fuere necesario;
- detección de anomalías o problemas que merecen ser estudiados y resueltos. Si lo verificado revistiera alguna importancia, inmediatamente debe informarse al responsable del área de **M&C** quien tomará las medidas que crea oportunas;

3. concluido el recorrido de la ruta, el mismo personal deberá registrar en el *Historial* todo dato e información que se considere de interés;
4. cualquier anomalía que se detecte en las rutinas, deberá ser informada al responsable del área donde se hizo la verificación, quien deberá tomar las decisiones que crea oportunas en cada caso;
5. cuando en una verificación se detecte un problema que supera la capacidad de solución de quien hace la verificación, se elaborará una O.T. la que entrará al proceso de tratamiento como todas las demás órdenes.

SUGERENCIAS:
1. Los responsables del área de **M&C**, junto al personal afectado a esta modalidad descripta, deberá revisar periódicamente el cúmulo de datos y notas de interés y, de esa forma, utilizar tal información para la realización de ajustes a todas las acciones programadas que deba encarar el área;
2. es prudente que pasado un tiempo más o menos prudencial (por ej., un año), el responsable del área de **M&C** y la dirección, con la información elaborada a la vista, se deben evaluar los resultados que se vayan obteniendo con este tipo de mantenimiento.

Capítulo 11

MANTENIMIENTO DE EQUIPOS E INSTALACIONES INDUSTRIALES

Por el Ingº Rubén O. PINI (*)

BREVIARIO

Éste es un documento en el que el autor vuelca toda su experiencia referente al tema del título, recogida en años de conducción de tareas en el área de Laminación en Frío y Hojalata de SOMISA (hoy SIDERAR SA), San Nicolás, Prov. de Buenos Aires. Es interesante prestar atención, no sólo a las cuestiones estructurales, sino también, a las de orden estrictamente prácticas que están en el contenido de este capítulo.

ADVERTENCIA:
Es importante dejar expresado que estos conceptos son de aplicación general a cualquier tipo de empresa industrial, sin importar el tamaño de la misma. Está de más decir que estos conceptos y experiencias se aplicarán según el tamaño de sus equipos e instalaciones

(*) Profesor titular de la Cátedra "Ingeniería Mecánica II" del Depto. Mecánica, Facultad Regional San Nicolás (Universidad Tecnológica Nacional).

1 – Consideraciones generales

Cuando en el día-a-día se analiza el desempeño (*performance*) de un equipo de producción, se está tratando como objetivo rector tender a aumentar la disponibilidad del tiempo operativo; dicho en otras palabras, aumentar su eficiencia. Dentro de este análisis, es necesario considerar los siguientes puntos, muy importantes, a saber:

1. ajustar todas las acciones, productivas o de mantenimiento, a lo indicado en los respectivos protocolos, denominado también como *Prácticas Operativas*; esto es muy importante tenerlo en cuenta, pues en estos documentos se dejan escritas –entre otros importantes datos– las características que brinda el fabricante del equipo, las limitaciones del equipo/instalación (los límites de velocidad, las características de calidad, físicas y dimensionales del producto a elaborar, las secuencias de la puesta en marcha, el proceso de puesta en marcha y detención de equipos e instalaciones, el proceso operativo y, relacionado con lo dicho, cómo deben considerarse los períodos y tiempos en que se deben tomar las acciones de mantenimiento;

2. evitar en cuanto sea posible operar los equipos e instalaciones, sin superar los valores-límite consignados en los manuales elaborados por el fabricante. No obstante ello, cuando el mercado impone la necesidad de producir en condiciones límite, es dable esperar que se produzcan desgastes mayores. En tales casos, es importante tener en cuenta las acciones previas que se deberán realizar en cuanto al control del estado, así como analizar los antecedentes de los trabajos de mantenimiento que se hayan realizado con mayor frecuencia, a los efectos de saber cuáles son los puntos débiles de los equipos e instalaciones trabajando al límite;

3. en las Prácticas Operativas se fijan acciones de trabajo que están en relación directa con el diseño del producto, en las cuales se establecen las condiciones que deben cumplir los equipos para responder en cantidad, calidad y oportunidad a lo solicitado por el cliente; estas condiciones siempre estarán directamente relacionadas con el estado general del equipo.

Los puntos precedentes son fundamentales para evitar desgastes prematuros y/o roturas de alguna de las partes del equipo, que producen imprevisibles detenciones que afectan a la producción y provocan mayores tiempos de demoras.

No está de más agregar que si no se trabaja dentro de una organización claramente definida seguramente esto se convertirá en mayores pérdidas de tiempo. Lo dicho tiene especial relevancia en cuanto al mantenimiento que requiere una organización eficaz y, a su vez, tener personal hábil, herramental adecuado, comodidad para trabajar, así como disponibilidad de repuestos, materiales y suministros necesarios.

A veces se enfrentan situaciones particulares en las cuales no es posible eludir; por ejemplo, cuando el mercado impone la necesidad de un producto especial, o bien, cuando se debe satisfacer a clientes importantes, de los cuales se desea mantener fidelizados, reteniéndolos; lo expuesto hace que no se pueden evitar las operaciones en que se somete a mayores esfuerzos a los equipos que deben trabajar en los límites superiores a lo especificado o fuera de esos límites prefijados. En tales casos, excepcionales, se deberá hacer un relevamiento previo y posterior a los procesos de producción a efectos de verificar los desgastes prematuros, fatigas y/o roturas.

Si la empresa vislumbra que los requerimientos mencionados se pueden volver a producir a futuro, será prudente trazar un plan de ingeniería tendiente a contemplar las reformas pertinentes y necesarias para la adaptación del equipo a estas eventualidades, a fin de producir estos productos especiales sin que se produzcan problemas por mayores esfuerzos. En caso que lo antedicho suceda y se hayan logrado las nuevas condiciones, habrá que readecuar los planes de mantenimiento y conservación.

2 – Paradas para mantenimiento de equipos industriales

Cuando se decide realizar una parada, cualquiera sea su magnitud (tiempo de duración + costos) se persiguen una serie de objetivos. Toda acción puede tener objetivos generales, como los que se exponen en este parágrafo. Pero también cada parada otorga una oportunidad para:

En este lugar resolvemos lo difícil. Lo imposible nos cuesta un poco más.

Woody Allen

1. lograr mejoras tendientes a alcanzar una eficiencia mayor del equipo;
2. obliga a hacer un análisis *del Historial* del equipo;
3. prever la mano de obra necesaria, no solo en cantidad, sino con el grado de especialización necesaria, en aquellos casos que lo requieran;

4. proveer equipos y el herramental adecuado para cada tarea;

5. <u>tener establecidos los métodos y procedimientos para lograr un proceso eficiente de desarme y armado de las partes;</u>

6. la disponibilidad de los diferentes talleres propios, como contratados debidamente, los cuales deberán estar previamente calificados para que puedan participar en la parada;

7. disponer de los manuales y planos actualizados del equipo a mantener al momento que comience a trabajar el Equipo después de la parada;

8. tener previstos los equipos de izaje y transporte;

9. verificar la disponibilidad de repuestos, materiales y suministros generales para el momento en que se comience a trabajar.

Muchas de las observaciones hechas más arriba, como se comprenderá, habrán de servir aún para después que estén concluidos los trabajos previstos en la parada.

3 – Definiciones referidas al mantenimiento

En este punto, se propone una serie de definiciones referidas a los programas de mantenimiento, en cuanto al tiempo de duración de la parada y magnitud, de manera de entender la importancia del tema. Por supuesto que cada empresa define sus políticas y en consecuencia, aplica criterios de tiempo en sus programas, de tal forma que cada empresa define y desarrolla los tipos de mantenimiento que más conviene. Esta es una clasificación sugerida:

3.1 – Parada mayor – Definición

Parada mayor

Se denomina así a la interrupción periódica de la producción una vez por año o más, para hacer una revisión total de los equipos y de las instalaciones anexas. Las *paradas mayores* se ajustan al Plan de Mantenimiento y la programación de las tareas que se realizan con la anterioridad que sea pertinente, de manera de permitir que se hagan las previsiones y provisiones necesarias y así estar debidamente preparados al momento de la iniciación de los trabajos.

Una *parada mayor* requiere de una a varias semanas de preparación, después de haberla programado. Estas son algunas de las tareas que se realizan en una parada mayor:

- limpieza de la zona, fosos, conductos, sótanos, techos y accesos;
- reparaciones de obras civiles;
- verificación de desgastes
- análisis de todos los sistemas (mecánicos, eléctricos, electrónicos, hidráulicos, comunicaciones, etc.);
- tareas de modificación y actualización, con intervención de Ingeniería;
- reparación de pérdidas y recambio de cañerías, conductos y accesorios;
- verificación de alimentación y aislaciones eléctricas;
- análisis de fatiga y vibraciones;
- recambio de piezas que muestran desgastes;
- ajustes y calibraciones;
- verificación del estado de anclajes;
- verificación del estado de las bases de los equipos;
- verificación del estado de transmisiones (engranajes, acoplamientos, cadenas, etc.;
- control del estado de las mesas y caminos rodantes, etc.

Sólo a manera de ejemplo, una parada mayor puede estar originada por las siguientes causas:

- la reparación de un equipo de la línea de producción que está necesitando un trabajo de reparación mayor;
- la realización de una actualización tecnológica importante de la línea de producción que incluye algunos equipos e instalaciones periféricas más importantes;
- la acumulación de problemas menores postergados por diferentes causas –principalmente por razones de producción–, y en un momento determinado se deben atender a fin de evitar problemas mayores;

3.2 – Parada menor – Definición

Parada menor

Una *parada menor* tiene una duración que no supera una semana, como máximo. Generalmente, en estas paradas cortas se aprovecha para realizar, también, trabajos corrientes pendientes de realización. Todas las tareas a realizar deben estar contenidas en el programa de trabajos que respalda la parada.

En el trazado del programa de una *parada menor* se contemplarán los mismos aspectos que en una *parada mayor*. Cuando se programan tanto la parada mayor como la parada menor, conceptualmente se basan en el mismo criterio. La única diferencia es la cantidad de trabajo previsto realizar y, en consecuencia, el tiempo que insumirá todo el programa de tareas, aunque los elementos que entran en juego son los mismos; esto es:

- organización de la parada;
- asignación de responsabilidades;
- tiempos previstos;
- uso del *Historial* de los equipos e instalaciones;
- disponibilidad de planos y manuales;
- disponer con seguridad la mano de obra, propia y/o contratada;
- comprar de repuestos, materiales y suministros generales con la debida anticipación para realizar todas las tareas previstas en el programa de la parada;
- contratación de terceros contratistas (talleres y mano de obra);
- disponer de espacios en la zona de trabajos;
- dejar establecidas las medidas de seguridad normales y especiales a ser tenidas en cuenta;
- disponer el herramental necesario;
- disponer equipos de elevación y transportes, etc.

4 – Organización de una parada: elementos a tener en cuenta

Los elementos a tener en cuenta cuando se planifican paradas de equipos e instalaciones son innumerables. En este punto se desarrollan los elementos más importantes que son impostergables para encarar una parada programada, de la magnitud que sea. Los que se consignan a continuación son los elementos que se consideran impostergables, entre otros:

- estructurar la organización de una parada(quienes dirigen, quienes hacen, quienes controlan);
- trazar el planeamiento, la programación y control de las tareas;
- listar las tareas a tener en cuenta en la parada;
- asignación del tiempo a cada tarea;
- asignación de responsabilidades: la dirección y la supervisión;

- estimar la mano de obra que será necesaria, en cantidad por especialidad;
- desarrollar con anticipación los trabajos de ingeniería aplicados a la parada, etc.

Estos puntos mencionados son los que no se pueden dejar de ser considerados, pero no son los únicos a tener en cuenta, pues son dignos de ser incluidos temas como seguridad, servicio médico y ambulancias, un autobomba, equipos de logística, generación portátil, bebederos, viandas, etc. En consecuencia, a continuación se desarrollan los elementos más importantes a considerar en la programación de una parada:

4.1 – La estructura

En orden a obtener la efectividad del programa, es recomendable decidir por una estructura simple, que contenga todos los aspectos que hacen a una parada para mantenimiento. El diseño de la organización depende tres factores:

- del tamaño de la empresa;
- de la magnitud de los trabajos a realizar; y,
- de las posibilidades económicas actuales.

Dependiendo de los factores antes mencionados, para organizar y dirigir una parada, se habrá de trazar una estructura, teniendo en cuenta los siguientes aspectos:

- debe ser simple, para lograr *eficacia*;
- la menor cantidad de escalones jerárquicos, para lograr una buena y ágil comunicación entre los niveles y las partes;
- deben estar bien aclarados los roles de cada área, para lograr *eficiencia* de la organización;
- operar con velocidad de respuesta.

4.2 – Listado de tareas a realizar

Por lo general, desde antes de decidir una parada para mantenimiento, se va elaborando la lista de posibles trabajos a realizar. Aportan a la lista preliminar de tareas el área de **M&C**, el área de Producción e Ingeniería.

La lista preliminar se pondrá a consideración del *comité de la parada*, cuya dirección la tiene el responsable del área **M&C**, con suficiente anticipación. No es desacertado comenzar varios meses antes, de manera de tener tiempo suficiente para las previsiones, provisiones y cambios que la parada requiere.

Cuando se decide que la lista de tareas de la parada está definida por quienes programan la parada, se pone a la consideración de la dirección de la empresa a los efectos que fueren necesarios, especialmente la disposición de los fondos, las compras y las contrataciones, trámites estos que corresponde acordar con otras áreas de la empresa, tales como Administración, Finanzas y Compras.

4.3 – Planeamiento, programación y control de las tareas

Es de suponer que una organización cuidadosa tiene un plan de trabajos de mantenimiento y conservación; de dicho *plan* habrán de surgir los respectivos programas de las diferentes especialidades.

Es imprescindible, para llevar adelante una parada, respaldarla con un buen programa, tarea que insumirá un lapso, pero que procurará ahorrar tiempo *a posteriori*. También el programa ayuda a evitar problemas y conflictos entre las partes que intervienen.

Cuando todos los agentes que intervienen toman con seriedad un programa, es porque quienes intervienen respetan el orden otorgado a las tareas previstas y los tiempos asignados a cada una de ellas. Con el mismo criterio se habrán de establecer y cumplir los mecanismos de control, pues no se pueden lograr buenos resultados si no están decididos y aplicados los correspondientes controles.

4.4 – El tiempo

Suena como una obviedad referirse a la importancia que el tiempo tiene para cualquier organización, en especial en la vida de una empresa y demás organizaciones. Pero, aunque suene redundante hablar de la importancia que tiene el tiempo en los procesos productivos y de servicio, en cuanto a las actividades de mantenimiento el factor tiempo tiene una decidida importancia.

Por tal razón, es prudente tener en cuenta el factor tiempo cuando debe enfrentarse una reparación mayor o menor, pues es tiempo que se le está restando a la producción. Entonces, cada tarea de mantenimiento que es necesario realizar deberá asignársele un tiempo estimado y el mismo debe consignarse en el correspondiente programa. La suma de los tiempos parciales habrán de dar una idea de la magnitud de la parada que se está programando.

4.5 – Dirección – Supervisión

El responsable máximo de la parada puede autorizar modificaciones que casi con seguridad se presentarán antes y durante la ejecución del programa. La experiencia indica que el responsable del área de **M&C** o quien se haya designado como *jefe de la parada,* debe ser el máximo responsable de llevar a cabo el programa y, a su vez, será quien deba coordinar todas las tareas que se hayan previsto. En su condición de máxima autoridad es quien debe coordinar todos los aspectos de la parada, desde el mismo momento que se trace el listado de las tareas previas. Durante la ejecución de los trabajos y las diversas tareas auxiliares previstas es responsable que las mismas se ejecuten de acuerdo a lo programado.

Los mismos integrantes del equipo de la parada acompañarán al responsable de la misma; este pequeño grupo lo conforman los *líderes* de cada especialidad. Estos líderes son las personas especializadas en cada tema.

Se da por descontado que la supervisión del personal propio, así como el que se incorpore en apoyo a las tareas, habrán de ser dirigidos por quienes son los responsables del área, que en definitiva serán los deberán hacer cumplir el programa de tareas de la parada.

4.6 – Mano de obra

La persona o el organismo que dirija una parada será responsable de los resultados del programa. En cuanto a la integración de la fuerza efectiva se podrá recurrir a:

- la mano de obra y talleres propios;
- mano de obra propia más mano de obra contratada, con/sin supervisión;
- mano de obra propia y contratación de trabajos a talleres externos;
- contratar todo o partes del programa de la parada a terceros contratistas,
- en todos sus aspectos, siendo posible optar por esta alternativa cuando precio, tiempo y calidad sean convenientes.

En el caso que la empresa tenga organizado el mantenimiento con organismos descentralizados (es común denominar esta modalidad *mantenimientos asignados*), es aconsejable, en la medida de lo posible que para las reparaciones del área se asigne prioritariamente al propio personal de mantenimiento de las diferentes especialidades, que son quienes –se supone– conocen el equipamiento e instalaciones, por estar familiarizados con ellos, atendiéndolos a diario. En este sentido, el conocimiento y la experiencia del personal propio juegan un papel decididamente importante.

Pero, también es lógico que en una parada la demanda de mano de obra sea mayor a la fuerza efectiva local disponible; por lo tanto, el personal del mantenimiento asignado al área se debe destinar al desmontaje y montaje de aquellos equipos que tienen características especiales y por lo tanto requieren de ciertos conocimientos y cuidados, algún herramental especial e instrucciones operativas, aspectos que son del conocimiento del personal propio…, sin olvidar los "usos y costumbres" del lugar…

Para indicación del personal de otras áreas y/o contratado que viene en apoyo del personal propio, es muy importante disponer de documentación técnica claramente reseñada, en forma de manuales, con instrucciones metodizadas, que indiquen la forma y secuencias de desmontaje y de montaje, el tipo de herramental a utilizar, las normas de seguridad que se deberán respetar, indicaciones especiales, etc.

Cuando se contrate mano de obra, habrá que dejar claramente especificados estos aspectos:

- cantidad de mano de obra que se necesita en cada momento;
- tipo de mano de obra por especialidad;
- nivel de calificación de cada persona.

Será prudente que, previo al comienzo de la parada, un integrante del equipo de trabajo reúna al personal propio y al contratado, a efectos de:

- señalar la persona responsable de cada área de tareas;
- dar indicaciones cómo deberán actuar mientras dure la parada, en cuanto a: seguridad, relaciones interpersonales, lugares de acceso, áreas restringidas, uso de bienes de la empresa, respeto de los tiempos, observancia de las normas de seguridad e higiene, entre otras normas;
- todo ello deberá estar consignado claramente en un pequeño folleto, en donde se le especifican todas las normas a las cuales se deberán ajustar mientras dure el trabajo, poniendo énfasis en lo referente a normas de seguridad e higiene;
- el personal contratado deberá saber y conocer a los supervisores y jefes ante los cuales deberá responder.

En caso que en el programa de la parada prevea trabajar de manera continua las 24 horas del día, el Equipo de trabajo debe designar un coordinador responsable las actividades que deban realizarse durante la noche. Este coordinador debe reportar cualquier inconveniente o problema que se presente al jefe de la parada como al equipo en cualquier momento del día. De todas formas, a la mañana siguiente, el coordinador de la noche debe informar acerca de cualquier tema que se considere importante en cuanto a lo sucedido en el desarrollo del trabajo.

Cada líder deberá poseer:

- un listado del personal a su cargo; en dicho listado deben consignarse los nombres, los domicilios y todo dato que permita su rápida localización. Esto agiliza cualquier consulta o demanda de personal adicional que se requiera;
- el listado de los supervisores y el personal de cada contratista que estén trabajando en cada turno, a efectos de facilitar las comunicaciones y el debido control.

En las reuniones diarias del equipo se analizarán todas novedades y los problemas que se vayan presentando, a los efectos de dar solución a los mismos. Como ya se ha expresado, cuando el problema lo amerite a las reuniones del equipo de la parada puede citar a cualquier persona que pueda hacer su aporte de información o ideas.

4.7 –Ingeniería aplicada a la parada

Es necesario expresar la importancia que tiene la presencia de Ingeniería en cualquier parada para mantenimiento y conservación, por muchas razones. Quizá las más importantes sean las de prever modificaciones que actualicen las instalaciones –que se podrán hacer o no aprovechando la parada– y, además, actualizar los planos y manuales operativos correspondientes.

Los diseños actuales, generalmente tienden a componer los equipos en bloques. Esto da la posibilidad de desarmarlos por partes, de manera que cada una de ellas puedan ser atendidas separada y simultáneamente, en el mismo o en distintos lugares o talleres.

Este criterio de diseño (al que se denomina "*maintenability*"), facilita:

- la accesibilidad operativa,
- las tareas de mantenimiento y conservación y, lo más importante…,
- ¡hace ganar tiempo!

Justo es reconocer que no todos los equipos existentes en una planta están diseñados según el criterio mencionado, no obstante lo cual, un buen trabajo de ingeniería puede hacer que

ciertas partes de un equipo, máquina o instalación pueden redi-
señarse y modificarse tendiendo a constituirlo en bloques a fin de
aprovechar las características –facilidades– antes mencionadas.

4.8 – Historial

Se designa con el nombre de *Historial* al archivo/s de cada
equipo o instalación, en donde se van registrando todas las novedades de cualquier índole que se vayan produciendo, de manera
de tener concentrada la información necesaria que permita tomar
decisiones lo más acertadas posible. El *Historial* funciona como
una "ficha clínica" donde deben quedar registradas:

- todas las novedades que se vayan produciendo durante
  los procesos de producción;
- las causas que hayan afectado a la calidad o que produzcan demoras en los procesos;
- las causas de problemas que provoquen paros de las
  operaciones no deseadas [emergencias]. ¡En mantenimiento toda información sirve!...

La mayoría de estos datos que se registran en el Historial
surgen de las inspecciones y revisiones que se hacen siguiendo el Programa de acción dentro del sistema de mantenimiento
preventivo (VER) o del mantenimiento rutinario (VER). Seguramente, por medio de las inspecciones/revisiones habrán de
constituir una *información técnico-administrativa privilegiada*,
aportados por dichas modalidades, al control y la programación
de paradas.

También en el *Historial* se registran los relevamientos efectuados en las paradas menores y mayores realizadas anteriormente, incluyendo datos tales como: mano de obra empleada,
cantidad de horas de reparación, herramental empleado, lugar
donde se efectuó la reparación, los subcontratos, los repuestos
importantes empleados, especificación de equipamientos auxiliares utilizados para izaje y movimientos, datos de los tiempos
de reparación previstos vs. reales, descripción de tareas de desarme y armado realizados y los valores resultantes de todo tipo
(tiempos, costos, inconvenientes encontrados, modificaciones
realizadas, la utilización de repuestos, las reparaciones parciales
hechas en los talleres propios o de terceros contratistas y los
trabajos que se hayan realizado en ellos, pago de jornales normales y extraordinarios y sus causas, repuestos empleados, las
medidas de seguridad adoptadas en cada caso y todo otro dato
que la supervisión considere de interés.

En resumen, el *Historial* reúne una rica información que tiene suma importancia, pues aporta valiosos datos que habrán de facilitar la elaboración de *planes* y *programas* de mantenimiento habitual, incluyendo y trazado de programas de paradas

5 – Organización de la parada para un mantenimiento mayor

En el punto 4 y parágrafos anteriores se listan de manera sintética los elementos constitutivos de una organización, expresados en términos generales para atender todas las tareas de una parada mayor o menor; en el presente parágrafo se desarrolla una organización sugerida destinada a llevar a cabo una parada para mantenimiento. De esta forma se grafica la pequeña organización genérica de una parada y su funcionamiento:

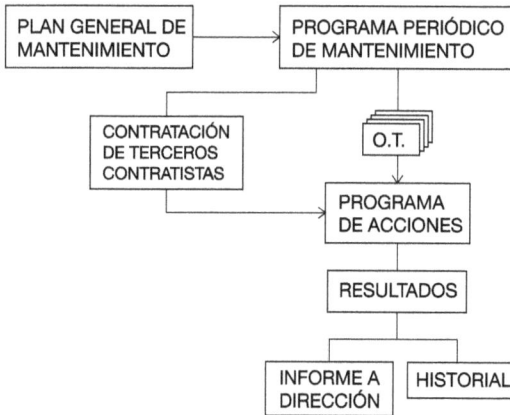

Como ya se ha expresado anteriormente, son innumerables los aspectos a tener en cuenta a la hora de organizar un mantenimiento importante y ser evaluados convenientemente sus resultados, pues uno de los principales objetivos es restar el menor tiempo posible al proceso productivo y, así disminuir el lucro cesante al máximo, teniendo en cuenta que una parada puede prolongar varios días. A tales efectos, se tratan a continuación los temas más importantes que procurarán una organización efectiva y como consecuencia, será eficaz, eficiente.

Cuando la reparación de un equipo requiere la realización de trabajos de los cuales no se tienen datos registrados en anteriores reparaciones y, casi con seguridad tampoco existen métodos, protocolos ni antecedentes de tiempos estimados como reales, es aconsejable realizar un trabajo de simulación, en un área destinada a tal fin, donde las piezas componentes se deben disponer en el mismo orden y sentido que deben colocarse en el proceso real de armado y montaje. En caso de optarse por esta metodología, deberá tenerse en cuenta que las partes componentes de los equipos deben estar protegidas del polvo y tierra, de manera de evitar contaminaciones que dañen las piezas; también deben evitarse contactos con humedad y del agua para que no se produzcan oxidaciones.

Esta tarea debe realizarse antes que se inicie la parada, previa la identificación de las partes y teniendo a la vista los planos y manuales correspondientes. En este caso, es aconsejable elaborar un protocolo o práctica operativa, en donde se deben consignar, de manera ordenada, la secuencia de montaje de todas y cada una de las partes componentes. Un ejemplo claro es el caso del recambio de los ladrillos refractarios de piletas y hornos, dado que, por lo general, estos elementos tienen formas definidas y características especiales que se deben respetar en las secuencias en las tareas secuenciales de armado.

En una parada mayor se aprovecha, además de realizar las reparaciones previstas en el programa de parada, para realizar otras tareas de inspección a fin de determinar el estado de partes de la unidad. Generalmente tales tareas requieren del desarme de partes (por ej: sistemas de transmisión, ajustes, medición de desgastes de componentes de cajas reductoras, pérdidas de fluidos, controles eléctricos y de sistemas electrónicos, etc.), trabajos que deben realizarse, por lo general, con los equipos e instalaciones detenidos y desenergizados. En este sentido, aportan datos las inspecciones y revisiones periódicas, que se efectúan rutinariamente dentro del *Mantenimiento preventivo* y que se van registrando en el *Historial* correspondiente a cada equipo o instalación.

Teniendo en cuenta las razones expuestas, se necesita disponer de datos registrados en el *Historial* que ayuden a justificar la parada de un equipo o instalación. Cuando se dispone de datos fehacientes registrados en el Historial, se facilita la preparación del *programa borrador*. Luego, en sucesivas reuniones del Equipo de trabajo se van ajustando detalles hasta llegar a la versión última del *programa definitivo*, el cual está compuesto por la suma de los *programas parciales* por especialidad. Estos *programas parciales* servirán como guía a los supervisores de cada especialidad –propios o de contratistas– que habrán de intervenir en la parada.

Cada uno de los *programas parciales* que integrarán el *programa maestro* de la parada contendrá la descripción de todas las tareas de preparación y operativas y el lugar donde se realizarán dichas tareas. Además de los trabajos que integran el programa de la parada, se deben explicitar las tareas en un listado que debe contener:

a) la descripción somera de cada tarea;

b) la fijación del tiempo estimado;

c) el o los supervisores responsables;

d) la estimación del personal necesario (cantidad por especialidad, con indicación de la función y del nivel (oficial, medio oficial, ayudante);

e) la indicación de otras necesidades, tales como iluminación, limpieza del área de trabajo, limpieza de cañerías, tareas de conservación (por ej., pintura).

f) una somera descripción de los trabajos que se deben realizar en el taller central o en los talleres zonales internos de la empresa, más los trabajos que se deriven a talleres de terceros contratistas;

g) el listado de repuestos, materiales y suministros que serán necesarios para cumplimentar todas las tareas programadas (ver punto 6 siguiente);

h) medidas ordinarias y especiales de seguridad a tener en cuenta.

En paradas de equipos complejos se presentan muchos trabajos con particularidades especiales, como el ejemplo antes mencionado; en tales casos, es conveniente realizar una capacitación previa de los operarios quienes luego, deberán realizar las tareas programadas, tratando que tengan una participación activa.

6 – Compras

Las adquisiciones, así como las contrataciones se deben considerar separadamente, si bien son actividades que tienen aspectos que son relativamente parecidos. Es imprescindible contar con un direccionario de posibles empresas proveedoras, talleres, empresas de logística, empresas de alquiler de equipos, etc., en el cual se consignan todas las referencia de interés (ramo, denominación de las empresas, dirección real, teléfonos, dirección de correo electrónico, nombres de contacto, etc.) a fin de facilitar los contactos cuando haya que recurrir en caso de compras específicas (repuestos y subconjuntos) o elementos y suministros generales. Lo mismo cabe para las contrataciones de todo tipo de servicios (talleres, montajes).

Para el armado del direccionario de empresas prestadoras de servicios se hacen las mismas consideraciones que el armado para empresas proveedoras de bienes. Así, se va integrando paulatinamente todo dato de interés que permita un rápido contacto, a la vez que se van estableciendo las relaciones comerciales. En la tarea de la elaboración de este direccionario deberá ser elaborado por el personal de administración del área de M&C, trabajando en forma conjunta con otras áreas de la empresa en especial Compras e Ingeniería.

Es importantísimo tener en cuenta el tiempo de anticipación que se requiere para hacer las adquisiciones de repuestos y suministros necesarios, de manera de contar con esos bienes antes de comenzar la parada. Esto es, contar con el tiempo de anticipación necesario para la realización de las tramitaciones que requieren las adquisiciones para el llamado a licitación, el estudio de ofertas, el armado de la planilla comparativa de precios y tiempos, etc., a lo que le sigue la correspondiente aprobación de la dirección y de la administración de la empresa.

A lo antedicho debe agregarse la preparación de las órdenes de compra, más los planos y especificaciones técnicas que fueren necesarios. Una vez que se han obtenido las ofertas, comenzará el análisis y, por fin, la adjudicación a la firma que esté mejor posicionada en cuanto a tiempo, calidad y precios. Todas las tareas requieren la atención de las áreas intervinientes, teniendo en cuenta que estos trámites internos suelen insumir mucho tiempo hasta su concreción.

La responsabilidad del Almacén será efectuar:

- el control de cada elemento que entre al Almacén, contra la copia de la Orden de compra correspondiente, más los planos y especificaciones pertinentes;
- la identificación de los contenidos, con indicación del destino de cada ítem;
- efectuar las apropiaciones, esto es, la reserva de repuestos, materiales e insumos con indicación del destino de cada ítem.

Cada elemento que se separa con destino a la parada deberá estar debidamente individualizado. A veces la falta de un solo tornillo o una equivocación en la indicación de destino ¡provoca grandes dolores de cabeza!...

Por todo lo antedicho, ante toda parada para mantenimiento mayor, puede pasar que se necesiten repuestos de empresas que están en el exterior. Estos trámites son más prolongados. Por lo mismo, se deben tomar los recaudos necesarios para poder contar con esos elementos, pues con seguridad llevan un tiempo prolongado para su concreción, ¡¡probablemente varios meses a lo que habrá que sumar los imprevistos!!...

Debe tenerse en cuenta que las tramitaciones de compras a firmas con sede en el exterior, requieren de un mayor tiempo, pues se deben atender tramites de orden bancario, económicos, aduaneros, de logística, etc.

7 – Contrataciones

En el caso de los contratistas de obra y los talleres externos deberá hacerse una previa evaluación de la capacidad, el equipamiento, antecedentes, nivel de la calidad de los trabajos realizados, etc. Es importante ir realizando, con tiempo, las valuaciones (calificación) de contratistas. Esta etapa del llamado a concurso constituye un aspecto muy importante, pues da una idea acerca de cada oferente. Esta será una tarea previa del equipo de trabajo tendiente a que la parada resulte económica (¡no sólo en cuanto a dinero!...).

A manera de ejemplo: cuando se decide conocer un nuevo proveedor, a los fines de su evaluación, en primera instancia se deberán visitar sus instalaciones, pues es necesario apreciar *in situ*, entre otros aspectos, la calidad del equipamiento, la capacidad de su maquinaria, la calidad del personal Pero también es conveniente tomar contactos con otras empresas las cuales han tenido relación con el proveedor que se está auditando, pues pueden aportar datos valiosos para su evaluación y contar con la opinión de otros clientes. Antes de concretar los llamados a licitación se deberá hacer la homologación de los posibles proveedores. Salvo trabajos relativamente simples, se debe hacer un programa de trabajos con cada contratista, programa con el cual se controlarán los avances del trabajo. Estos programas parciales sirven para el control de avance y de esa manera evitar demoras.

No obstante ello, de producirse alguna demora, la misma debe ser tratada entre la partes (el taller comprometido y el jefe del proyecto, más el representante de Compras) para tratar de dar solución a posibles demoras para que no afecte –o afecte lo menos posible– al programa general de la parada.

8 – El costeo de la parada

Siempre, dependiendo del tamaño de la empresa, habrá alguien, algunas personas o un área interna determinada, que es responsable de los costos. Teniendo como base el plan de mantenimiento y el programa de la parada el área responsable de costos deberá elaborar el presupuesto de la misma. En consecuencia –quien sea– previo a la puesta en marcha de una parada, será quien deba hacerse cargo del trazado y el control del presupuesto, con la ayuda del área de **M&C** y en especial por el responsable de la parada, más del Equipo que lo secunda.

Esto es, diseñar:

- las partes componentes del presupuesto operativo de la parada;
- las formas de individualizar cada parte del programa que genere costos;
- si la empresa no posee una codificación de costos, para la parada sería interesante desarrollar un sistema (¡lo más simple posible!...) de imputaciones, teniendo en cuenta que la supervisión –y no pocas veces, algún operario...– deberán consignar datos en el sistema que hacen a los costos operativos;
- hacer las previsiones de dinero necesarias;
- desarrollar el programa de aplicación de fondos, tanto desde el punto de vista económico como contable de la empresa. Esto se verá reflejado en un *presupuesto de obra*, en el cual se deben valorizar todos y cada uno de los rubros que integran el referido documento, partiendo de un correcto tratamiento de las imputaciones.

Cada parte en que se divida el *presupuesto de obra* debe tener discriminadas las sumas de dinero destinadas a solventar la parada, para todos sus rubros. Desde el área administrativa y la dirección se irá controlando la aplicación de fondos, así como los gastos eventuales que se pudiesen producir en el mismo sentido.

Como se ha expresado, toda parada debe tener su propia estimación de gastos y por lo mismo, durante la realización de las tareas de una parada, una persona del área y/o de la administración según el tamaño de la Empresa, llevará un ajustado control y actualización de los gastos que se van produciendo diariamente, así como el control de la correcta imputación de los mismos, de manera que los posibles desvíos puedan estar bajo control. Dicha persona responsable de la administración económica del costeo de la parada actuará como asistente del jefe del proyecto quien a su vez es el responsable total de los costos del proyecto.

Esto implica evitar desviaciones de lo presupuestado. Es muy probable, sin embargo, que las desviaciones de lo presupuestado podrían producirse; por lo mismo, se deberán registrar y analizar las causas que provocan una desviación. Un mayor gasto de lo previsto impone al jefe del proyecto solicitar a la dirección su debida aprobación. La dirección de la empresa deberá fijarle al jefe del proyecto los niveles de desvío permitidos. En el caso que se produzca una desviación la misma puede quedar aprobada si la misma no supera un porcentaje en más/menos x% de la suma total de dinero establecido para el proyecto. Este porcentaje lo habrá de fijar la dirección de la empresa.

NOTA:
> A modo de sugerencia, cuando se traza un programa de tareas y el correspondiente presupuesto se estima un desvío en más de un 5% del monto total previsto. Si en realidad el desvío supera ese porcentaje, debe ser autorizado por la dirección de la empresa.

El jefe de la parada debe recibir semanalmente, o con la periodicidad que considere oportuno, un informe de la persona que es responsable de la administración de la misma. A su vez, el tema de la administración formará parte de la agenda diaria y, en las reuniones periódicas del comité del proyecto se deberá considerar la marcha de la administración de los costos; además, se habrán de considerar las posibles razones de las desviaciones que se produzcan. Los resultados que reflejan los informes sobre los costos de la parada programada deben quedar registrados como antecedente en el *Historial* y servirá como referencia para actividades similares a futuro.

Es importante que todas las personas que deban consignar cargos en el sistema de costos sean entrenadas adecuadamente para que los datos que van entrando al sistema sean registrados debidamente y así ser confiables. De esta forma se tendrá un panorama cierto en cuanto a los costos de una parada.

9 – Normas de Seguridad y Métodos para el trabajo seguro

En cuanto a la observancia de las normas de seguridad e higiene, el programa de la parada debe contemplar el tiempo necesario para entrenar al personal en orden a dichas normas.

El responsable de esta área (Seguridad e Higiene) tiene estas responsabilidades, entre otras:

1. redactar y difundir entre todo el personal afectado a la parada las normas de seguridad e higiene que deberán respetarse;
2. hacer difusión y docencia antes y durante las tareas del programa de la parada;
3. prever la compra de los elementos y equipos de protección con la debida anticipación, con cargo al proyecto de la parada;
4. estudiar y prever todas las medidas acerca de la seguridad y la higiene en la zona del trabajo y, además, de toda otra zona que pudiese ser afectada en caso que se produzca una emergencia. Esto incluye disponer en zona ambulancia/s y/o autobombas;
5. designar y entrenar personas que habrán de estar en zona y en cada turno, para asistir y dirigir acciones en caso de siniestros o accidentes;
6. trazar un plan de contingencias, asignando los cargos de asistentes para que ocupen las posiciones y desarrollen las tareas que se prevean;
7. se debe tener redactada una Práctica que contemple hasta los menores detalles de cómo se deberán realizar los bloqueos, con seguridad, de las alimentaciones eléctricas, hidráulicas, de descompresión de acumuladores de aire o líquidos, limpieza de sótanos y fosas, etc.,
8. establecer la secuencia de rehabilitación al finalizar la parada y/o pruebas parciales de la línea en reparación. A tal fin, se consignarán los nombres de las personas responsables de la realización de las tareas de desbloqueo y puesta en operación de la línea.

La persona responsable de Seguridad e Higiene debe estar presente en todas las reuniones que cite el jefe de la parada con el fin de participar activamente en las mismas, para mantener informados a los participantes, al día, de todas las novedades que se vayan registrando, a la vez que se vayan conociendo nuevas actividades.

10 – Tareas previas a la parada

En forma simultánea a la elaboración de los *planes parciales* que corresponden a cada especialidad, el equipo de trabajo deberá ir elaborando los borradores que se integrarán al *programa maestro*. A partir de éste se deberán ordenar todos los preparativos, hasta en los detalles, de manera de guiar las tareas previstas.

Sin pretender ser exhaustivo, el listado que sigue reúne algunos aspectos, en cuanto a preparativos a tener en cuenta en una parada para mantenimiento:

a) listar el equipamiento necesario para hacer todos los movimientos posibles (puentes grúa, grúas móviles, camiones, autoelevadores, carretones, tractores, etc.);

b) prever distintos tipos de lingas, cintas y bandas de sujeción (metálicas, de *neoprene* y textiles) para asegurar las cargas en movimiento por traslación y elevación;

c) establecer un pañol móvil para herramientas en un lugar cercano al área de trabajo. En estos pañoles provisorios, por lo general se dispone de cajas de herramientas cuyo contenido se adecua a cada tarea;

d) establecer cerca del área de trabajo una zona transitoria, que deberá estar bajo la organización, supervisión y control del Almacén. En este almacén provisorio se colocarán las piezas, repuestos y accesorios que se usarán en las tareas de desmontaje/montaje. Las existencias allí almacenadas deberán estar debidamente identificadas. En este subalmacén también se tendrán depositados todos los elementos de seguridad.

e) demarcar el lugar cercano asignado para el descanso y refrigerio de los operarios;

f) prever el aprovisionamiento de agua fresca e infusiones para todo el personal, especialmente en primavera/verano;

g) instalar iluminación extra cercana a las partes en las cuales se esté trabajando;

h) instalar en lugar cercado cerca de las zonas de trabajo, dos o más baños químicos para el personal;

i) si así lo indica el responsable de seguridad, se deberá tener un autobomba y una ambulancia en un lugar cercano. Para el caso de paradas de menor magnitud se deberán prever elementos portables para combatir el fuego;

j) es conveniente prever la instalación de una carpa sanitaria para atender pequeños accidentes;

k) disponer de tirantes de madera (4"x4") y tablones de 2" de espesor para apoyar grandes piezas;

l) se dispondrá de una zona lindante al área de trabajo para hacer montajes y desarmes de partes del equipo en reparación. El lugar debe ser tal que asegure la limpieza para evitar la contaminación de las piezas, partes y subconjuntos con partículas de tierra, arena, metálicas, etc.;

m) esta misma área se aprovecha, además, para realizar las reparaciones previstas en el programa de parada, la realización de tareas de inspección para determinar el estado de partes de la unidad. Generalmente tales tareas requieren del desarme de partes (por ej: sistemas de transmisión, ajustes, medición de desgastes de componentes de cajas reductoras, pérdidas de fluidos, controles eléctricos y de sistemas electrónicos, etc.), tareas que deben realizarse, por lo general, con los equipos e instalaciones detenidos y desenergizados. En este sentido, ayudan las inspecciones y revisiones periódicas que se hacen rutinariamente dentro de las modalidades de mantenimiento preventivo o rutinario.

Es aconsejable que se realicen reuniones frecuentes entre el responsable de la parada y los supervisores, es decir, con el Equipo de trabajo con el fin de ir analizando los avances y problemas que se pudiesen presentar en el trazado del programa. A estas reuniones de trabajo, en caso de ser necesario, también se invitará a toda persona que pueda aportar ideas y criterios. (VER parágrafo 11 subsiguiente…).

Si bien la siguiente sugerencia parecerá fantasiosa, resulta aconsejable filmar todas las acciones que se consideren importantes; de ser así, este importante documento se agrega al *Historial*; téngase en cuenta que es una tarea barata.

En empresas de cierta envergadura y que tienen en su estructura un área de Ingeniería de Mantenimiento dedicada a trazar normas acerca de las tareas de mantenimiento y conservación, así como la modernización y actualizaciones tecnológicas, es interesante que se agregue la filmación de las grandes paradas (paradas mayores). Esto ayudará a mejorar el planeamiento y la programación de tareas, a la vez que es una buena carta de presentación para futuras licitaciones.

11 – Inicio de la parada

Las primeras tareas previas, entre otras, a la iniciación de una parada consistirá en:

• que el Jefe del proyecto recorra el área de trabajo y las áreas auxiliares para verificar que todas las tareas previas se hayan realizado como lo indica el programa acordado;

- detener todas las operaciones de los equipos principales y auxiliares que estarán afectados en la parada;
- realizar los bloqueos de seguridad de sistemas mecánicos eléctricos y electrónicos de seguridad en los tableros de comando, para evitar cualquier tipo de accidentes, con la colocación de las tarjetas indicadoras pertinentes, tal como lo establecen las normas de seguridad;
- marcar el piso con claridad y cercar (con bandas de seguridad) las áreas destinada a los primeros auxilios, así como el estacionamiento destinado a las ambulancias;
- resguardar áreas delimitándolas con cintas de seguridad
- instalar los baños sanitarios;
- instalar y probar la iluminación adicional;
- instalar y probar el sistema de altavoces.

Diariamente, cuando lo disponga el Jefe del proyecto, se realizarán reuniones de trabajo con el Equipo de la parada, más toda otra personas a la que se le requiera su presencia (VER punto 12 - Reuniones de trabajo). En estas reuniones se debe analizar la marcha de las actividades programadas; no deberán superar los 45/50 minutos de duración. Cada uno de los participantes habrá de exponer las novedades en forma concisa y concreta referente a sus respectivas responsabilidades.

Es oportuno dejar aclarado que aún después de concluidas las tareas de la parada de cada día, todos los integrantes del Equipo de trabajo, dirigidos por el jefe del proyecto, deberán analizar el desarrollo del trabajo en sí y sacar las conclusiones que fueren pertinentes. Como tarea final se deberá:

- hacer el informe final de obra que se elevará a la dirección de la empresa;
- el informe deberá contener:
  - ✓ aspectos técnicos y recomendaciones en tal sentido;
  - ✓ horas previstas vs. horas realmente empleadas en la parada;
  - ✓ análisis de los gastos efectuados: haciendo notar las posibles diferencias entre lo presupuestado y lo realmente gastado;
  - ✓ recomendaciones que surgen en la realización de la parada;
  - ✓ el responsable de la parada debe controlar que se vuelque en el *Historial* todo dato que sea de interés y que surja de la realización de la parada a efectos de mantener actualizado el archivo mencionado.

12 – Reuniones de trabajo

Las reuniones de trabajo se harán desde el mismo momento en que la dirección apruebe la realización de la parada, que es cuando deben comenzar estudios y los preparativos de la misma. Estas reuniones son importantes para ir ajustando todos los detalles que hacen a la parada. Estas reuniones, tal como ya se expresado serán dirigidas por el jefe del proyecto y deben asistir los líderes designados; todos ellos conforman el *equipo de trabajo*.

El jefe del proyecto deberá dejar establecido el lugar y el horario para estas reuniones. Todos los integrantes del equipo deben asistir a todas las reuniones, salvo razones aceptables. Para los integrantes del equipo la participación debe ser obligatoria, tengan o no novedades, porque es importante que en este nivel de responsabilidad, todos estén al tanto de la marcha de la parada. Cuando el jefe del proyecto lo considere oportuno, habrá de citar a reunión a personas de las áreas de Seguridad e Higiene, Costos, Ingeniería, Compras, contratistas y, eventualmente, algún asesor.

OJO CON EL
BLA, BLA, BLA...

Para que las reuniones sean efectivas, se debe fijar el horario de comienzo y finalización. Un asistente del jefe del proyecto habrá de ir elaborando la orden del día con los temas fijos y los eventuales. El mismo asistente debe preparar una breve minuta con los temas que se vayan resolviendo en cada reunión. Se deben dejar registradas todas las indicaciones que surjan en cada reunión. Lo antes posible, la persona designada como secretario del proyecto habrá que entregar a cada participante copia de la minuta de la reunión.

Frente a los problemas que se pudiesen presentar, el responsable, deberá:

1. exponer el problema y sus consecuencias, para conocimiento de todos;
2. exponer las soluciones alternativas que cree se deberían tomar;
3. decidir la alternativa más conveniente o la que insuma menos tiempo y dinero;
4. evaluar el tiempo que demandaría darle la solución propuesta al problema;
5. lo que piensa hacer para colocar el problema en términos de tiempo, dentro de lo programado.

Lo dicho alcanza a todo problema que se ponga en conocimiento de los asistentes a la reunión. Vale también, por cuestiones de seguridad, el análisis de los costos, imputaciones, análisis

de accidentes, desvíos, etc. que se presenten durante el desarrollo de la parada.

IMPORTANTE:

Todo dato que sea considerado de interés a futuro, extraídos de la experiencia o de las minutas deben ser registradas en el *Historial*, con el fin de dejar los registros como antecedentes para futuros trabajos similares.

13 – Reinicio de las operaciones: la *curva de arranque*

El Jefe del proyecto con asistencia de todos los integrantes del *equipo de trabajo* deben trazar, previo a la puesta en marcha de las instalaciones, un programa paso-a-paso del reinicio de las actividades de producción.

El reinicio de las operaciones del equipo, al cual se le ha dedicado la parada, es un momento delicado. El Jefe de mantenimiento y los líderes pasarán revista al listado de tareas o Protocolo pertinente para la reanudación de la operación de las instalaciones en las que se ha trabajado.

De manera simultánea, deben comenzar las tareas desbloqueo y la activación de los sistemas mecánicos, eléctricos y electrónicos, teniendo en cuenta que muchas de estas operaciones no son inmediatas y que pueden tomar un tiempo de desarrollo. Al momento, deben realizarse las tareas de desmantelar todas instalaciones de apoyo y elementos usados en la parada.

IMPORTANTE:

Concluidas todas las tareas que demandó la parada un equipo de limpieza deberá dejar la zona de trabajo en las debidas condiciones a fin de evitar problemas de seguridad que pudiesen afectar al personal operativo.

Por fin, deben comenzar a continuación, las tareas y maniobras de puesta en marcha de los equipos e instalaciones afectadas, tal como se ha previsto en el *plan de puesta en marcha* antes mencionado.

Estas son algunas medidas a seguir:
• asegurarse que todo el personal que no sea de Seguridad, de Mantenimiento y de Producción se aleje del lugar de operaciones; cada grupo deberá estar junto al

respectivo líder, a la espera de órdenes o posibles novedades;

- los supervisores de Producción procederán al conexiona-
do de energía que alimenta los equipos;
- el personal de operación, debe hacerse cargo del equipo
y ponerlo en marcha en condición de producción respetando la "curva de arranque" pertinente a cada equipo/
instalación, según el producto que se vaya a procesar.

De esta manera se inicia la operación de la línea. Cada equipo tiene definida lo que se denomina "*la curva de arranque*". Esta
curva varía según el equipo, pero también varía de acuerdo al
tipo de producto que se va a elaborar.

Sólo a manera de ejemplo, se podrían programar las operaciones de la siguiente manera:

- la primera jornada de operaciones puede ser de 8 horas, en el turno mañana, operando a *media máquina*. Se
debe prever la asistencia del personal de Mantenimiento
a manera de guardia. Los inspectores, cuya función es
ir controlando el comportamiento de todos los equipos e
instalaciones anexas trabajarían en turnos de ocho horas,
asegurando que estarán debidamente comunicados entre
sí, en los diferentes turnos. Todos los ajustes que, seguramente serán necesarios, se realizarán en el turno de la
noche;
- las cinco jornadas subsiguientes, se operará las 24 horas, en turnos de ocho horas. El equipo trabajará a media
velocidad, elaborando productos que impliquen una baja
exigencia. El personal operará igual que lo indicado en el
párrafo anterior;
- los diez días subsiguientes se comenzará a trabajar a plena velocidad con el mismo producto;
- en adelante, se trabajarán tres días con turnos de 8 horas hasta alcanzar un nivel normal de operación, produciendo todos los productos y a plena carga. En este lapso
se debe hacer un detallado relevamiento para verificar el
comportamiento del equipo/instalación.

14 – Análisis final de la parada

Realizada la puesta en marcha del equipo, operando normalmente, el equipo de trabajo se reunirá con el Jefe de Mantenimiento, más los líderes, los responsables de Seguridad y del

control de costos para efectuar un análisis general de todos los aspectos de la parada mayor, de manera de calificar, y registrar en el Historial todas las notas y novedades que fueren importantes, con el fin de tenerlas en cuenta en la futuras programaciones de similares paradas. Como más arriba se expresa, todos los resultados se volcarán en el *Historial*, de manera de facilitar futuras programaciones de paradas similares.

Después de la puesta en marcha, casi con seguridad quedarán tareas menores por hacer, más otras que se irán manifestando en los días posteriores al de la puesta en marcha. Estas tareas emergentes que, en su mayoría no tienen relevancia y se han ido postergando por alguna razón se podrán ir haciendo con el correr de los días; muy pocas quedarán para una mejor oportunidad… o nunca.

Como resultado de esta reunión, que seguramente habrá de durar más de una hora, quedarán al descubierto una buena parte de problemas que se tendrán que ir considerando en el día-a-día. El responsable del área de **M&C** más el jefe del proyecto –si lo hubiere– deberán elaborar un detallado informe técnico-económico dirigido a la dirección de la empresa, en el cual se reflejen en término de resultados, la parada mayor que ha concluido.

SUGERENCIA FINAL:

Es altamente gratificante que el jefe de **M&C**, cuando haya concluido el programa, reúna a todo el personal propio para darle algunas palabras de aliento, pasando revista a las experiencias y a los hechos de mayor significación. Si se hace participar al mismo personal en una especie de distendido "diálogo de taller" se podrá enriquecer aún más la experiencia de todos, en beneficio de otras futuras actividades similares.

Capítulo 12

EL *POTENCIAL HUMANO*
EN MANTENIMIENTO

1 – Objetivos de aprendizaje

1. Importancia de las personas dentro de una estructura
    orgánica. Conceptos acerca del significado de "poten-
    cial humano.
2. Fiabilidad y responsabilidad del personal de *M&C*.
3. Los problemas de incorporación e inserción dentro de la
    empresa y del área de M&C.
4. Consideraciones referidas a la persona dentro de una
    organización.
5. Conocer las particularidades del área de *M&C* y del per-
    sonal que lo compone.

2 – Introducción

Un adecuado funcionamiento de cualquier organización,
pero en especial de Mantenimiento, se basa en cuatro ejes, a
saber:

*   potencial humano
*   el orden
*   el conocimiento
*   el herramental

Cada uno de estos cuatro ejes mencionados son importantes, pero el potencial humano es el más importante, sin ninguna duda. Y en cuanto al área de **M&C**, su personal tiene un peso especial, dada la diversidad de problemas de todo orden que ese conjunto de hombres debe enfrentar y solucionar todos los días.

La fuerza efectiva del área de **M&C** se la puede considerar dentro de tres niveles:

- la dirección del área, compuesto por el responsable máximo de la misma y quienes conducen las diferentes subáreas que la componen;

- la supervisión o *mandos medios*, que es el personal jerárquico inmediato superior al personal;

- el personal directo (afectados a las tareas de mantenimiento y conservación, propias del área) más el personal indirecto –que está fuera del área de **M&C**– pero que aporta sus esfuerzos en diversas tareas complementarias (administración, compras, almacenes, movimientos, sistemas, etc.).

Sólo una cosa convierte en imposible un sueño: el miedo a fracasar...

Paulo Coelho

Todo este conjunto de personas que componen la estructura del área se lo denomina como el *potencial humano.* Las formas de la estructura del área de **M&C**, las diferentes subáreas que la componen, los niveles jerárquicos, la cantidad de personal afectada a cada subárea, el nivel de especialización, la distribución de la fuerza efectiva en el tiempo, etc., depende de cada empresa, de su tamaño, de la estructura de la misma, las formas de trabajo, la situación geográfica, la distribución geográfica de la misma empresa (dentro del mismo país o en diferentes países), etc.

3 – Respuestas y comentarios referidos a la segunda pregunta ("Cuáles son las *características que definen al hombre de mantenimiento"*)

Se recuerda que en el punto 2 del Cap. 3 "El área de Mantenimiento y Conservación..." se plantearon dos preguntas. La primera de ellas fue desarrollada en el mismo capítulo 3. La segunda de ellas es la que se menciona en el título de este punto y se refiere a los aspectos más salientes que definen al hombre de mantenimiento. Este listado surge de muchas encuestas hechas entre participantes a diferentes cursos que sobre mantenimiento se han dado en el país y en otros países. Hay algo notable y digno de tener en cuenta: en cualquier lugar

geográfico, el personal de mantenimiento presenta características semejantes. Por lo mismo pueden considerarse válidos los
comentarios y opiniones dadas respecto de las características
del personal del área.

Estas son las más destacadas respuestas:

- el hombre de mantenimiento es una persona que tiene,
  generalmente, un buen nivel de *habilidad* que va adquiriendo con los años y se convierte en experiencia. A su
  vez, desarrolla una gama de habilidades que le facilitan
  la resolución de problemas. La *habilidad* es adquirida en
  el día-a-día por tener que enfrentar y resolver problemas
  diferentes y de diversa magnitud; esto exige. primero
  pensar y luego actuar;
- para afianzar los conocimientos que luego se concretan
  en acciones, el personal de **M&C** debe recibir formación
  y capacitación continuas, en cualquiera de sus formas;
- aún en el caso que exista un buen clima dentro de la
  fábrica, siempre existe la posibilidad que se manifiesten
  pequeños conflictos entre el personal de operaciones
  (fabricación) y el de mantenimiento, porque la rivalidad
  siempre está "flotando"…;
- el personal de Mantenimiento dentro de su ámbito, respeta una serie de reglas no explícitas…es como la Constitu-
  ción en Inglaterra, que no está escrita ¡¡pero se cumple!!;
- lo mismo se puede decir de su ingenio;
- es un individuo susceptible;
- es individualista, pero puede trabajar en equipo: de hecho, lo es;
- no faltan aquellos que del grupo de hombres de mantenimiento pueden hacer las peores, pero ingeniosas chan-
  zas (maldades);
- a veces se muestra un tanto rebelde. Quizás sea porque
  pretende hacer valer sus conocimientos, experiencias y
  habilidades;
- los mejores encuentros de camaradería (festejos, reuniones de café, asados) lo protagonizan los hombres de
  mantenimiento;
- a veces sienten que se les presta poca atención;
- en Mantenimiento se percibe el "espíritu de cuerpo";
- y, por lo mismo, el grupo de mantenimiento suele tender
  a encerrarse.

Pero no estaría de más considerar, también, estas particularidades que, a veces, manifiesta el hombre de mantenimiento:

- tendencia al individualismo;
- forma parte de un grupo que suele operar con espíritu de cuerpo;
- el hombre de mantenimiento suele ser susceptible y, por lo mismo, no le gusta ser "mandoneado", especialmente aquellos que tienen un buen nivel dentro de alguna especialidad;
- el personal del área no se siente "tenido en cuenta" cuando es consultado en temas de su conocimientos, cuando se recurre a su experiencia, o se lo destaca por alguna de sus habilidades. Lo dicho es el mejor incentivo, por aquello de que ...*un mimo no se le niega a nadie;*
- cuidar de no formar equipos, o integrar grupos de trabajo, o subáreas cuando se detecte que pueden existir diferencias entre algunos integrantes del plantel. Lo dicho es en beneficio del trabajo en equipo;
- generalmente el hombre de **M&C** es celoso de sus conocimientos y habilidades; por lo mismo, suele ser parco cuando se le piden datos u opiniones. Es remiso en compartir esos valores;
- además, el hombre de mantenimiento no accede a prestar sus herramientas con las cuales trabaja diariamente;
- ¡cuidado!, esto es altamente ofensivo y, de suceder, podría ser motivo de un gran problema: al hombre de **M&C**, en especial de determinadas especialidades ¡jamás le pida prestadas sus herramientas; pero mucho más serio sería tomárselas sin su consentimiento!.... Esto sucede con los instrumentos de los electricistas y de los electrónicos, ¡así como con las herramientas de los ajustadores y de los matriceros!..., entre otros;
- la supervisión debe estar atenta, pues el personal del área tiende a "fabricar horas extraordinarias";
- cuando es necesario, cuando lo imponen las circunstancias, saca a relucir sus habilidades técnicas, tratando de salvar la falta de materiales, repuestos o suministros necesarios;
- también en casos excepcionales (emergencias o accidentes), sin duda, este personal presta su decidido apoyo;
- las mejores bromas o chistes, los sobrenombres más graciosos, las bromas más inteligentes y las maldades más pesadas, salen del área de Mantenimiento, sin ninguna duda. Son pequeñas "válvulas de escape", una manera de tener unos minutos de evasión...de las tareas diarias que no están libres de problemas;

- los festejos de Fin de Año y por muchas otras razones que se realizan en los locales Mantenimiento son realmente dignos de ser recordados. Todo esto ocurre porque siempre hay un minuto para pensar y organizar, dos "herramientas" que el hombre de Mantenimiento utiliza constantemente.

Este listado se podría ampliar mucho más, pero analizando lo expresado puede inferirse que es un personal que exhibe particularidades a tener en cuenta al momento de tener que conducirlo. Tal como se menciona en alguna de estas características es un personal que, en su mayoría, generalmente reúne tres características:

- conocimientos de su oficio;
- no pocas habilidades; y,
- experiencia.

El saber tiene sentido cuando se usa para servir.

Cuando se diseña una organización es ineludible tratar ciertos conceptos, a fin de lograr un buen funcionamiento. Así, el área de **M&C** se diseña teniendo en cuenta estos temas: *motivación, los procesos de cambio, el comportamiento y el trabajo en equipo, los conflictos, la negociación*, el poder y la autoridad, políticas y liderazgo y comunicación.

Antes de entrar en el desarrollo de cada uno de estos temas, es oportuno expresar que las tareas que debe emprender todo su potencial humano estará sometido a:

- *cambios frecuentes* de tareas, con lo cual es factible que deban enfrentar…
- *conflictos* de todo tipo, por razones internas o exógenas.

Estos dos aspectos hacen al área de **M&C**, pues son importantes y, por lo mismo, son para tener en cuenta especialmente por quien dirige el área y los mandos medios. El personal jerarquizado del área deberá seleccionar, formar, dirigir y administrar convenientemente los esfuerzos del personal, de manera que los cambios frecuentes y los posibles conflictos no lo afecten.

4 – Perfil y selección del personal para el área de *M&C*

Conformar la estructura y la organización del área de **M&C**, tal como se puede apreciar en el capítulo 3 (Organización del área de **M&C**), es una tarea ardua dada las complejidades de todo tipo que habrán de enfrentar quienes sean los que deban diseñar esta área. Quizá el aspecto más difícil de esta tarea sea la de integrar los cuadros de personal; la experiencia indica que requiere fijarse detalladamente cada paso que se vaya a dar. A modo de sugerencia se indica a continuación un proceso del diseño de la fuerza efectiva del área:

A – Diseño de la fuerza efectiva

- tener definida la estructura y las subdivisiones;
- definir el organigrama;
- establecer *a priori* los niveles jerárquicos;
- definir la cantidad de personal que debe operar en cada subárea;
- establecer para cada subárea las especialidades y las categorías. Ejemplo:
  Área: Taller mecánico
  Subárea: Atención cañerías de agua y vapor
  Turno: fijo de 6 a 14 horas
  Posiciones:
      3 oficiales mecánicos;
      2 oficiales soldadores;
      2 sub-oficial mecánico;
      2 peones.
- para cada función y categoría definir el perfil (personal y profesional);
- definir y completar el formulario *Descripción de funciones*;

NOTA:
Esta Hoja es importante pues debe contener datos que definen cada posición de la plantilla de personal, por área, subárea, especialidad, nivel de experiencia, formación, antecedentes profesionales y laborales. Estos datos sirven de guía en el proceso de búsquedas y selección de personal.

B – Selección de personal

Existen diferentes formas de convocar postulantes para cubrir cargos vacantes previstos en la organización. Hecho el llamado, el proceso sigue así:

- análisis de antecedentes. Marcación de los datos positivos y negativos;
- invitación de los postulantes para hacer una entrevista con el personal de la empresa responsable de la selección;

- realización de diferentes pruebas (*tests*);
- evaluación del postulante. La postulación, generalmente, puede seguir caminos:
  - aceptación de la persona,
  - aceptación, pero la postulación queda en espera de cubrir una posición vacante;
  - rechazo del postulante.

NOTA:

Los antecedentes de tipo personal del postulante los debió haber analizado el seleccionador o el área de Personal de la empresa, poniendo énfasis en destacar, de alguna forma, los rasgos salientes de su personalidad. En este análisis, que es ineludible, se deben analizar detenidamente todos los antecedentes del postulante y dar vista al responsable de **M&C** previo a la entrevista a realizar en el área. Estos pasos tratan de asegurar que toda incorporación de personas sea correcta

C – Ingreso

- Antes de ingresar el postulante a su lugar de trabajo deberá pasar por una actividad (sensibilización) para ubicar a la nueva persona en el lugar para el que fue seleccionado. Estas son una serie de charlas referidas a la historia de la empresa, su situación actual, la cultura de la empresa, la Misión y la Visión, los objetivos del área en donde habrá de actuar, conceptos como Calidad, Seguridad, normas y reglamentos internos, costumbres, etc.;
- provisión de elementos de seguridad de uso personal;
- provisión de herramientas e instrumentos de uso personal;
- breve presentación con quienes serán sus superiores y supervisores;
- asignación del lugar de trabajo.

5 – Conceptos relacionados al potencial humano

5.1. Motivación

Muchos y diferentes factores hacen que las personas se sientan motivadas (o des-motivadas) en la realización de sus tareas. En todo caso es un proceso complejo en la interrelación entre las personas.

En diferentes oportunidades, ya sea en la tarea de consultoría o en la docencia se ha podido determinar que el trabajador, en primera instancia requiere, para estar motivado, que se cumplan estas tres razones:

- ser tenido en cuenta→reafirmación de la personalidad;
- órdenes claras→buena comunicación; y
- equidad→aplicación del sentido de justicia.

Existen muchas razones más que son movilizadoras de la motivación y todas ellas se refieren a la satisfacción que producen en toda persona. Quienes dirigen grupos deben saber encontrarlas y aplicarlas en beneficio del conjunto. Por supuesto que una persona que hace su trabajo debe realizarlo bien...*para eso está*...Pero todos esperamos algo más. Valga este ejemplo:

Cuando se concluye un trabajo de mantenimiento, de cierta magnitud y el personal ha trabajado bien, respetando las Hojas de proceso, respetando los tiempos del programa y dando satisfacción a lo solicitado, es sumamente motivador que la supervisión destaque ese buen trabajo. El personal que lo ha realizado se sentirá agradecido y motivado para seguir en la misma línea, con aportes creativos y productivos.

Se puede sintetizar que la motivación o actitudes desmotivadoras influyen sobre tareas que están programadas de diferentes maneras:

- Si la persona está motivada→estímulos→hay satisfacción → crecimiento.
- Si no hay motivación→falta de estímulos→insatisfacción→ retrocesos.

Es de hacer notar que cuando se produce el crecimiento (individual y colectivo):

- la supervisión (en el nivel que corresponda) debe poner de manifiesto, de alguna manera, los buenos resultados y los crecimientos alcanzados, tanto individuales como colectivo → resultado: alto nivel de motivación;
- cuando los resultados no son los esperados, la supervisión debe reconvenir a la persona o al grupo en privado → principio de prudencia.

En este último caso la supervisión debe saber escuchar las razones que han provocado los bajos resultados. Quizá haya razones que justifiquen, de alguna manera, esos bajos resultados. Recién después se puede actuar; ésa es la aplicación práctica del principio de prudencia.

CASO

Los hermanos Sánchez son dueños de la única carpintería de la ciudad. Ellos se dedican a hacer muebles estándar y amoblamientos de casas y negocios. Este antiguo negocio entrega todos los productos, ya sea pintados o lustrados, se entregan terminados e instalados. La carpintería está bien dotada de máquinas para trabajar la madera; además, hay instalada una caldera que, entre otros fines, sirve a los efectos del terminado de los muebles. Pero….un día la vieja caldera de la carpintería "dijo basta" y se manifestó con una serie de pérdidas de agua y vapor de manera alarmante. Los dueños de la carpintería, estaban desesperados teniendo en cuenta que la firma tenía muchos compromisos de entrega. Todos los integrantes de la empresa estaban al tanto de esta dificultosa circunstancia. Llamaron a Andrés, el capataz, para estudiar y resolver la mejor manera de salir del paso. Tenían dos alternativas: en la ciudad existen sólo dos talleres que podrían –quizá– arreglar la vieja caldera. Se reunieron con los representantes de estos dos talleres para pedirles el parecer y, además que presentaran una oferta indicando el monto de dinero y el tiempo que insumirían los trabajos de reparación. Pero apareció otra posibilidad: las tres personas que están encargadas de hacer todas las tareas de mantenimiento le arrimaron (en voz baja) esta nueva posibilidad: "Nosotros podríamos intentar poner a la caldera en condiciones de operar nuevamente. Las tareas nos puede llevar entre dos días o dos días y medio, trabajando desde ahora y hasta terminar, de manera continua. Esperamos que nos reconozcan nuestro trabajo…". Andrés comunicó a los hermanos Sánchez esta nueva alternativa; los dueños, sin más optaron por esta novedosa oferta.

En menos de 48 horas de trabajo continuado se terminaron las tareas. La caldera podía comenzar a proveer de vapor. Pasaron dos o tres días y los tres operarios que hicieron el trabajo esperaban alguna forma de compensación. Esta inquietud fue expuesta al capataz, quien la elevó a los dueños de la carpintería. La respuesta fue "Hicieron un buen trabajo y no hicieron más que cumplir con su obligación". Andrés les expresó que él no podía hacer nada.

Consideraciones al Caso:

1. exponga las actitudes de los dueños y de Andrés;
2. exponga posibles consecuencias que se podrían dar a partir de las actitudes de todos los actores

EL CAMBIO
ES LO ÚNICO
PERMANENTE

5.2. Procesos de cambio

Este concepto del cambio comienza con una obviedad, casi una vulgaridad: *el cambio es lo único permanente…* Los cambios afectan a toda la Creación de manera inexorable. Se puede decir que el cambio:

- está presente en todas las manifestaciones de la vida;
- se produce constantemente;
- a medida que avanza nuestra vida, el proceso de cambio parece acelerarse;
- afecta a las cuestiones sociales, políticas, económicas, biológicas, climáticas, entre tantos aspectos de la vida.

Desde el mismo momento del nacimiento, el hombre comienza a convivir con los cambios. La gran mayoría de ellos es independiente de las decisiones del hombre; *contrario sensu*, y considerando TODOS los CAMBIOS que se producen en una vida, es mínima la cantidad de los cambios que el hombre puede llegar a concretar en su propia vida. El hombre enfrenta los cambios por medio del sentido de adaptación, tratando de atenuarlos de alguna manera. Cada día la vida ofrece nuevos desafíos, posibilidades y perspectivas.

Es especialmente necesario que el diseño de la estructura orgánica del área de *M&C* sea lo suficientemente flexible de manera que pueda adaptarse a los cambios que se producen a cada momento, porque si hay un área dentro de una empresa industrial que vive en constante proceso de cambio es Mantenimiento, por su misma naturaleza y razón de ser. Los programas de trabajo van cambiando de momento a momento, con una dinámica muy particular: hay trabajos que están en espera, trabajos que se están realizando, otros que por alguna razón se detienen, trabajos que concluyen y esta dinámica se va produciendo constantemente y todos los días.

Por lo antedicho, el personal del área de *M&C* está sometido a esa dinámica, tratando de dar solución a los innumerables y variados problemas que se presentan y que deben resolverse de la mejor manera, respetando los tiempos y los costos.

No debe desconocerse que en todo proceso:

El cambio es ley de vida.

- toda persona, con diferente intensidad, frece una natural resistencia a los cambios;
- todo cambio tiene su costo que deberá abonarse, en especial los cambios de orden psicológico;
- muchas veces los cambios se presentan como una amenaza;
- generalmente, los cambios provocan algún nivel de temor o, al menos, preocupación por lo desconocido.

Lo antedicho provoca, entre otras razones, una resistencia psicológica que se pone de manifiesto bajo alguna forma de boicot al cambio que se ha propuesto. Asimismo, quien genere cualquier tipo de cambio puede tener un éxito claro, pero también podría recoger un fracaso. Por el mismo estilo del trabajo del área de **M&C**, lo antedicho se da con harta frecuencia y por lo mismo, al menos para los grandes cambios, la dirección y la supervisión del área deben ser muy cuidadosos cuando se está frente a un cambio. Por la misma razón, todo cambio genera un cierto desequilibrio que tiende a modificar el equilibrio que existía previo al cambio decidido. Para que todo cambio, más o menos importante que se desee realizar tenga alguna medida de éxito deberá tenerse en cuenta:

- re-creación del contenido de la misión y la visión según se presume la magnitud del cambio que se desea institucionalizar;
- re-adaptación de los objetivos;
- transmisión pronta y clara, de manera de no dejar lugar a dudas;
- propiciar la participación del personal afectado, si es pertinente, en las tareas de cambio, recordando que en la medida que aumenta la participación disminuirá la resistencia al cambio;
- estimular el aprendizaje respecto del cambio que se desea realizar.

CASO

Transportes Federico es una firma que se dedica a transportar todo tipo de cargas. Está instalada hace unos treinta años y contaba con una flota de camiones chicos, medianos y grandes, con motores nafteros y diésel. Al mando de un jefe, un grupo de mecánicos atendía todos los problemas, de todo tipo, quienes daban respuesta a las necesidades de la flota. Hace menos de un año Transportes Federico recibió una oferta de un banco para renovar toda su flota por camiones a gas oil-turbo, unidades de avanzado diseño que requiere una atención de expertos. Para el personal de mantenimiento, que en promedio tienen entre diez y doce años de antigüedad en la firma, desconocen las nuevas tecnologías con que están diseñadas estas unidades y, en consecuencia, se complica atender los requerimientos de mantenimiento de los nuevos camiones.

Consideraciones al Caso:

1. ¿qué se le ocurre hacer para salvar el problema expuesto?;
2. ¿cómo habría Ud. encarado el cambio de la flota?
3. posibles consecuencias que puede tener el caso.

5.3. Liderazgo

Sin ninguna duda, existe infinidad de definiciones acerca del liderazgo, tema nada fácil de entender y aplicar adecuadamente, pues quien es líder ocupa una función y debe desarrollar en todo momento su habilidad de enseñar, entusiasmar y conducir.

Conceptualmente, entonces, puede decirse que

> **LIDERAZGO**
>
> Es el proceso en que una persona funciona como catalizador –transformando potencia en realidad– del trabajo de un grupo para que actúe de manera animada, tratando de alcanzar objetivos predeterminados.

Las palabras mueven, los ejemplos arrastran.

Existe una vieja discusión entre quienes creen que *líder* se nace con las características y virtudes como para ser considerado como tal entre sus pares. Por otro lado están quienes dicen que el *líder se hace*...Pero, con más criterio están los que optan por unir las dos posiciones: líder se nace, pero... *también se hace.*

Todo líder exhibe su autoridad, administra las recompensas y aplica "castigos" para corregir desvíos. El líder debe ser capaz de manejar situaciones cambiantes, educar para un buen comportamiento y, además debe poder, con su carisma, encarar y superar conflictos, así como influir en las personas componentes de su grupo. Para seleccionar y considerar como *líder* a una persona, se debe:

- conocer el *perfil* de cada integrante del rol de personal del área, en cuanto a los conocimientos, experiencia y habilidades de cada uno;
- destacar a aquellas personas que tendrían capacidad para liderar, pero...
- que, además, sean aceptados en esta faceta por su grupo.

En realidad, para los japoneses, el líder AYUDA a cada uno de los integrantes de su grupo a crecer como persona y como parte de una empresa. Asimismo, debe saber ordenar las acciones en el tiempo, planificando y programando, controlar lo ordenado y hacer docencia con sus conducidos y así vayan creciendo como personas (individuos) y como grupo. Todos estas conceptos debe volcarlos en acciones concretas, respetando los objetivos generales y particulares de su área, teniendo en cuenta la visión y la misión de su área (las acciones, la calidad y los costos). Esto dicho, es un concepto general sobre lo que es *liderazgo*, pero que, en particular, tienen vigencia dentro del área de **M&C.**

Los líderes son detectados por sus rasgos, resultados o manifestaciones. Se puede reunir en una lista los rasgos que podrían definir a un *líder*:

- astucia, inteligencia;
- carácter, carisma;
- confianza en sí mismo;
- poder de convencimiento;
- decisión, entusiasmo,

y muchos más, entre otros rasgos. Toda característica que posea un líder será para influir sobre el grupo a fin de alcanzar eficiencia y efectividad.

Existen muchas clasificaciones de liderazgo, pero se podrían resumir en estos estilos, según el comportamiento:

- autocrático: es el líder que lo resuelve todo por sí mismo, sin consultar con otras personas;
- cuasi-consultivo: se dice del líder que obtiene información, separadamente de sus subordinados y luego decide;
- consultivo: es el líder que reúne al grupo, discute el problema, saca conclusiones y luego decide por sí mismo;
- integrador: es el líder que reúne al grupo para discutir y recibir aportes, para luego decidir de manera grupal;
- aprovechador: es el líder que va sacando conocimientos de los integrantes de su grupo y luego muestra resultados como salidos de él mismo.

Pero es tarea de quienes dirigen el área de **M&C** detectar en su plantilla, personas que posean, ciertamente, las características de liderazgo. Una vez detectadas esas personas se puede pasar al proceso de capacitación; esto es, comenzar a preparar este pequeño grupo de personas en su formación para que se desempeñen como líderes.

La capacitación de este grupo de posibles líderes de grupos de trabajo debería basarse en el desarrollo de estos conceptos, entre otros:

- equipo y trabajo en equipo
- de conducción de personal;
- cuidado del tiempo y el dinero;
- negociación;
- medidas de seguridad;

- ordenamiento de tareas (planeamiento/programación);
- concepto de control;
- análisis y resolución de problemas referidos al mantenimiento.

Una cualidad que se le exige al líder es su conducta, pues hacia sus superiores la conducta genera confianza y hacia sus subordinados genera emulación y respeto. Dos actitudes que el líder debe desplegar en su equipo:

- *grado de participación* que el líder brinda a sus dirigidos, a lo que hay que sumar
- el *grado de delegación* que otorga a su equipo.

Se reitera: el líder debe ayudar a los integrantes de su grupo y, además, sin ninguna duda que en la medida que el líder conceda participación y delegue tareas, va a lograr mejores respuestas, aunque debe ser prudente y estar atento de manera que no se produzca ningún tipo de problemas o conflictos con el personal. No hay que olvidar que los grupos están compuesto por personas y las personas ¡pueden aportar causas de conflictos!...

La función del *líder* de un grupo de operarios es transitoria y para fines laborales determinados. Dicha función tiene tres aspectos importantes que debe desempeñar la persona que es designada como líder:

- técnica: dirigir y guiar los trabajos asignados desde el punto de vista técnico, aplicando sus conocimientos, haciendo docencia cuando sea necesario;
- ordenadora: para el mayor aprovechamiento del tiempo (planificar/programar)
- administradora: del dinero y los esfuerzos del grupo bajo su conducción.

La empresa deberá estudiar, conjuntamente con el área de Personal, la forma en que deberá retribuir esta tarea.

COROLARIO:
Como se puede apreciar el *liderazgo* es un concepto complejo porque intervienen muchas variables dignas de ser consideradas atentamente. Pero, hay algo que no se puede discutir: el líder podrá desarrollar todos sus rasgos, valores y características a fin de alcanzar los resultados proyectados si es aceptado y seguido por los integrantes de su grupo.

CASO

En un pueblo de la provincia de Santa Fe, Argentina, hay una fábrica metalúrgica que, desde hace casi cinco décadas, produce heladeras comerciales. No hace mucho tiempo, dada la expansión de mataderos de carne vacuna y criaderos de pollos la fábrica agregó la construcción y montaje de cámaras frigoríficas y, por otra parte, la firma se amplió para atender pedidos de reparación de sus productos.

Esto generó la necesidad de incorporar personal para atender todas estas actividades. Pero esto representó la necesidad de incrementar la dotación de supervisores para atender los trabajos en los talleres y grupos de personal para dar satisfacción a los pedidos de montajes, asistencia y reparación de equipos que están en diferentes lugares del país.

Frente a este problema de expansión de la firma, la dirección decidió poner supervisores en los diferentes talleres y líderes de grupo para dirigir los trabajos externos a los talleres.

Dado el apuro con que desarrolló la expansión se nombraron tres líderes para atender sendos trabajos. Las designaciones de líderes recayeron en tres operarios que ya tenían una cierta antigüedad en la firma. A cada "líder" se le explicó el respectivo trabajo asignado y su función era la de desarrollar tareas de su especialidad y, además, liderar su grupo. Cada grupo estaba constituido por un mecánico, un electricista y un frigorista. Los "líderes" designados fueron Pedro (mecánico); Zoilo (electricista) y Juan (mecánico) que debían ocuparse de las tareas de su especialidad más la conducción de su equipo.

Concluidas las respectivos trabajos expusieron sus respectivas experiencias a la dirección de la empresa: en dos grupos los integrantes no respondieron al líder. En el tercer grupo, si bien respondieron a la dirección del líder, el trabajo se prolongó tres días más de lo previsto.

Consideraciones al caso:

1. ¿qué pasó?, ¿por qué los resultados no fueron buenos?;
2. ¿en que falló la dirección de la empresa?;
3. lea atentamente y después exprese –paso a paso– que haría ud. para organizar estas tareas.

5.4. Trabajo en equipo

El *trabajo en equipo* está ligado al concepto de "funcionar solos" (VER parágrafo 5.7).

Hay que tener cuenta que la mayor parte de los trabajos que se realizan en el área de **M&C** son realizados por equipos integrados por hombres que tienen y se desempeñan diferentes especialidades. Por lo dicho, la dirección del área como la supervisión deben conocer los fundamentos de esta forma de enca-

Por la ignorancia nos equivocamos; por las equivocaciones aprendemos.

rar los trabajos. La formación de estos equipos, en realidad son *grupos interdisciplinarios* que requieren de la supervisión para que, con su autoridad, ordene y concilie el trabajo de diferentes especialidades que pueden llegar a integrarlos.

Quienes dirigen el área de **M&C** tienen la delicada tarea de estudiar los rasgos de personalidad más salientes de cada uno de los hombres que integran la plantilla de personal con el fin de poder conformar equipos de trabajo homogéneos, cuyos integrantes armonicen entre sí. Será importante, por otra parte, detectar personas con capacidad *multipropósito* para autogestionar los grupos de trabajo. Estos grupos deben trabajar en base a consignas. Esto es, el líder o el supervisor expresa una orden, sin mayores detalles y el grupo actúa, porque sabe qué lo que hay que hacer y cómo hacerlo. El ejemplo es cómo funcionan los mecánicos en una carrera de fórmula 1 cuando entra el coche a boxes…

Si dentro de la plantilla de personal se dispone de personas calificadas como *multipropósito* se tiene una enorme ventaja, dada la flexibilidad que logra el grupo de trabajo.

Para que el trabajo en equipo sea exitoso en cuanto a resultados, la dirección de la empresa y el responsable del área de **M&C** deben estar convencidos de los beneficios que tiene el *trabajo en equipo* y alentar al personal a adherirse a este estilo de trabajo:

- capacitar al personal del área –en todos sus niveles– de manera de poder formar equipos de trabajo, para satisfacer las expectativas y cumplimiento de los programas de trabajos;
- incentivar al personal a trabajar en equipo, enfatizando las ventajas que el estilo brinda;
- anticipar que los equipos se conforman por un objetivo determinado (Ejemplos: una reparación de cañerías, el desarme y armado de una turbina, la reparación de un sistema de controles, la reparación de cámaras frigoríficas, etc.). Concluida la tarea, el personal del grupo será asignado a otros trabajos;
- el liderazgo rotativo permite que quien ha sido el líder de un grupo podría pasar a integrar o liderar otro grupo o hacer tareas programadas desde el llano, de acuerdo con su especialidad.

El personal de **M&C** que trabajará dentro de este esquema deberá conocer y aceptar estas reglas: todo equipo que se constituye para encarar un trabajo programado tendrá un comienzo, un desarrollo y un fin. Concluido el trabajo requerido se disuelve el equipo. Luego el líder, conjuntamente con el responsable del área de **M&C**, harán una evaluación grupal e individual de los integrantes del equipo y analizarán los resultados técnicos y administrativos del trabajo (tiempo, dinero, horas previstas vs. horas empleadas, inconvenientes de traslados, problemas con los abastecimientos, actos de indisciplina, accidentes ocurridos, comportamiento grupal e individual de cada operario que ha formado parte del equipo, etc.)

Sin ninguna duda, los integrantes de los equipos de trabajo se van a beneficiar con la demostración de sus conocimientos y habilidades, pero además podrán demostrar su capacidad de autogestión dentro de esta modalidad de trabajo.

CASO

La dirección de una empresa química junto a Rubén, el jefe de mantenimiento, decidieron trabajar en base a equipos de trabajo. Rubén y sus supervisores se reunieron y decidieron hacer una prueba piloto del sistema. Eligieron a don Carlos para que condujera el equipo de trabajo.

Éste no participó de los preparativos del trabajo ni en la elección de las personas que integrarían el grupo. Como un gran avance el jefe de Mantenimiento dijo: "A don Carlos le daremos sólo una consigna de manera que él y su gente decidan qué van a hacer y cómo y con qué harán el trabajo". El jefe le indicó a don Carlos que tenía cinco días para terminar el trabajo dado. Don Carlos hizo lo mismo que viene haciendo desde que es capataz, hace 15 años: reunió a la gente, les dijo lo que había que hacer y los largó al ruedo, arengándolos acerca del nuevo estilo de hacer los trabajos de mantenimiento. A los cinco días Rubén llamó a don Carlos y le preguntó "cómo andaban las cosas". Don Carlos expresó que en dos días más podría estar terminado el trabajo y se explayó con un listado de problemas que generaron "los muchachos del equipo", la falta de repuestos y materiales y unos cuantos problemas más.

Rubén quedó desconcertado, pues él esperaba que el "trabajo en equipo" iba a dar unos resultados espectaculares...

Consideraciones del caso:

1. ¿por qué no se lograron los resultados que se esperaban?;
2. ¿fue don Carlos el responsable?;
3. ¿qué tendría que haber hecho Rubén?

5.5. Toma de decisiones

En la vida de relación toda persona está obligada a decidir a cada instante y en todos los órdenes y, lógicamente, por lo dicho, se pueden generar problemas que requieren la búsqueda de la mejor solución. La toma de decisiones es un hecho que le cabe a todas las personas; en las organizaciones es una situación que se presenta constantemente para resolver todo tipo de acontecimientos.

Cada problema tiene más de una solución y en consecuencia esto requiere la búsqueda de soluciones alternativas y, entre las seleccionadas se elegirá la más económica (entendiendo la *economía* en el sentido amplio del término, como "la administración prudente de todo bien" = tiempo, dinero, esfuerzos).

Este proceso se puede representar así:

```
┌─────────────────────────┐
│        PROBLEMA         │
└─────────────────────────┘
             │
             ▼
┌─────────────────────────┐
│  BÚSQUEDA DE SOLUCIONES  │
└─────────────────────────┘
             │
             ▼
┌─────────────────────────┐
│ ANÁLISIS DE ALTERNATIVAS │
└─────────────────────────┘
             │
             ▼
┌─────────────────────────┐
│    TOMA DE DECISIÓN     │
└─────────────────────────┘
```

Si en la búsqueda de soluciones existe una sola y esa alternativa es viable, el problema podría estar resuelto. Pero, cuando tenemos tres alternativas, cada una de ellas presentan aspectos positivos y negativos, con diversidad de implicancias, esta situación merece ser pensada seriamente para tomar la mejor decisión. Se supone que quien debe tomar una decisión tendrá en cuenta poseer una adecuada información. En este punto es prudente y aconsejable, antes de tomar cualquier decisión, solicitar opiniones a otras personas, no involucradas en el problema en cuestión.

En el día-a-día la realidad nos muestra que son muchísimo más frecuentes las situaciones imprevistas y para resolverlas habrá que recurrir a alguna forma de solución. Para resolver estos problemas se debe recurrir a las soluciones *no programadas,* tal como lo descripto gráficamente más arriba. Se puede expresar, entonces, que una toma de decisiones en las que se carece de una meta definida y disponiendo de una información ambigua o inexistente va a ser más trabajosa, con la probabilidad de un final incierto.

En toda empresa organizada, para determinados hechos y circunstancias eventuales, las *soluciones programadas* están definidas y registradas en protocolos. El área de **M&C** debe tener establecidos ciertos procesos para dar solución a determinados tipos de contingencias consideradas posibles de acontecer.

Ejemplos de *solución programada*:

- si se corta una línea de alta tensión, los operadores de la usina generadora siguen las instrucciones que están establecidas en protocolos a efectos de salvar la situación cuanto antes y corriendo el menor riesgo posible;
- si en la preparación de la maniobra de descenso de un avión el piloto advierte que no puede bajar el tren de aterrizaje, recurre al correspondiente protocolo;
- para ordenar el tránsito de coches y peatones se instalan semáforos que permiten los pasos en las bocacalles, alternativamente y así se evitan los accidentes;
- cuando es necesario adquirir un repuesto que se fabrica lejos del lugar que se necesita, debe tomarse la decisión de reposición con la debida anticipación, tal como se establece en algún documento en el que se prevea el tiempo de trámite; etc.

Las *soluciones programadas*, por lo general:

- tienen un fin claro y definido;
- se cuenta con la información necesaria para ayudar a encuadrar el problema y recurrir a una solución adecuada;
- se cuenta con alguna forma de documento ordenador.

Asimismo, dentro de las *soluciones programadas* debe incluirse el *plan de contingencia*, documento que ordena las acciones necesarias para neutralizar las consecuencias que podrían producirse en caso de accidentes o emergencias. En este documento deben explicitarse con claridad, las medidas y acciones que deben ser tomadas en tales casos.

Los *planes de contingencia* se trazan con un claro criterio estratégico y requiere de un trabajo coordinado de todas las áreas de la empresa. En caso de producirse una eventualidad como las indicadas, todas las funciones previstas deben llevar adelante las tareas que se asignan en dicho plan de contingencias. Cabe a la supervisión decidir y disponer las medidas que caben a cada problema.

CASO

En la sección Hilandería de la fábrica textil *Textotal* fue detectado un fuerte olor a gas. El supervisor del área, prevenido por alguno de los empleados, decidió recurrir al jefe de Seguridad de la fábrica y a Mantenimiento. Ambas áreas destacaron personal para verificar las posibles pérdidas y las causas del olor denunciado. Terminada la recorrida el jefe de Seguridad fue en búsqueda de sus ayudantes y del instrumental adecuado. El jefe de Mantenimiento volvió a su oficina porque no creyó que existiese tal pérdida.

El jefe del área Hilandería pensó que tomar una medida acertada: cortar el suministro de energía a toda el área y sacar al personal de la misma, Desde el punto de vista de la producción tal medida provocaría un verdadero desastre, pues provocaría una seria pérdida de hilado y, además, habría que hacer una serie de maniobras trabajosas para volver a procesar tejido normalmente.

Mientras tanto, el área seguía con alimentación de energía y el personal estaba en sus puestos de trabajo. El director de fábrica decidió realizar una reunión para definir un plan de contingencia. La secretaria comenzó a llamar al jefe de Seguridad, al jefe de Mantenimiento, al gerente de producción y al jefe de usina.

El jefe de Seguridad estaba ocupado con su gente inspeccionando las cañerías de gas, el jefe de Mantenimiento estaba fuera de fábrica y los únicos que concurrieron a la reunión fueron los hombres de producción quienes –gerente y jefe de Hilandería- no se ponían de acuerdo acerca del camino a seguir. El gerente de Producción se oponía a parar la producción mientras se realizaran las tareas de inspección, pues, alegaba que si se paraba la Hilandería se producirían serias pérdidas por lucro cesante. El jefe de producción quería proteger a su personal, los equipos, la producción que estaba en los telares y la materia prima en existencia.

Consideraciones del caso:

1. ¿quién debería trazar un plan de contingencia?;
2. ¿cómo solucionaría el incidente el lector si estuviese en el lugar del director de fábrica?;
3. proponga un plan de acción para salir de esta emergencia;
4. proponga un plan de contingencias.

5.6. Comunicación, las comunicaciones

En el capítulo 2, se recuerda la relación del concepto de comunicación y las organizaciones:

estructura + *comunicación* = organización

La organización necesita ineludiblemente de la comunicación para que pueda desarrollarse en sus actividades básicas que son el *planeamiento,* la *programación,* la *dirección* y los *controles.*

La comunicación es una de las condiciones de la persona, como ser humano –sin dejar de reconocer la posibilidad que exista, entre otros seres vivientes, algún tipo de comunicación– y le da la posibilidad de escuchar una idea, conceptos, reflexiones, consejos, datos, opiniones, mensajes de todo tipo, etc. y, a su vez, poder responder a su interlocutor. La comunicación hace de puente entre las personas y, además, une o desune según las intenciones del mensaje. Esto significa que toda comunicación se puede pasar de una persona a otra a nivel de sentimientos y de valores.

En consecuencia, la comunicación necesita de dos o más personas que tengan intensión de ser emisor y receptor, de manera alternativa. Toda comunicación se hace efectiva cuando los actores reciban el mensaje, lo entiendan y procesen ya sea en forma de acción formal o virtual. Desde un punto de vista "espacial" la comunicación puede ser ascendente o descendente si consideramos la estructura organizacional. Si consideramos que en el extremo superior está la dirección de la organización y desde ese nivel "se bajan" órdenes, las que deben ser respondidas por los niveles inferiores, tal como lo muestra el gráfico que sigue:

El mundo resulta una tragedia para los que sólo sienten, pero una comedia para los que piensan.

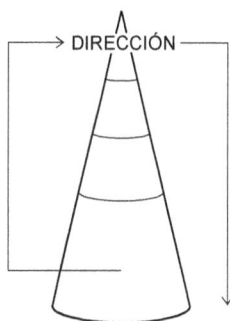

DIRECCIÓN

La comunicación bidireccional, para que sea eficaz necesita ser clara y oportuna. Todas estas condiciones hacen del concepto *comunicación* una herramienta imprescindible para el desarrollo de las actividades del área de **M&C**. No se puede esperar una gestión aceptable de esta área si las comunicaciones no poseen todas las características que le son propias. En el capítulo

7, punto 11 se desarrolla el proceso que sigue una O.T. (orden de trabajo) y en todos los pasos surge el concepto de comunicación. Un error de comunicación terminará en un mal trabajo, con las consecuencias que son de imaginar.

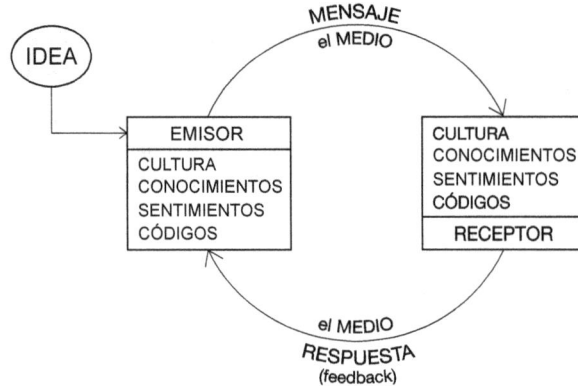

Toda comunicación tiene su *origen* en una necesidad, un deseo, una idea que requiere de palabras, sonidos o señales originadas por el emisor para que, de alguna manera llegue a incidir sobre los sentidos del receptor. El proceso sigue con la *codificación* del mensaje emitido por medio de palabras o símbolos, según el medio que se decida utilizar. Sigue la *transmisión* del mensaje por algún *medio* (una carta, una llamada telefónica, un mensaje de texto o una reunión).

Recibido el mensaje por alguno de los canales elegidos, el receptor debe *decodificar* el mensaje. El receptor del mensaje puede recibir el mensaje, pero es necesario que lo *entienda* ("yo puedo leer el alemán, pero no lo entiendo…"). La comprensión de un mensaje sólo se produce en la mente del receptor y su aceptación o rechazo ocurrirá a partir de la interpretación que haga del contenido del mensaje ("¿qué me habrá querido decir?..."). En este punto se produce la *respuesta* y se reinicia el proceso de la comunicación a partir de la respuesta.

Este es un proceso muy complejo porque no son solo palabras, sonidos o imágenes; juegan sentimientos, los conocimientos y la capacidad de comprensión, donde juegan los sonidos, la gestualidad, los silencios, los íconos.

El siguiente gráfico trata de aclarar lo expresado:

```
                    ┌──────────────┐
                    │     IDEA     │◄─────────┐
                    └──────┬───────┘          │
                           ▼                  │
              ┌────────────────────────┐      │
              │ CODIFICACION DEL MENSAJE│      │
              └──────────┬─────────────┘      │
                         ▼                     │
              ┌────────────────────┐           │
              │  ELECCIÓN DEL MEDIO │           │
              └──────────┬─────────┘           │
                         ▼                      │
                ┌─────────────────┐             │
                │   TRANSMISIÓN   │             │
                └────────┬────────┘             │
                         ▼                       │
                ┌─────────────────┐              │
                │    RECEPCIÓN    │              │
                └────────┬────────┘              │
                         ▼                        │
              ┌────────────────────┐              │
              │   DECODIFICACIÓN   │              │
              └──────────┬─────────┘              │
                         ▼                         │
              ┌────────────────────┐               │
              │    COMPRENSIÓN     │               │
              └──────────┬─────────┘               │
                         ▼                          │
                ┌─────────────────┐                 │
                │    RESPUESTA    │                 │
                └────────┬────────┘                 │
                         └──────────────────────────┘
```

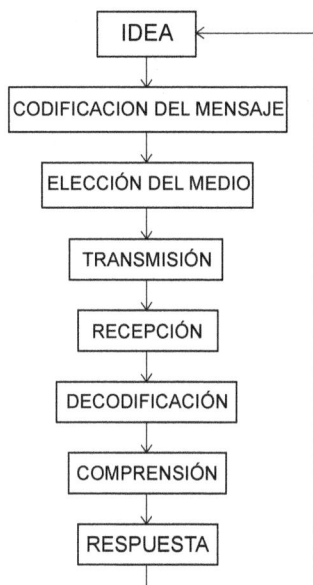

Un detalle importante a tener en cuenta: los "ruidos" en las comunicaciones. En las comunicaciones se producen "ruidos" que distorsionan, entorpecen y llegan a confundir los mensajes y se convierten en verdaderas barreras entre quienes se quieren comunicar.

Los "ruidos" se pueden clasificar en tres tipos:

* *interpersonales,* se producen a por falta de empatía, diferencias de niveles jerárquicos, diferencias de opinión o de ideas o relaciones poco (o nada....) fluidas;
* *físicos*, producidos por defectos en los medios de transmisión, por efectos climatológicos;
* *semánticos*, ciencia del origen y significado de las palabras. Es común que casi todas las palabras de un mismo idioma sean interpretadas de diferente manera por el emisor y el receptor;
* *emocional*, por el diferente sentido que se le da a los sentimientos

CASO

Cuando comienza una temporada, por ejemplo invierno, ya están definidas las cantidades, los cortes, la moda, los tipos de telas que se habrían de usar para la temporada primavera-verano del año subsiguiente. Esto sucede en toda empresa que se dedica a confeccionar prendas para damas y en "Cloe modas" también. Dentro de la empresa, el área de los diseñadores es una "cueva", un lugar inaccesible que se comunican sólo….entre ellos. Esta área está a cargo del hijo mayor del dueño de la empresa, lo cual le da una cierta imagen de intocable, quizá por su formación, especialidad o su condición de "hijo del dueño" no tiene buena llegada con las otras secciones –los Cortadores, Costureros y Terminación– de la empresa. Cuando a mitad del año pasado se programó la producción para esta temporada primavera-verano se decidió realizar las reuniones de acurdo entre las áreas.

Decididos los detalles, el gerente de ventas de la empresa –un empleado antiguo de la firma– traza el programa de producción para cada una de las secciones. En este punto se dieron cuenta que había varias indefiniciones o indicaciones poco claras. Se intentó hacer una pronta reunión de las cabezas de cada sección de la empresa. Las comunicaciones internas, desde hace mucho tiempo está establecido que deben ser escritas, Diseño no acostumbra a hacer llegar las indicaciones en tiempo y forma. Por ejemplo, algunas de las prendas se reciben indicadas sobre fotocopias en blanco/negro con textos en otros idiomas e indicaciones manuscritas poco claras.

Las otras áreas, al momento de procesar la producción suelen carecer de la debida información, o la reciben sobre la fecha. Esta situación genera un cierto malestar y desanimo, pues es una situación de conflicto, situación que se transmite a todo el personal.

Consideraciones del caso:

1. determine las fallas en las comunicaciones que surgen del texto;
2. qué se puede hacer para mejorar las comunicaciones internas;
3. establezca un programa de producción ordenado de tal manera que no se produzcan inconvenientes en la producción.

5.7. Estilo "*funcionar solos*"

Este es un estilo de trabajo que quien lo puso en marcha en varias empresas, ha obtenido excelentes resultados y es la suma de muchas de las características que se vienen enunciando en este capítulo. Consiste en dar a cada integrante del área de ***M&C***

el criterio de manejarse solo –cuanto y cuándo sea posible– frente a la infinidad de problemas que se presentan todos los días. Este criterio es de aplicación para los grupos de trabajo y para cada uno de los integrantes del área, aunque es de reconocer que no todas las personas tienen esta capacidad. La supervisión debe estar atenta en cuanto a identificar a los operarios a quienes "se los puede dejar solos"…

Los fracasos son peldaños hacia el éxito.

¿Qué quiere decir se "maneja solo"?… Es trabajar en base a consignas. Dentro del personal del área de M&C seguramente habrá algunos miembros del personal que tienen las características para trabajar según este criterio. Sin duda que las hay. Estas personas identificadas deberán seguir una serie de charlas para brindarles formación y capacitación adecuadas en tal sentido.

Con este estilo de trabajo se busca darle seguridad y la oportunidad de mostrar su capacidad para resolver problemas. De esta forma con el tiempo quienes dirigen y supervisan al personal del área van a ir detectando aquellos operarios que tienen capacidades positivas, superior al promedio. Estas personas, cuando han adquirido experiencia y se registren buenos resultados de su trabajo "funcionando solos" podrán ser considerados para llevarlos al nivel de *líderes*.

¿Cómo se logra desarrollar este criterio o estilo de trabajo?:

1. dentro de la plantilla de personal del área de **M&C** se seleccionan a las personas que podrían ser incorporadas, previa capacitación, para desarrollar sus tareas dentro del estilo mencionado;
2. la formación de este grupo de personal se basará en temas tales como:
   – ordenamiento de acciones (planeamiento);
   – aprovechamiento del tiempo (programación);
   – trabajo en equipo: interrelación personal;
   – comunicación;
   – administración de las acciones (esfuerzos);
   – concepto de negociación;
   – concepto de liderazgo;
   – toma de decisiones. Este punto es muy importante…;
3. después de haber pasado la etapa anterior, se evaluarán a las personas seleccionadas utilizando:
   a) el estudio de casos (la evaluación debe ser individual y con discusiones grupales;
   b) se pasa a la aplicación práctica asignándole a cada una de las personas seleccionadas, la resolución (individual) de un trabajo real;

c) más adelante, superadas las etapas hasta aquí expresadas, se pasa a la evaluación de un trabajo grupal, tal
como se expresa en los puntos precedentes 5.3. *Liderazgo* y 5.4. *Trabajo en equipo*;

4. el supervisor se le asigna a una persona seleccionada y
entrenada dentro de este estilo, a modo de prueba;

- se le comunica la consigna (qué es lo que hay que
hacer);
- previamente deben pasar por un proceso de capacitación;
- se le entrega toda la documentación que se necesita
para realizar el trabajo;
- quien ha sido seleccionado puede elegir a las personas que desea que lo acompañen en la tarea → (él
elige a esas personas y éste es otro punto de prueba);
- entre el supervisor y la persona elegida se discuten las
posibilidades y vías de acción alternativas para realizar
el trabajo;
- el líder programa el trabajo (¡¡mide los tiempos!!...);
- reúne al grupo de personas que seleccionó y discuten la
forma en que se habrá de encarar el trabajo solicitado;
- concluido el trabajo informa a su supervisor todo lo hecho, más las novedades que se relacionan a lo hecho.

ADVERTENCIA:

1. la posición de la persona seleccionada para "funcionar solo",
no representa un cargo jerárquico, sino una posición desde la
cual aplica sus conocimientos y su personalidad que ha desarrollado y demostrado y que lo requiere cuando sea necesario.
Sin embargo, de este grupo de personas seleccionadas para
que "funcionen solas", seguramente surgirán líderes probados
en su calidad; no cabe duda que algún os de los elegidos, con
el tiempo podrán acceder al nivel de supervisores surgirán los
próximos supervisores;

2. la empresa debe estudiar la forma de retribuir estas tareas eventuales de los líderes.

6 – Ventajas

- A medida que se avanza en este estilo, se van incorporando personas capacitadas para ocupar posiciones de
supervisores y de líderes;
- los líderes son personas que están capacitadas y entrenadas para ocupar eventualmente, posiciones de super-

visión en el caso de grandes paradas, emergencias o trabajos de magnitud;

- este proceso debe tener una continuidad para extenderlo a otras personas que podrán desempeñarse eventualmente como supervisores o cuando se los designe como tal, con lo cual se enriquece eficiencia del grupo y la efectividad del trabajo del área de M&C.
- en términos reales, cuando se ha experimentado este estilo, se ha verificado un aumento en la moral del conjunto, pues todos tienen la posibilidad de trabajar desarrollando su capacidad para poder "funcionar solo" y, a su vez, podrían ascender al nivel de supervisión.

7 – Desventajas

Esta modalidad no presenta mayores desventajas; sólo se consignan algunas dificultades que se presentan en la preparación y puesta en marcha de la misma:

- es la formación y entrenamiento del personal previo a trabajar con esta metodología;
- es necesario tener funcionando el mantenimiento programado, los demás tipos de mantenimiento;
- las personas seleccionadas deben tener acceso al Historial de equipos e instalaciones;
- debe estar definido el abastecimiento de repuestos, materiales y suministros
- hay que tener definidas las retribuciones para el personal que trabaje dentro de esta modalidad;
- la dirección del área de M&C deberá estar controlando los resultados de esta modalidad y corrigiendo los problemas que se vayan presentando, en forma conjunta con la supervisión del área.

Capítulo 13

EL CONFLICTO EN EL ÁREA DE M&C

1 – Objetivos de aprendizaje

Describir:

1. conceptos acerca del significado del término CONFLICTO;
2. sus consecuencias dentro de una Organización y, en especial en el área de **M&C**;
3. los conflictos más notorios que enfrenta el área de **M&C**
4. y sus posibles resoluciones.

¡¡Ánimo, todo pasa!!...

San Juan Bosco

2 – Definiciones

El término *conflicto*, como toda palabra, presenta distintas definiciones. Se proponen algunas definiciones acerca del término CONFLICTO:

- Problema, cuestión, materia de discusión.
- Dificultad entre dos partes cuyos intereses, valores y pensamientos muestran posiciones disímiles y contrapuestas.
- Confrontación entre dos posiciones con tendencia contradictoria.
- Convergencia de intereses no compartidos

3 – Conceptos acerca del término *conflicto*

Para tener en cuenta, tal como ya se ha expresado:

El área de Mantenimiento es una zona de conflictos.

Esta aseveración se verificas en los hechos y es universal. Es una constante en esta área. Y esto ha de ser así porque:

a) en cualquier organización el área de **M&C** debe tener un tamaño "económico": esto significa que se le asigna al área en cuestión una dimensión que debe estar dentro de estos límites:
  – capaz de mantener las instalaciones productivas y anexas en condiciones de operar respetando en niveles estándar previstos en cuanto a cantidad de producción, calidad de productos y seguridad para el personal y los bienes;
  – trabajando con un nivel de costo operativo aceptable y preestablecido;
b) por lo antedicho, se descarta la posibilidad de trabajar a "costo resultante";
c) por la misma naturaleza de sus responsabilidades el área de **M&C** debe mantener intensamente contactos con casi todas las demás áreas de la organización, por diferentes motivos, lo cual no es imposible que puedan generarse, en cualquier momento, desencuentros, diferencias de opinión, errores de tramitación, atrasos, etc., que concluyan en conflictos de toda magnitud;
d) tener en cuenta que todo conflicto conlleva un elevado gasto de energías y de tiempo, lo cual atenta contra la eficacia y la eficiencia de la empresa.

Conceptualmente, puede decirse que generalmente el *conflicto* se origina en la lucha por el poder dentro de cualquier organización, teniendo en cuenta su complejidad en su accionar, más las personalidades propias de sus componentes. Estas organizaciones constituyen el campo conflictivo donde se pueden desarrollar enfrentamientos cuyo alcance es incierto.

Por otra parte los conflictos cambian tanto sus causas como su intensidad, según las diferentes culturas y la forma en que se considera la competencia y la importancia que se le asigna a los escalones jerárquicos, así como infinidad de otras manifestaciones subyacentes, conscientes o inconscientes.

Los conflictos, cuando se presentan como confrontación –a menudo extrema– acerca de los valores, especialmente, cuando persona trata de subordinar a otra según deseos, lo cual constituye una imposición egocéntrica por el dominio sobre recursos, generalmente escasos, pretensiones de hegemonía (¡muchísimas veces incomprensibles!...), etc., esto produce, como resultado, la afectación de todos aquellos que puedan estar o no involucrados en el conflicto. Como resultado es para lamentar, pues puede afectar a las personas y a la misma organización. Se pueden representar estas tres cuestiones –el *conflicto, coincidencia* y *acuerdo*– de esta manera:

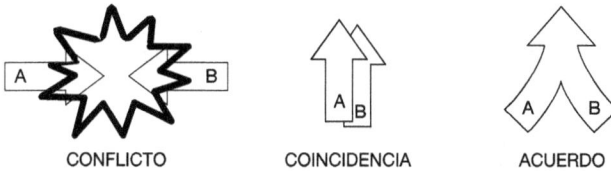

CONFLICTO   COINCIDENCIA   ACUERDO

4 – El conflicto y la cultura de la organización

En este parágrafo se trata las formas que adopta el conflicto según la reacción que tenga la cultura organizacional. Se plantean cuatro escenarios, a saber:

A – Cultura organizacional *egoactiva*

- Característica: clima organizacional agresivo, competitivo, jerárquico, piramidal, amenazante, que presiona.
- Visión del área de Mantenimiento: se trata de un mantenimiento correctivo. Se trabaja a demanda, por eso se lo denomina "mantenimiento bombero"
- Misión: se trabaja atendiendo emergencias.
- Políticas: son casi inexistentes, pues se responde a los requerimientos de Producción, buscando el menor costo.
- Estrategia: las tareas de mantenimiento y conservación se realizan cuando los equipos no producen. Se evitan las compras y…"nos arreglamos con lo que tenemos".
- Procedimientos: se carece de procedimientos. Sólo se recurre a especialistas cuando el personal es superado por el problema.
- Relaciones intersectoriales: cada sector de Mantenimiento organiza sus planes de trabajo y asume los costos resultantes.
- Supervisión de Mantenimiento: de estilo imperativo. El personal del área tiene poca participación, salvo la realización de sus tareas.
- Origen de los conflictos: siempre se buscan "culpables" de demoras, mayores costos y todo defecto que pudiese aparecer.

B – Cultura organizacional *egopasiva*

- Característica: clima organizacional cauto, calmo. Impera la rutina y la falta de creatividad. Se viven las dificultades propias de las carencias económicas.
- Visión: Es un grupo mínimo y poco conocido que se dedica a solucionar problemas cuando éstos se presentan.
- Misión: Atiende los requerimientos que le eleva Producción, al menor costo posible. No se hacen previsiones de compras.
- Políticas de Mantenimiento: Se tiende a hacer durar todo lo máximo posible.
- Estrategias: Son desarrolladas por el mismo personal del área según lo indica su propia experiencia.
- Procedimientos: Se supone que el personal del área "sabe hacer las cosas".
- Relaciones intersectoriales: Se supone que cada persona debe hacer las cosas en el momento oportuno.
- Supervisión del personal: Respetuosa, pero sin gratificaciones: "Para eso se les paga". La gente de Producción es a la que se tiene en cuenta.
- Origen de los conflictos: Es frecuente que la falta de profesionalidad genere conflictos a todo nivel.

C – Cultura organizacional *recíproco-pasiva*

- Característica: Clima organizacional familiar, bondadoso, tolerante, benevolente, gratificante sin presiones.
- Visión: Se le da importancia a superar los problemas, aún de los que se presentan más allá de superados los límites de tolerancia establecidos por el fabricante de los equipos. Los límites de cada equipo deben estar definidos y conocidos por operadores y demás personas involucradas en la producción.
- Misión: Trabajar a cualquier costo para solucionar todo problema que pudiese afectar lo acordado con el cliente.
- Políticas de Mantenimiento: Poner a disposición todos los medios para solucionar los problemas.
- Estrategia: Hacer las tareas de mantenimiento aún con los equipos en marcha
- Procedimientos: Se respetan los que están establecidos en los manuales elaborados por el fabricante de los equipos.
- Relaciones intersectoriales: Todas las áreas están comprometidas en solucionar las dificultades que se presenten en cualquier parte de la organización.

- Supervisión del personal: Tolerante, bondadosa y gratificante tendiente a estimular la mejor forma de trabajar.
- Origen de los conflictos: Se evita y disimula todo conflicto que pudiese afectar el clima laboral positivo que está establecido.

D – Cultura organizacional *recíproco-activa*:

- Característica: Valoración del factor humano, clima organizacional participativo, ordenamiento del trabajo en base a planes y programas.
- Visión Se privilegia el mantenimiento preventivo para evitar las fallas de equipos e instalaciones.
- Misión: El mantenimiento se basa en la prevención de incidentes basado en inspecciones/revisiones y acciones que garanticen la fiabilidad y el buen funcionamiento de equipos e instalaciones.
- Políticas de Mantenimiento: Las tareas de mantenimiento deben realizarse teniendo en cuenta que se deben evitar las fallas que puedan afectar la cantidad y calidad de la producción.
- Estrategias: Mantenimiento opera según:
  • planes y programas ordenadores de las tareas,
  • lo que establecen las rutinas de mantenimiento preventivo,
  • lo establecido en los planes de mantenimiento predictivo,
  • tratando de aprovechar el tiempo para mantener elevado el índice de efectividad.
- Procedimientos: Se procede preventivamente, bajo el criterio de la mejora continua, atendiendo las recomendaciones de los fabricantes, a las experiencias propias del personal y del personal que atiende activos similares, la legislación vigente, las recomendaciones de expertos, manteniendo actualizados los procedimientos.
- Relaciones intersectoriales: La armonía del conjunto se mantiene con la participación de todas las áreas en el planeamiento y programación de las acciones, tendiendo a cuidar la seguridad, los costos, la calidad y el cumplimiento de lo pactado.
- Supervisión del personal: Conducción en base a la participación del personal y la actualización constante de la capacitación.
- Origen de los conflictos: Cuando se ponen de manifiesto, los problemas se analizan tratando de llegar a acuerdos, tratando de erradicar las causas y, cuando lo amerite, se trazan políticas para evitar reiteraciones a futuro.

5 – Campos de conflictos más frecuentes que se presentan en *M&C*

Consideraciones generales

Recurriendo a la experiencia es posible determinar los campos en los cuales se originan los conflictos, de tal manera que se facilite la determinación, el análisis y solución de los problemas que con mayor frecuencia son el origen de conflictos en el área de M&C.

Cuando se demora la solución a un conflicto, termina en problema.

Los campos de conflictos que se mencionan son los más importantes, pero no son excluyentes de otros que pueden manifestarse, dependiendo del tipo de actividades, ubicación geográfica, disponibilidad de medios, etc.

Muchas veces los conflictos se originan en las diferencias de percepción de la realidad, dado que varían según los grupo de intereses, ya por el egocentrismo de las partes o por intereses particulares que estén en juego. En la cultura organizacional no existen parámetros que juzguen

con ecuanimidad los sentimientos, los hechos y las intenciones. Entonces las personas recurren a la percepción y cada persona tiene una percepción diferente, por lo que….pueden cometerse errores y allí aparece el conflicto.

En la interrelación laboral

Es el campo donde entran en conflicto el capital y el trabajo productivo o de servicio. Ello puede suceder por que quienes son dueños de la empresa no llegan a apreciar la importancia de las acciones de mantenimiento y conservación y, como consecuencia de lo dicho se desatiende las acciones de mantener los procesos productivos o de servicio para que produzcan en cantidad, calidad y oportunidad, tal como está previsto en la programación de la producción.

Los hombres que se juntan para el bien, no suman, multiplican.

Éste campo se resume recurriendo a esta conocida expresión: "el mantenimiento es un mal necesario" y se lo trata como tal. En este caso el conflicto se produce por diferentes visiones de las partes y se supera, así, el tema personal pasando a ser institucional.

Está de más decir que es una visión torpe de la realidad, pues estos conflictos provocan consecuencias inmediatas que pueden llegar a ser desastrosas para la propia empresa.

En consecuencia, debería ser política de empresa que el personal de todas las áreas deberían evitar situaciones conflictivas, mientras que, si se producen, deben ser atendidas inmediatamente en orden al buen clima laboral que debe imperar.

De la coordinación laboral

Este campo reúne los conflictos que se producen en los procesos por diferencias de opinión, diferentes formas de seguir un proceso, de aportes distintos, en término de esfuerzos y capacidad, planes y programas sin acuerdos de partes, desinterés por el esfuerzo necesario que cada parte debe aportar para el cumplimiento de lo que se ha establecido y por desinterés por la armonía que debe existir en trabajos que necesitan de una correlación secuencial de las tareas. Es muy probable que los conflictos de este campo se deban a la falta de políticas tendientes a trabajar en equipo, más fallas de conducción de los mandos medios.

Será necesario que la organización, desde "la cabeza" hasta el último escalón, comprendan que sólo el trabajo en equipo, basado en acuerdos de partes y en mandos medios eficaces, se logrará alcanzar los acuerdos plasmados en planes y programas.

La competencia

Muchas veces, quizá con buena voluntad, pero con pésimos resultados, la conducción del personal estimula la competencia entre partes. La única competencia que debe admitirse es la que tiende al trabajo en equipo, a la mejora constante de todos los factores en juego, la coordinación de tareas (interpersonal e intersectorial). La competencia para "ganarle al otro" muestra en sí misma, una gran debilidad y atenta contra los buenos resultados.

Para evitar consecuencias se debe actuar de inmediato para que los egos personales o un mal entendido "orgullo de clase" se infiltren en la organización.

Es digno sugerir que, cuando se detecte algún acto en el sentido señalado, la supervisión debe tratar de darle solución, pues, de otra manera, los daños a la organización pueden ser graves.

Los recursos limitados

Toda organización pasa por lapsos benéficos y lapsos de pérdida. Es sabio hacer previsiones para atenuar los efectos de estos últimos, pues tienen consecuencia sobre toda la organización. Cuando se producen estos bajones en los negocios, las empresas, con lógica lineal, tienden a restringir gastos. Se sabe que uno de los sectores de una empresa donde se acumula dinero estático es en el Almacén de Mantenimiento.

Ante esta situación es común escuchar de boca de los gerentes de finanzas y de administración "Cómo gastan estos de Mantenimiento". Pero, no escapa a nadie que mantener los equi-

pos en condiciones operables requiere de materiales, suministros varios y repuestos. "Que son caros, es cierto.

Entonces, es en este campo donde se producen no pocos
conflictos de partes y, en consecuencia, todas las áreas involucradas deben acordar soluciones que, afectando lo menos posible a la producción, alivianen los compromisos financieros.

Esta es una típica situación de balanceo entre "lo que debo"
y "lo que puedo" y sólo un acuerdo serio de áreas podrá decidir
entre "lo que pierdo" y "lo que dejo de ganar" que requiere una
respuesta institucional. Por su parte el área de Mantenimiento no
debe estar ausente en estas decisiones, aplicando el principio de
prudencia...en los gastos, pues es sabido que... a la gente de
esta área le gusta tener en su Almacén "mucho de todo". Siguiendo con la prudencia, se recomienda mantener los niveles de las
existencias "prudentemente en el límite inferior". Y acá cabe decir
lo ya expresado: "lo que debo" y "lo que puedo".

Diferencias de percepción

Más arriba se ha comentado acerca de la percepción considerada como "el mereciómetro" que funciona según cada persona. Este aparato es peligroso porque suele afectarlo la edad, la
jerarquía, el ego, los títulos académicos, etc.

Es por lo mismo que no es difícil encontrar expresiones con-
tradictorias respecto de personas, cargos, áreas o funciones.
¿Acaso no se escucha con frecuencia que los de Finanzas se
creen más importantes que el resto?, ¿o que los de Ventas se
creen "los salvadores" de la empresa?, ¿o que los muchachos de
Producción se quejan de los vagos de Mantenimiento?, ¿o que
los de Ingeniería se creen estar en Sílicon Valley?, y las guerras
entre Mantenimiento y los "inútiles burócratas de Compras"etc.
Son esas "pequeñeces" que enmascaran la realidad de cada
uno, es la tendencia "al espíritu de cuerpo" que nos anima...

En algunas áreas más que en otras, suelen aparecer "los
salvadores de la empresa". Si hay un legar donde se desnudan
estas pequeñas miserias, que tanto mal hacen al conjunto y a la
misma empresa, es los partidos de fútbol entre sectores o en los
campeonatos de lo que Ud. quiera: ahí están los ganadores...de
la nada, pero ellos elevan su autoestima de una manera barata

Las diferencias de percepción se terminan cuando se hacen
los balances de los montos presupuestados, el cotejo de las tareas programadas vs. las tareas cumplidas; o, si se prefiere, los
tiempos previstos vs. los tiempos reales empleados. Para esto de
la percepción hay una sola receta compuesta:

- somos todos iguales frente a los números
- todos estos en el mismo barco, y
- mi contribución al mejor clima de trabajo.

El resto son sólo palabras, ¿no le parece?...

Las indefiniciones

Este es un problema que afecta a lo institucional, pues es posible apreciar que en muchas organizaciones, productivas o de servicio, que dicen qué es lo que hacen, pero están en una nebulosa quién hace, quién es responsable de, cómo se deben hacer las cosas, con qué hacerlas, etc. Estos interrogantes frente a un problema concreto suelen no tener respuestas y eso desata un conflicto que, habitualmente, se discute según pareceres, pero no en base a razones y argumentos

La claridad puede molestar, pero no daña.

Las indefiniciones que se dejan pasar traen problemas y si los problemas no se atacan, se pueden convertir en serios conflictos institucionales y/o personales. De una u otra forma se resiente la organización. Es responsabilidad de la alta dirección dar las respuestas adecuadas a cada caso.

Una de las conceptos más importantes a definir por la dirección de una organización es "Quién es el responsable de los equipos e instalaciones":

Se presentan estas alternativas:

a) el área de Producción es responsable de mantener el buen estado de sus equipos e instalaciones, mientras que Mantenimiento es responsable de hacer las tareas de mantenimiento, recambios, ajustes y modernizaciones;

b) Mantenimiento es el dueño de los equipos e instalaciones y "se los presta", en correctas condiciones, al área de Producción para que los opere;

c) El área de Producción es responsable de sus equipos e instalaciones y de hacer, con su propio personal, trabajos menores de mantenimiento, mientras que Mantenimiento hace los trabajos más importantes, a solicitud del área de Producción.

Optando, concretamente por una de estas tres opciones, se evitan innumerables conflictos entre ambas áreas.

El "doble comando"

Este es otro campo generador de conflictos y no es más que fruto de las indefiniciones antes mencionadas. El "doble comando" se produce por dos razones, en principio:

- por las indefiniciones en cuanto falta de claridad en las líneas de dependencia que deben mostrarse en un organigrama. Esta herramienta sirve casi exclusivamente para mostrar qué hace, de quien depende y quienes dependen de la posición. Si esto está claro, no hay lugar a conflictos…
- por el juego de las competencias entre personas que, aún frente a un organigrama definido, las partes en disputa lo desconocen y tratan de imponer sus respectivos puntos de vista. En cualquier organización puede darse esta lucha, provocando un verdadero problema a toda la organización.

Le cabe a la alta dirección definir esta situación a la mayor brevedad para evitar los daños que se producen entre el personal

La falta de estándares

Lavoisier (siglo XVIII) fue un físico notable que solía decir que "lo que no se puede medir, no existe". La Ingeniería, desde comienzos del siglo XX dio pautas para diseñar organizaciones eficaces y eficientes y este último concepto se obtiene midiendo la gestión. En base a números es posible conocer hasta el último detalle del funcionamiento de una organización. Si no tenemos la forma de medir, no se sabe cómo andan las cosas…

Es posible que muchos grupos de mantenimiento digan que sus actividades no se pueden medir: ¡MENTIRAS!; lo que pasa que es más cómodo vivir sin que lo midan. La confección de estándares de tareas de mantenimiento y conservación se pueden medir y dejar establecidas y, para evitar un conflicto entre el personal del área y quienes elaboran los estándares, los mismos deben elaborarse de común acuerdo. Discutiendo la gente se entiende…

La falta de instructivos, protocolos y procedimientos

Estos documentos se elaboran en las organizaciones para evitar el "me parece", o "supongo". Cuando no existen, todo el mundo tiene razón y…nadie la tiene, en perjuicio del conjunto. Este es un campo propicio para evadir responsabilidades y es generador de conflictos. Por lo mismo, al menos las cosas de mayor importancia deben estar ordenadas por alguna forma de documento, de manera que cada cual sepa qué debe hacer en distintas situaciones.

Diferencias de conocimientos entre áreas

Cuando se producen diferencias de conocimientos o saltos de experiencia entre diferentes áreas, la organización padece de conflictos intersectoriales. Estos problemas entre áreas tienen origen en las diferencias de conocimientos sobre los equipos, procesos, sistemas o tecnología, entre otras posibilidades. Se citan algunos casos, a manera de ejemplo: los cambios de equipos se estudian y se deciden por las áreas interesadas de manera conjunta. Sólo a manera de ejemplo, se mencionan estos casos – no infrecuentes– que son origen de conflictos que pueden afectar seriamente a la organización:

- las incorporaciones técnicas o tecnológicas se hacen sin tener en cuenta las consecuencias que tienen dichos cambios y no se toman los debidos recaudos;
- cuando no se trazan acuerdos entre Producción y Mantenimiento para hacer acopio de los repuestos, materiales y suministros acordes con las incorporaciones, actualización o modificaciones;
- si el personal de distintas áreas muestran diferencias de conocimientos por falta de información o capacitación, frente a incorporaciones de equipamiento o cambios en los equipos periféricos con nuevas tecnologías;
- cuando debe decidirse la compra de equipos de última generación y no se tienen en cuenta las opiniones, en conjunto, de sectores tales como Producción, Ingeniería, Mantenimiento, Capacitación, Seguridad, etc.;

Una vez más, la alta dirección de la organización debe tener en cuenta todos los aspectos para que no se presenten problemas conflictivos como los antes mencionados.

6 – Algunas sugerencias para neutralizar los conflictos

Sin duda que el área de Mantenimiento tiene un intenso grado de relación con las demás áreas de la organización. Tal como ya se ha mencionado, ello genera – casi inevitablemente – conflictos con otros sectores. En tal sentido se podría abundar en ejemplos, además de los mencionados en el parágrafo anterior, pero, sin duda, el principal campo de conflictos respecto de Mantenimiento se da con Producción. Ello es lógico dada la indudable complementación que debe existir entre ambas actividades. Esto es así y no podría ser de otra manera. Lo que cabe hacer, entonces, es estudiar y tomar las medidas tendientes a disminuir y atenuar las causas de conflictos, cosa que corresponde a la dirección, pero también a los mandos medios de Producción y Mantenimiento neutralizando, lo más posible, el origen de los conflictos.

El ignorante afirma; el prudente duda y piensa.

Una evidencia del daño que provoca en una organización este conflicto es el costo, que se puede medir en tiempos muertos excesivos, demoras en las entregas de productos, el monto de rechazos por fallas en la calidad, el aumento de accidentes menores y mayores, etc. En consecuencia, los conflictos son causa de mayores costos, no solo en términos monetarios, sino también en lo moral.

Sin pretender ser concluyentes, se enuncia a continuación una serie de medidas tendientes a disminuir los conflictos y así, atenuar sus consecuencias. Se trata de ir incorporando a la cultura de la organización el desarrollo de comportamientos cotidianos a participación, así como compartir y desarrollar una tendencia a mantener la gestión dentro de un marco de:

- políticas consensuadas y acordadas;
- estrategias plasmadas en documentación tales como manuales operativos, procedimientos simples, instructivos breves y claros;
- tender a la prevención de paradas indeseadas o procesos defectuosos;
- asumir responsabilidades –en vez de buscar "culpables"– considerando los procesos productivos como el objetivo común;
- sería muy beneficioso que operarios de Producción se integren a grupos de tareas de mantenimiento, en la medida de lo posible. De esta manera las responsabilidades son compartidas y se tiende a neutralizar los conflictos intersectoriales;
- el planeamiento de las actividades de mantenimiento debiera ser una tarea consensuada, no así la programación que es responsabilidad del área de **M&C**;
- los programas de mantenimiento deben prever la posibilidad de realizar tareas fuera de los lapsos establecidos para producción;
- el análisis de las emergencias o colapsos que se pudiesen haber producido deben ser estudiados y discutidos por los responsables de ambas áreas, de manera de encontrar medidas preventivas para evitar repeticiones;
- en caso de accidentes que hayan afectado al personal deberán intervenir otras áreas, en especial, Seguridad e Ingeniería;
- es impostergable tener toda la documentación –gráfica y literal– actualizada, de forma que se pueda recurrir a ella con seguridad;

- es importante mantener en estricto orden los contenidos del Almacén para evitar extravíos y pérdidas de tiempo;
- estudiados y determinados los niveles de existencia de cada elemento que debe contener el Almacén, las áreas que corresponda deben actuar para mantener dichos niveles. Se sobreentiende que Mantenimiento habrá de restringir cantidades al máximo para evitar excesos considerados "cadáveres en el estante"... ¡que ocupan espacio y dan mal olor!;
- todos los elementos de izaje y transporte deben estar perfectamente mantenidos de manera que, cuando se los necesite, estén en condiciones de prestar servicio;
- igual consideración cabe al área de Seguridad.

7 – Algunas reflexiones tendientes a reducir la exposición a agresiones generadas en conflictos intra y extrasectoriales

Las reflexiones que se consignan a continuación se hacen sólo a título de sugerencia. El lector deberá estudiarlas y su aplicación debe hacerse de manera prudente dado que no es mero "recetario". Están tomadas de la experiencia real, en la seguridad que las mismas están avaladas por la experiencia:

- en tanto Ud. no esté involucrado, ¡salga corriendo de las zonas de conflicto!
- no se involucre emocionalmente en los conflictos si no tiene una *masa crítica* que lo respalde;
- base su actividad en estándares (de costo, de tiempo, de calidad, etc.) de forma de poner claramente de manifiesto la realidad;
- trate de no emitir opiniones. Seguramente alguien se las va a refutar, en la mayoría de los casos, sólo para competir y ganarle;
- mantenga una actitud de aprendizaje que le asegure su actualización constante orientada hacia la efectividad de su trabajo;
- luche para que se trabaje en acuerdo para la concertación de las actividades;
- discuta en base a preguntas abiertas. Eluda las preguntas cerradas que llevan a aseveraciones que suelen terminar en confrontación;
- evite las luchas por el poder: ¡es inútil pelear por una goma de borrar!...

- demuestre los beneficios que tiene el hecho de trabajar en base manuales de procedimiento e instructivos actualizados, acordado entre sectores;
- por lo antedicho, tienda de común acuerdo, a trabajar en base a manuales de equipos –dados por el fabricante o elaborados internamente– pues es el único respaldo serio y cierto;
- Ud. sabe que todo cambio conlleva riesgos. Entonces, frente a cualquier cambio, trate de tener un respaldo documental, para eludir la ocasión de conflictos;
- exprésese siempre dando la sensación de "estar con todos" y no "contra nadie";
- promueva actividades conjuntas entre sectores de la organización para llegar a acuerdos sobre problemas determinados;
- tenga cuidado cuando haga propuestas: antes de expresarlas, piense si su sugerencia podría afectar a alguna persona, de manera de evitar problemas personales;
- sepa que si Ud. hace propuestas racionales, no faltará quien lo acuse de estar "fuera del espíritu de la organización". ¡Entonces, silencio!...
- trate de mantener una actitud comprensiva tendiendo al afecto. No enfrente en forma reactiva a personas que estén en disidencia o que pongan obstáculos a sus propuestas.
- aprenda del torero que hace una "verónica" para escapar al ataque del toro, ¡festejando con un Olé!!!
- aún a riesgo de ser tomado por "racional" cuando exponga sus razones, es conveniente tener simultáneamente una actitud comprensiva, tendiente al afecto,
- no deje de dar, cuando proponga objetivos o cambios, la forma de medirlos: es así como se acaban las palabras...;
- cuando sugiera hacer o modificar manuales, estándares, procedimientos o cualquier otro documento, tenga la precaución de generar un clima de acuerdos;
- Cuidado: todo exceso de pragmatismo no es bien visto;
- Cuando diga NO, hágalo con firmeza, ¡pero no con rudeza!. Los cementerios están llenos de matones...
- comparta proyectos, no trate de dirigirlos porque será considerado como competitivo. Deje que lo elijan, no presione postulaciones;
- si alcanza el liderazgo de un proyecto, que sea porque lo ven capaz;

- en la vida de las organizaciones, los liderazgos, por lo general, son temporales y no perpetuos. En consecuencia Ud. no debe sentir el liderazgo como propio;
- es fascinante el oficio de "coordinador", que constantemente está tejiendo las formas más acertadas para sacar los proyectos adelante. Quizás parezca más lento, pero es el camino ideal para lograr un liderazgo eficaz;
- recuerde que la búsqueda de liderazgo o posiciones expectantes será vista con desconfianza. Mejor busque ser eficaz;
- preocúpese de mantener al día su formación, especialmente en cuestiones de gestión, tema que no mucha gente maneja;
- en orden a sus expectativas, piense en todo momento si "éste es el momento oportuno" y si está "en el lugar preciso";
- los cambios, de todo tipo se producen en todos lados, de manera vertiginosa, lo que nos obliga a estar atentos a los mismos;
- recuerde que "El futuro no es solo lo que viene, sino también lo que nosotros hacemos que venga" (Gastón Berger).

COROLARIO:

Este es un momento particularmente conflictivo, turbulento, imprevisible y complejo, pero...vale la pena vivirlo inteligentemente.

Capítulo 14

RADAR DE CONTROL
Un método de aproximación al diagnóstico del área de Mantenimiento Industrial

Resumen

Este trabajo fue desarrollado en orden a poder poseer una herramienta eficaz para ayudar a quienes dirigen o asesoran en el área del mantenimiento industrial. El método aquí presentado permite trazar una forma de diagnóstico acerca de las debilidades y fortalezas que pueda presentar el área mencionada.

Básicamente se trata de hacer un análisis detallado de seis aspectos importantes que afectan al mantenimiento en cualquier empresa. En efecto, los conceptos a analizar son los siguientes: Organización, Personal, Supervisión, Operatoria, Administración y Abastecimientos.

De resultas del análisis hecho en base a los seis conceptos mencionados, puede decirse que se obtiene una idea bien aproximada de la situación del mantenimiento que se está considerando.

La eficacia de este método ha sido robada en años por el autor del presente trabajo, tanto en cursos y seminarios sobre el tema de mantenimiento, sino también, en trabajos profesionales hechos en diversas empresas de Argentina y otros países donde actúa como consultor.

1 – Antecedentes del método

En diferentes cursos, seminarios y en trabajos de asesoramiento realizados por el autor, ha llevado a cabo una forma sistemática de registrar todos los aspectos que, especialmente, son conflictivos o atentan contra la eficiencia de las actividades del mantenimiento fabril. Así, en base a un cuestionario y a las conclusiones a que se fuera arribando en cada actividad, y después de hacer un ordenamiento de aspectos salientes, se llegó a la conclusión de que los conceptos que aparecen con más frecuencia son los mencionados anteriormente.

Ello es fruto de analizar mil doscientos cuarenta y siete encuestas y unas sesenta y dos listas de problemas que con más frecuencia se presentan en Mantenimiento. El universo es representado por noventa y tres empresas de todo tamaño y dedicadas a las más variadas actividades. Cuatro de las empresas encuestadas son multinacionales, mientras que nueve de ellas son de las consideradas grandes (siderurgia, automotrices, astilleros, metalúrgicas, etc.). El resto son de las consideradas medianas y pequeñas. Este es un espectro que puede considerarse válido a los efectos de poder estructurar el método.

2 – Metodología y aplicación

Cada uno de los seis conceptos a analizar (Organización, Personal, Supervisión, Operatoria, Administración y Abastecimientos) tiene un cuestionario, el cual está dividido en dos partes, una de las cuestiones importantes, definitorias a los efectos del concepto que se analiza: una segunda parte está compuesta de una serie de cuestiones menos importantes.

El analista deberá proceder como se indica.

a) Leer detenidamente cada frase.
b) Asignar un puntaje el cual, a criterio del analista, representa numéricamente la situación analizada. Para el grupo de cuestiones importantes asignará valores pares y para las cuestiones menos importantes, valorizará con números impares. En todo caso, toda cuestión deberá tener una valorización.
c) Terminado el análisis de cada concepto, se sumarán todos los valores asignados y ello dará por resultado un número final.
Bajo el Anexo 1, se adjuntan los seis cuestionarios, uno

por cada concepto a analizar. Terminada la valorización se procederá a graficar el trabajo de diagnosis. Para ello se utilizará la gráfica que corre bajo Anexo 2. Se procederá como sigue:

d)   Los valores finales obtenidos en cada concepto se volcarán sobre el eje respectivo de la gráfica o "radar";

e)   Se deben unir todos los puntos de la gráfica, lo cual dará como resultado una poligonal que representará el estado o diagnóstico del área de Mantenimiento analizado.

Si se observa la gráfica "radar", se habrán de notar cinco zonas, a saber:

• de 100 a 91 puntos, corresponde a un nivel excelente,
• de 89 a 71 puntos, corresponde a un nivel muy bueno,
• de 70 a 51 puntos, corresponde a un nivel aceptable,
• de 50 a 41 puntos, corresponde a un nivel inaceptable, y
• 40 puntos o menos corresponde a una situación desastrosa.

Recién, cuando se obtiene la poligonal, comienza el análisis, para lo cual se recomienda comenzar por los conceptos que hayan resultado más débiles, o sea, con menor puntaje.

Para ello será práctico proceder como se indica a continuación:

f)   repasar los cuestionarios de aquellos conceptos más débiles. Es recomendable que este trabajo de análisis sea realizado por más de una persona y de la discusión, con seguridad, resultará un diagnóstico más acertado o más cercano a la realidad;

g)   una guía práctica y eficaz, para mejorar situaciones débiles, es a que se agrega en el Anexo 3. Siguiendo las preguntas allí consignadas, y dándole respuesta a cada una de esas preguntas, se podrán encontrar las vías de solución alternativas apropiadas a cada caso.

3 – Recomendaciones

Esta metodología, como ya se dijo, está ampliamente probada y da excelentes resultados. En sucesivos análisis se podrá ir apreciando la evolución del servicio de mantenimiento a medida que se van tomando medidas correctivas para ir mejorando aquellos aspectos que se manifiesten más débiles.

A efectos de obtener los resultados esperados a partir de la aplicación del método mencionado, se recomienda:

1° trabajar en equipo;

2° leer y releer las cuestiones que se consignan en cada cuestionario y discutir su valorización con el equipo;

3° tenga en cuenta, al hacer la valorización, que:

- el nivel excelente significa que la actividad considerada se hace o se lleva a cabo perfectamente;
- es muy bueno, cuando se hace con bastante frecuencia;
- tiene un nivel aceptable cuando sólo se hace a veces;
- es inaceptable, cuando las cosas se hacen esporádicamente, muy de vez en cuando, y
- debe considerarse una situación decididamente desastrosa, cuando nuca se hace;

4° recuerde que:

- el nivel excelente, hay que mantenerlo;
- el nivel aceptable, hay que mejorarlo, y
- el estado de desastre... ¡hay que revertirlo sin demoras!;

5° todas las mejoras que surjan del análisis deben programarse en el tiempo y asignarle medios y recursos.

6° es recomendable que la misma persona o el mismo equipo que hubiese hecho el primer análisis siguiendo la metodología antes descripta, vuelva a realizar el análisis, de forma de poder verificar la tendencia de los cambios deseados.

En el Anexo 4 se muestran dos análisis superpuestos, lo cual permite apreciar los cambios producidos en un determinado lapso; en efecto, este es un ejemplo real, realizado en una empresa textil, cuya área de Mantenimiento, en el término de tres meses, lapso en el que se hizo un primer análisis y un reciclaje del mismo, muestra cambios en casi todos los conceptos que permite estudiar el "radar".

4 – Corolario

Como ya se dijo, este es un método de aproximación, el cual permite hacer un análisis de situación del área de Mantenimiento en seis aspectos importantes que pueden afectar el desarrollo de tareas y la eficiencia del mantenimiento de plantas industriales.

Es conveniente fijar la atención en aquellos conceptos que muestren una marcada debilidad. En tal caso es necesario hacer un estudio aún más exhaustivo que el que propone cada uno de los cuestionarios mostrados en el Anexo I (figuras 1 a 6), y tanto como fuere necesario, luego de lo cual hay que estudiar y adoptar medidas correctivas adecuadas.

Los trabajos de análisis como el propuesto, conviene hacerlos en equipo, de tal manera que se eviten importantes desviaciones en la evaluación de aspectos consignados en los cuestionarios.

Esperamos que este método sea de real ayuda. Sinceramente.

ANEXO 1

CONCEPTO: ADMINISTRACIÓN										
ASPECTOS A CONSIDERAR	10		8		6		4		2	
• Mantenimiento trabaja en base a un Presupuesto Operativo anual que cubre todas sus actividades • Mantenimiento trabaja dentro del sistema de costos de la empresa • Mantenimiento trata de reducir constantemente de los costos operativos • Mantenimiento participa en la elaboración de los presupuestos anuales y en el establecimiento de niveles de gastos • Mantenimiento controla y trata de reducir sus gastos										
		9		7		5		3		1
• El área de Administración presta apoyo a Mantenimiento • El de Sistema presta apoyo a Mantenimiento • La información llega a Mantenimiento en tiempo y forma • Mantenimiento participa en cuanto a los planes de mercado • Grado de ordenamiento interno de Mantenimiento en cuanto a lo administrativo										
Subtotal TOTAL										

Figura 1

CONCEPTO: ORGANIZACIÓN									
ASPECTOS A CONSIDERAR	10		8		6		4		2	
• Claridad de las políticas de la Empresa respecto de Mantenimiento										
• Claridad de los objetivos de la Empresa respecto de Mantenimiento										
• Grado de comunicación de todos los organismos de la Empresa con respecto a Mantenimiento										
• Mantenimiento tiene libertad de acción dentro de la organización de la empresa										
• Claridad de la estructura orgánica de la Empresa y en especial del área de Mantenimiento										
	9		7		5		3		1	
• Internamente, Mantenimiento tiene establecidas vías de comunicación claras										
• Mantenimiento trabaja dentro de límites de responsabilidad claros y definidos										
• Mantenimiento trabaja en base a claros objetivos propios										
• Mantenimiento es tenido en cuenta por el resto de los organismos de la Empresa										
• Mantenimiento tiene definidas sus funciones claramente										
Subtotal TOTAL										

Figura 2

CONCEPTO: OPERATORIA										
ASPECTOS A CONSIDERAR	10		8		6		4		2	
• Mantenimiento acciona en base a planes y programas										
• Mantenimiento participa en la elaboración de los programas de producción										
• Mantenimiento participa en planes de inversión, ampliaciones y modernización de activos productivos										
• Grado de aplicación del concepto de mantenimiento preventivo, con rutinas de inspección y revisión planeadas										
• Mantenimiento tiene archivos de documentación técnica y el historial de los equipos, al día										
	9		7		5		3		1	
• Mantenimiento dispone de repuestos, suministros generales y accesorios en existencia en los almacenes										
• Mantenimiento dispone de herramental de banco, equipos de maquinarias suficientes y en buen estado										
• Se lubrican equipos e instalaciones en base a un programa establecido en base a rutinas										
• Mantenimiento presta atención, estudia y resuelve los casos de fallas repetitivas										
• Mantenimiento dispone con suficiente tiempo datos sobre costos y presupuestos										
Subtotal										
TOTAL										

Figura 3

CONCEPTO: ABASTECIMIENTOS										
ASPECTOS A CONSIDERAR	10		8		6		4		2	
• Velocidad de respuesta a los requerimientos de compras de repuestos, materiales y suministros para Mantenimiento										
• Almacenes de repuestos ordenados										
• Mecanismos de recepción (calidad y cantidad) establecidos										
• Se compra en base a Especificaciones precisas										
• Catálogo de Componentes (repuestos) actualizado										
		9		7		5		3		1
• Disponibilidad de repuestos, materiales y suministros										
• Mantenimiento tiene participación en el proceso de comprar										
• Registro de proveedores actualizado										
• Se respetan los niveles máximos/mínimos de existencias										
• Grado de facilidad para contratar servicios de terceros										
Subtotal										
TOTAL										

Figura 4

ANEXO 1

CONCEPTO: SUPERVISIÓN										
ASPECTOS A CONSIDERAR	10		8		6		4		2	
• Conocimiento de sus obligaciones técnicas, funciones de control y responsabilidad sobre los resultados										
• Respaldo de la Empresa a la supervisión del Área										
• La supervisión recibe constantemente capacitación										
• La supervisión elabora los planes y programas de acciones de Mantenimiento y controla su grado de cumplimiento										
• La supervisión conoce, cumple y hace cumplir los Objetivos y Principios de la Empresa										
• La supervisión maneja y aplica el concepto de economía y control de costos del mantenimiento										
	9		7		5		3		1	
• La supervisión sabe escuchar a su personal										
• La supervisión analiza y resuelve problemas por sí misma										
• La supervisión tiene fluida relación con el nivel de operarios										
• La supervisión tiene fluida relación con los niveles superiores de la Empresa										
• Grado de relación entre supervisores de Mantenimiento con los de otras Áreas de la Empresa										
Subtotal TOTAL										

Figura 5

CONCEPTO: PERSONAL										
ASPECTOS A CONSIDERAR	10		8		6		4		2	
• Mantenimiento tiene personal en cantidad suficiente										
• Mantenimiento tiene personal de calidad técnica										
• El personal de Mantenimiento conoce y observa los Objetivos de la Empresa y los particulares del Área										
• El personal de Mantenimiento se capacita permanentemente										
• El personal de Mantenimiento trabajó solo y es responsable de las tareas que realiza										
	9		7		5		3			1
• Rotación de personal (ingresos/egresos) de Mantenimiento										
• Ausentismo del personal de Mantenimiento										
• Facilidad de Mantenimiento para cubrir vacantes										
• Las acciones de desarrollo de personal de Mantenimiento permiten ascensos e integración de cuadros de sanciones										
Subtotal										
TOTAL										

Figura 6

ANEXO 2

RADAR DE CONTROL
PARA EL ÁREA DE MANTENIMIENTO INDUSTRIAL

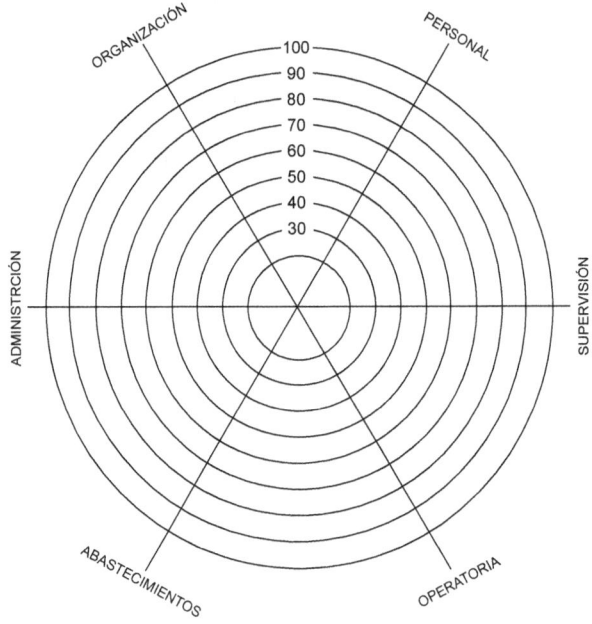

ANEXO 3

ANÁLISIS DE UNA TAREA DE MANTENIMIENTO			
ORDEN	PREGÚNTESE SIEMPRE:	ANALICE ASÍ	PIENSE SI ES POSIBLE
1º	¿QUÉ se hace?	¿POR QUÉ se hace así? ¿Es posible dejar de hacerlo? ¿Qué pasaría si no se hiciese?	ELIMINAR
2º	¿QUIÉN lo hace?	¿POR QUÉ lo hace Fulano? ¿Está suficientemente capacitado? ¿Está demasiado capacitado? ¿Podría reducirse personal?	COMBINAR PERMUTAR
3º	¿DÓNDE se hace?	¿POR QUÉ se hace en ese lugar? ¿No puede hacerse en otro sitio? ¿Qué ventajas tiene hacerlo allí?	COMBINAR PERMUTAR
4º	¿CUÁNDO se hace?	¿POR QUÉ se hace en ese momento? ¿No podría hacerse antes? ¿No puede hacerse después?	COMBINAR PERMUTAR
5º	¿CÓMO se hace?	¿POR QUÉ se hace así? ¿Es la mejor manera de hacerlo? ¿Es la forma más económica? ¿No se puede hacer mejor?	MEJORAR
PIENSE QUE TODA TAREA ES SUSCEPTIBLE DE SER MEJORADA			

EJEMPLO DE RADAR DE CONTROL

EMPRESA: *Texarg S. A.*
FECHA: *11 de agosto 1988* ANALISTA: *Pedro G.*

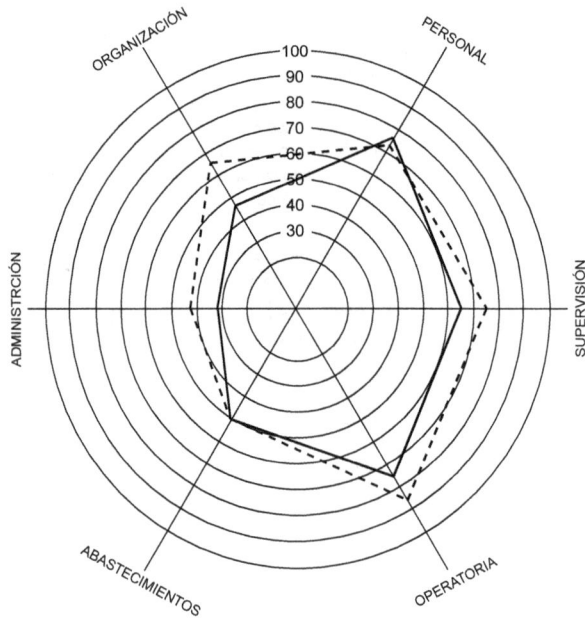

REFERENCIAS:
1er análisis: *11 de agosto de 1988* ——————
2do. análisis: *18 de noviembre de 1988* — — — — — —
3er. análisis:

Capítulo 15

NOMENCLADOR DE TÉRMINOS

1 – Introducción

Si bien el lector no debe esperar que los contenidos de esta primera parte del libro constituyan un tratado de organización, sí dispondrá de una breve, pero amplia conceptualización acerca del significado de los términos que se relacionan a la gama de temas empleados y relacionados al término mantenimiento industrial. Además del significado, y cuando sea pertinente, se amplían los términos con el agregado de ejemplificaciones, prevenciones, comentarios, notas y sugerencias a los términos que con más frecuencia se usan referidos a los temas en cuestión.

2 – Términos y expresiones – Significados y alcances

Almacén: en Argentina se denomina así al depósito especial de resguardo de repuestos, materiales y suministros generales. En algunos países de América suele denominarse "bodega"; en inglés se lo denomina "*maintenance store house*". Generalmente, el área de **M&C** tiene su propio almacenaje, separado del Almacén general de la empresa.

Apropiación: es la acción administrativa de dejar en reserva –separar físicamente– un repuesto, suministro, herramientas o material para realizar trabajos de mantenimiento y conservación, recambio o construcción contra el número de la orden de trabajo, con imputación al equipo o instalación en el cual se va a aplicar el bien.

Áreas: son partes importantes que componen una estructura organizacional. Las áreas deben tener definida su razón de ser, con clara definición de sus funciones y sus alcances, la descripción de las tareas más importantes, rol del personal que debe estar afectado a dicha área. También deben considerarse con igual claridad los *límites de responsabilidad* así como los límites físicos que caen en cada área, los cuales están fijados y establecidos.

Autoridad: es la capacidad real que alguien posee para que otro u otros hagan lo que desea, cuándo lo desea y cómo lo desea. Es el derecho a ordenar, a mandar, a conciliar y controlar.

COMENTARIOS

El concepto de autoridad se nutre de las siguientes fuentes: del *carácter*, la *personalidad*, los *conocimientos* y la *autoridad conferida*.

Ejemplos:

- *el carácter* → la calidad del trato, el estilo;
- *la personalidad* → la presencia que impone respeto, la forma de discurrir, las formas de encarar las negociaciones y las discusiones;
- *el grado de conocimientos* → ..."este tipo es una autoridad en metalurgia o en soldadura", etc.;
- *la autoridad conferida* → es el cargo que ocupa una persona y que ha sido dado por una autoridad superior de la organización;
- el concepto de *autoridad* tiene dos sustentos: el propio, el que posee la persona por sí misma (*autoridad personal*) y el que se le confiere actuando dentro de una organización (*autoridad formal*);
- dentro de una organización el grado de autoridad que se le confiere a una persona, está directamente relacionada con la función y al nivel jerárquico que ocupa dentro de la estructura;
- la *autoridad conferida* está legitimada por derecho y es representación de la máxima instancia de la organización;
- la *autoridad* no es delegable;
- el término autoridad no implica fuerza (física);
- dos situaciones relacionales entre *poder* y *autoridad*:
- a) que se posea poder, pero que se carezca de toda autoridad, y, por lo contrario,
- b) es el caso que se da con cierta frecuencia: de personas que poseen autoridad, pero carecen de poder.

Ambos conceptos, tales, *poder* y *autoridad,* son centrales al momento de diseñar una estructura orgánica. Tienen una magnitud tal que son difíciles de balancear entre sí y esto se aprecia cuando se trata el tema del liderazgo (ver) y en la formación e integración de los cuadros de mandos medios. Es muy importante tener en cuenta estos conceptos, para que la conducción de voluntades no fracase, especialmente en una área tan particular como lo es **M&C.**

Carisma: es una forma de atractivo interpersonal que genera aceptación y apoyo.

"**Cliente interno**": en el lenguaje (jerga) del taller y dicho en forma coloquial, se denomina de esta manera al responsable de un área o de un equipo.

Comitente: ceder a alguien sus funciones. Se dice de quien contrata a algún otro (contratista) para que haga un trabajo.

Comportamiento organizacional (*): lo constituye el campo de estudio que se sustenta en un cuerpo de teorías, métodos y principios de diversas disciplinas para comprender y percibir los valores, las capacidades de aprendizaje, las acciones y reacciones de los individuos que trabajan en grupos dentro de una organización, con el fin de analizar el clima de la misma, las *capacidades* de su potencial humano, el *ordenamiento de las misiones, metas* y *objetivos, estrategias* y *operatividad.*

Comunicación: la *comunicación* es un concepto que excede el aspecto meramente físico que hace a la transmisión de un mensaje; es mucho más profundo y complejo, dado que se trata transmitir ideas de una persona a otra/s. Pero, en este proceso, no solo se trata de transmitir palabras, sino que también con la comunicación van *intenciones, conocimientos, gestos* y *sentimientos.* Estos conceptos, aplicados a la interrelación de las personas, en primera instancia, dan coloratura a los mensajes. Por lo mismo, se puede concluir que mientras se dote a la estructura de una *buena comunicación*, se logrará generar un buen clima entre los <u>componentes cuando estén fluidamente interrelacionados.</u> De ahí la importancia que tiene la

---

(*) Adaptado de *Organizaciones*, de Gibson, Ivancevich y otros. Ed. Mc-GrawHill.

comunicación como concepto y como sistema para que una estructura organizativa comience a funcionar y que lo haga con calidad de vida.

Cancelación: concluir o anular una acción. En mantenimiento se denomina "cancelación" a la conclusión de cada paso de un proceso de elaboración; por extensión, se dice del hecho de la terminación total de un trabajo solicitado al área de ***M&C***.

Circulo vicioso: es la acumulación de sucesivos e incesantes de trabajos no concluidos, fruto de una mala dirección. Este concepto se aplica a cualquier actividad.

"**Cliente interno**": así se define, de manera coloquial, a toda persona o entidad que recurre al área de ***M&C*** para solicitar un servicio.

Comitente: de *cometer*. Ceder a alguien sus propias funciones. Ejemplo: se considera como tal a una empresa –*comitente*– que contrata –*contratista*– a otra para que le haga el mantenimiento.

"*Condición cero*" o **"*puesta a cero*"**: es el estado de una máquina o equipo de producción o de apoyo, a los cuales se le realizaron reparaciones y ajustes por lo cual los mismos se lo ha llevado a las condición cercana a la situación de diseño.

Conflicto: es el enfrentamiento entre personas o entidades, en el campo de las ideas o intereses.

COMENTARIOS
Un *conflicto* puede presentar diferentes niveles de gravedad:
* *ninguna gravedad*: se puede convivir con el conflicto en estado latente. En este caso el precio que se paga es nulo o mínimo, pero requiere atención.
  Ejemplo: momentos económicos difíciles de la empresa que interfieren con un fluido abastecimiento de repuestos por parte de Compras/Almacenes.
* *gravedad posible*: cuando se mantiene el conflicto bajo control; en este nivel hay que tener cuidado que el grado de conflictividad no supere el estado de inestabilidad controlada, pues si aumenta la gravedad del conflicto, pasamos al estado de problema, que es más difícil de solucionar o, al menos, se va a pagar más cara la situación.

Ejemplo: se presenta un conflicto gremial en el momento que se necesita personal para cumplir con un programa de mantenimiento comprometido.

- *conflicto declarado*: superado el estado medio antes mencionado, cuando se ha agrava el conflicto, se pasa a tener un problema. Las cuestiones problemáticas requieren soluciones inmediatas, pues, si se deja correr el tiempo, la situación puede tender a agravarse y el costo podría llegar ser altísimo.
Ejemplo: se han detectado vibraciones en el eje de un motor eléctrico de 100 HP, situación que requiere pronta atención, pero el responsable de operaciones de la planta opta por continuar produciendo. Se le hace la advertencia desde Mantenimiento de la situación y...comienzan las discusiones....

Consigna: orden que una persona con jerarquía o institución da a sus subordinados.

NOTA:
La *consigna* es una orden que se imparte, sin entrar en detalles. Simplemente se ordena lo que se desea. En mantenimiento, cuando el área está bien organizada y su personal ha recibido suficiente capacitación puede trabajar en base a consignas. En tales casos, quien dirige el área solicita a sus supervisores o a los líderes de grupos el trabajo qué es lo que debe realizarse. Quien recibe la orden se supone que habrá de interpretar claramente lo que se le ha solicitado y sabe que es lo que tiene que hacer para satisfacer lo requerido. En muchas oportunidades, quien debe realizar el trabajo, habrá de requerir aclaraciones o mayor cantidad de datos para obrar con seguridad. Esta forma de trabajo ahorra mucho tiempo y se trabaja de manera directa. De lo dicho también tiene sentido la denominación de grupos de autogestión, al trabajar en base a consignas.

Contrario sensu: sentido contrario, por el contrario.

Control: es la suma de acciones de verificación, inspección, visualización para tratar que no se produzcan desviaciones de lo trazado previamente en planes, programar, especificaciones, documentos o protocolos.

COMENTARIOS
Si hay un punto en las que frecuentemente las estructuras organizacionales fracasan, es por no haberle dado suficiente importancia a los controles, muchas veces, desde el mismo momento del diseño de la organización. Un control eficaz es aquél que permite detectar rápidamente las desviaciones a lo establecido, lo que permite tomar medidas de rectificación de la situación detectada. El control eficaz y las acciones rápidas hablan de una organiza-

ción eficiente. Cuando la organización está bien diseñada y, a su vez, bien conducida, genera un clima de confianza entre el personal. A partir de este clima se puede generar el criterio de autocontrol, con lo que se mejoran las interrelaciones y se gana en todo sentido.

Crisis: es la situación de enfrentar una disyuntiva. Alteración de la regularidad que obliga a tomar decisiones. En la ilustración se ve graficada una situación de crisis y sus componentes:

Un viejo proverbio inglés dice acerca de la palabra Crisis:

"Encarar los grandes problemas como si fuesen pequeños; encarar los pequeños problemas como si fuesen grandes".

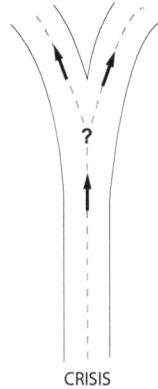

CRISIS
ALTERNATIVA Y OCASIÓN
DE UNA POSIBLE OPORTUNIDAD

COMENTARIOS
- Para los chinos, la palabra crisis encierra dos significados:
  - ✓ es la manifestación de una *ocasión de peligro*, cierto, pero a la vez...
  - ✓ es *una oportunidad*. Este aspecto obliga a estar atento a los problemas, de manera de atenderlos lo más rápido posible y, así, evitar consecuencias mayores.
- las oportunidades deben ser descubiertas; éstas pasan por lo general encubiertas y, dado el fárrago de cosas que se deben atender diariamente, no son fáciles de descubrir.

Cultura: conjunto de modos de vida, conocimientos, grado de desarrollo y costumbres de una sociedad o parte de ella, para una época determinada. La cultura de la organización influye, decididamente, sobre los patrones del comportamiento de las personas que la componen. El comportamiento del personal varía de manera directa con los posibles cambios de la cultura organizacional.

COMENTARIOS

Toda cultura se nutre de estos componentes eminentemente sim-
bólicos, tales como:

- **valores**: se consideran como tales a todos los conceptos
  considerados rectores en el plano de lo moral y ético. Es la
  cualidad que poseen algunas realidades que se consideran
  bienes y, por lo mismo, son estimados por una gran mayoría
  de personas (ver *Misión*).
- **héroes**: son personas ilustres o famosas por sus hazañas,
  virtudes o logros que se destacan, generalmente, por sobre el
  común de la gente. Ejemplo: Mahatma Gandhi, Henry Ford, Di
  Tella, San Martín, Mozart,
- **ritos - rituales - fiestas**: es el conjunto de reglas muy fuertes
  que emergen de una cultura, destinadas a lograr cohesión de
  grupos de personas.
- Ejemplos: la vestimenta *"casual"* de los días sábados, las reuniones de café para discutir temas de empresa, los regalos de
  cumpleaños, la cena de fin de año, etc.
- **hábitos**: procederes que se adquieren por repetición. Es el
  grado de facilidad que se alcanza después de una larga y
  constante práctica de un mismo ejercicio. Ejemplo: anotación
  de trabajos realizados en la Ficha de equipo (ver)
- **mitos**: relato que en realidad es ficción alegórica que, con el
  tiempo, desfigura la realidad, dando apariencia de valioso a
  un personaje, a acciones o ideas. Otro significado de mito es el
  "camino corto" que utiliza una cultura para la resolución de sus
  conflictos.
  Ejemplos: "Nuestra empresa nunca dejó de ser líder"; "Gar-
  del, que cada día canta mejor".
- **tabúes**: son las condiciones que ostentan algunas personas, instituciones, ideas, cosas o costumbres de las
  cuales no es lícito censurar o criticar (¡¡y hasta es peligroso hablar mal!!...).

Cultura organizacional: es la suma de diversos aspectos, tales
como los valores, costumbres, formas de accionar, hábitos, ritos y mitos que se van desarrollando con el tiempo
dentro de una organización y contribuyen en dar, de manera pensada o impensadamente, un *estilo* definido a la
misma.

COMENTARIOS

- Toda *estructura organizacional*, se divide en dos aspectos, la
  organización denominada *formal* y la *cultura informal*
- la primera es la que surge del propio diseño organizacional;
- la *cultura informal* es la que va surgiendo, de manera insensi-

ble, de los usos y costumbres del grupo humano que componen la organización;

- la *cultura informal* ayuda a agilizar las actividades pero...
- ...es frecuente ver que la *cultura informal* obligue a hacer modificaciones en la cultura formal
- si bien en la realidad las dos culturas conviven, será necesario balancear esta situación, de manera que la informal no pase a ser más importante que la cultura formal.

Henry Ford decía que "cultura es como hacemos las cosas acá"

Decisión: determinación, resolución que se toma o se otorga a un problema, litigio o causa dudosa (ver *Toma de decisiones*)

Descripción de funciones: este documento es sólo un guía que, redactado de una manera sintética, describe las responsabilidades y tareas que debe desarrollar cada una de las *posiciones* establecidas para cada *función* en el diseño de la *estructura*. Es un documento descriptivo que incluye los conocimientos mínimos, la experiencia y habilidades que debe poseer el personal afectado a cada función, límites de responsabilidad física y personal. Si se establecen distintos niveles para cada función (ej.: oficial, medio oficial, aprendiz), se debe elaborar la *descripción de la función* correspondiente. Las "Descripciones de funciones" integran el *Manual de Organización*.

Diagnóstico: arte de conocer el origen la naturaleza de una enfermedad; por extensión, es la manera de reconocer fallas en equipos y máquinas.

Direccionario: es el archivo donde se inscriben los datos (razón social, especialidad, personas responsables, dirección postal, dirección de correo electrónico, valuación de calidad, teléfonos fijos y celulares, etc.). Este direccionario de elabora respetando un cierto orden por especialidad o alfabético).

Diseño organizacional: es una tarea delicada por la cual se da formas a la estructura de una organización.

COMENTARIOS
Tener en cuenta estos conceptos al momento del diseño organizacional:

- cómo se divide y distribuyen las tareas y responsabilidades dentro de la estructura (*división del trabajo*)
- qué porción de *poder* y *autoridad* se asignará a cada parte de la organización (jerarquía), y

- cómo se diseñarán los líneas de comunicación entre las partes; y,
- cómo se diseñarán los sistemas de control de toda la operatoria de la organización.
- es deseable que todo diseño tienda a la simpleza que se manifestará en la menor cantidad de niveles y el mínimo número de áreas posible;
- con ello se tendería a tener rápidas comunicaciones entre los integrantes de lo estructura organizacional;
- habrá que lograr que las partes componentes de la estructura estén debidamente "balanceadas" para que los resultados sean la *eficiencia* y la *eficacia*, a partir de un estilo dado. Cuando se dice balanceadas, quiere expresarse que cada área tendrá espacios, medios, métodos y sistemas y la fuerza efectiva estrictamente necesaria para desarrollar las tareas que le competen.

"Dueño": se denomina así, de manera coloquial, al responsable del equipo que demanda un trabajo de mantenimiento. Es el "cliente interno" con el cual hay que negociar el trabajo que solicita, la prioridad, la posible fecha de terminación del trabajo, el aporte –eventual– de repuestos, etc.

Efectividad: es alcanzar las metas que se han propuesto, tal como se han propuesto.

Eficacia: es virtud, fuerza y poder para obrar correctamente y así alcanzar objetivos.

Una buena organización es la que puede cumplir con lo solicitado.

Eficiencia: es alcanzar resultados de acuerdo a lo preestablecido. Es el cumplimiento de los programas en tiempo, forma y calidad al menor costo posible.

Equipo: 1. conjunto de personas que se forma para que desarrollen determinadas tareas. 2. denominación genérica que se da a un conjunto de partes, instrumentos y componentes destinados a una acción particular. Ejemplos: máquina de coser, laminador, línea de montaje, llenadoRa de líquidos, etc. 3. grupo de personas que actúan coordinadamente para practicar deportes, o de salvatajes.

COMENTARIOS
- La conformación del equipo puede ser de carácter permanente o transitorio;
- quien forme equipos deberá tener en cuenta las siguientes consideraciones:

✓ *para qué* se forma el equipo;

✓ duración o vigencia del equipo (permanente o transitorio);

✓ compromiso y fijación de metas y objetivos;

✓ es saludable que, una vez conformado el equipo, los supervisores se reúnan con todos los integrantes y se discutan las tareas operativas, y los recursos necesarios para llevarlas a cabo;

✓ listar los equipos, herramientas y elementos necesarios;

✓ nombramiento de la persona calificada para que conduzca el equipo;

✓ fijación de formas de control de la cantidad, calidad y oportunidad respecto de las tareas asignadas al equipo.

Equipo *clave*: se considera como tal a todo equipo o instalación, o parte de ellos que es primordial en las instalaciones a los efectos de producción y, en caso de desperfecto podría afectarla en cantidad, calidad u oportunidad y/o a la seguridad de las personas y los bienes.

Estilo: orden y formas de actuar que dan un carácter propio a la persona o a una entidad. Algunos de esas características: calidad, seriedad, coherencia, seguridad, orden asistencia al cliente, velocidad de respuestas, elegancia, etc. El estilo de una organización es el fruto de la cultura que la misma ha ido desarrollando en el tiempo. El *estilo* está decididamente ligado a los valores que adopte la dirección.

La estrategia estudia diferentes escenarios, distintas alternativas, procurando seleccionar la más conveniente.

Estrategia: 1. arte y habilidad del manejo de reglas que permiten pensar ordenadamente y dirigir un asunto. 2. es un conjunto de reglas que permiten asegurar, en un determinado grado. Es alcanzar los resultados esperados con una buena decisión.

Ejemplo: parar la línea, tal como está establecido en el programa o se sigue operando hasta que se cumpla la orden de fabricación. Cambiar de productos por otros más rentables, etc. La estrategia es un arte, por el cual se trata de hacer jugar la mayor cantidad de variables hasta llegar a un nivel que asegure un cierto grado de éxito.

Estructura: forma y disposición armoniosa que toma el ordenamiento de todos los organismos previstos para que puedan desarrollar el rol para el cual están destinados dentro del conjunto, siendo el organigrama una (mera) representación gráfica de la estructura. La constituyen la suma de costumbres, conocimientos

Fiabilidad: la raíz de esta palabra es la fé, que se tiene en un organismo, en un grupo de personas o en una persona. Por extensión puede aplicarse a cosas.

Fidelizar: de fe. Es la acción de adherir a otros (por ej. clientes) por creer en la calidad del servicio que se presta o producto de calidad que se entrega al mercado.

Formas: la estructura puede tomar formas determinadas. Es prudente consignar que, dentro de una misma estructura orgánica, pueden convivir más de una las formas descriptas, no de manera formal, pero sí realmente en los hechos.

Frecuencia: (en Mantenimiento rutinario y Mantenimiento preventivo) tomando una unidad de tiempo, la frecuencia es la cantidad de veces en que se deben realizan tareas predeterminadas;
Ejemplos: lubricación, recambio de piezas, inspecciones, revisiones, controles, ajustes, limpieza, etc.;

Fuerza efectiva: es la suma de todas las personas que ocupan posiciones en todas las áreas de la organización. Dicho de otra forma, la fuerza efectiva la constituye el total de personal de una organización y se divide y clasifica en niveles de autoridad y especialidades.

Función: se considera como tal a cada una de las posiciones establecidas dentro de la estructura organizativa. Indica el conjunto de responsabilidades y tareas que tiene una persona o un conjunto de ellas bajo una nominación.

COMENTARIOS
- Cada función tiene una nominación con el fin de identificarla entre el conjunto de funciones que componen una estructura organizativa;
- cada función tiene asignada una serie de responsabilidades y tareas las que se trasladan a la/s persona/s que la cubre/n. Dichas tareas y responsabilidades se reúnen en el Manual de Organización;
- las funciones presentan tres aspectos:
  a) la función que se diseña,
  b) la expectativa acerca de la función diseñada, y
  c) el resultado real la función.
- siempre se presentan diferencias entre estos tres aspectos de la función y ello se debe a una infinidad de causas;

- con el fin de evitar que esas diferencias puedan llegar a desvirtuar el diseño original de la función. Se requiere la atención de la supervisión para ir actualizando la definición de las funciones;

Función del área: debe documentarse la descripción de la función que se le asigna a cada parte de una estructura organizativa denominada *área*. Es de suma importancia que las responsabilidades que le caben a cada área queden documentadas de manera breve, pero clara. En la descripción, se dejan establecidas para cada área la razón de ser dentro de la estructura orgánica (Qué hace), así como la cantidad de posiciones (Quienes) para cada función. Este documento integra el Manual de Organización.

Grupo: conjunto de personas que se reúnen con un fin determinado.

COMENTARIOS
- ¡Atención!: grupo no es equipo (VER Equipo);
- los grupos pueden ser formales o informales y se pueden formar por diferentes motivos: interés monetario, amistad, tareas circunstanciales o permanentes (ver Equipo), por condición social, por seguridad, por afectos o gustos personales, etc., entre otras razones;
- los grupos formales se forman por decisión administrativa y de esta manera quedan legalizados, mientras que los grupos informales se forman por afectos o intereses comunes;
- los grupos se forman para satisfacer el llamado *sentido de pertenencia*, aspecto altamente convocante;
- generalmente los grupos se forman y sus miembros interactúan en base a códigos no escritos;
- la del grupo está en relación directa a la perdurabilidad de los fines y a la lealtad entre los miembros que lo componen;
- por lo general, el número de los integrantes del grupo va variando con el tiempo, por un sinnúmero de razones. Pero el ingreso de nuevos integrantes no es fácil de concretarse. Un nuevo miembro debe ganarse la confianza del grupo y su aceptación difícilmente es inmediata...*¡¡el nuevo debe ganarse al grupo!!*

Habilidad: es la capacidad y disposición para alguna cosa. Gracia y destreza pa desempeñar actividades diversas. Disposición natural para resolver problemas con la mente o conocimientos.

Historial: es la reseña de acontecimientos (desgastes, roturas, caída de rendimiento, etc.) de equipos y máquinas y las acciones de mantenimiento y, en este "archivo general" del área de **M&C**, donde se registran datos e informaciones de todas las máquinas, equipos e instalaciones productivas, de servicio o auxiliares de la empresa. Además en él se vuelca toda novedad, las acciones de conservación y mantenimiento, las reparaciones, ampliaciones y modificaciones que se vayan produciendo sobre los bienes. Mantener actualizado este importante archivo será de crucial importancia para facilitar las tareas de varias áreas de la organización, tales como la misma área de M&C, Ingeniería, Administración, Adquisiciones y Almacenes, etc.

El *Historial* es la herramienta más eficaz, en varios aspectos, para elaborar cualquier proyecto, plan o programa, pero el uso que quizá más importe es el que se refiere a la programación de acciones de mantenimiento. Con el tiempo, el Historial se convierte en una verdadera base de datos que debe mantenerse actualizada constantemente.

Hojas de control: (VER sistema preventivo y Mantenimiento rutinario) el operario que deba hacer los controles, las inspecciones y, eventualmente, trabajos, se ajustará a las indicaciones que figuran en la respectiva *Hoja de control*, en la cual indican los trabajos a realizar en los *puntos críticos,* el herramental especial a usar, las normas de seguridad a tener en cuenta, etc. En algunas organizaciones se fija el tiempo estimado de realización de estas tareas

Hojas de Descripción de funciones: es la forma de dejar establecidos los patrones a los cuales se ajustará la búsqueda, selección e incorporación de personal para el área de **M&C**. Cada función del área debe tener la correspondiente *Hoja* en la cual se consignan los datos que definen a cada función (denominación, nivel de capacitación, experiencia previa, habilidades requeridas, etc.).

Hojas de proceso: sirven para dejar establecidos, paso-a-paso, los procesos productivos. En el caso de mantenimiento las *Hojas de proceso* sirven como guía para el personal del área, en trabajos que requieren una atención especial. Por ejemplo: análisis de sistemas, control de sistemas, desmontaje, desarmado, armado y montaje de equipos especiales, etc.

Incertidumbre: se considera a la falta de datos, señales o ideas que ayuden a conocer lo que podría pasar, suceder, acontecer.

Innovación: acción y efecto de innovar. Creación, modificación actualización de algo material o intelectivo con intensión de mejorarlo.

Inspección: (VER Mantenimiento rutinario y Mantenimiento preventivo) este término identifica a las tareas de verificación del estado de los denominados *puntos de control* que están predeterminados en equipos e instalaciones que se consideran *clave*. Las inspecciones se llevan a cabo con ajuste a lo que se indica en el protocolo correspondiente, con el equipo en marcha o en breves detenciones de modo de no afectar la productividad.

COMENTARIOS
- Ejemplo: en un coche taxi (equipo *clave*) se deben verificar periódicamente, según lo establece un programa dado por el fabricante, los siguientes *puntos de control*: nivel de aceite, nivel de líquido de frenos, estado de zapatas de freno, luces de posición, amortiguadores, sistema de dirección, etc.
- en consecuencia, las *inspecciones* no cubren todos los componentes de un *equipo clave*, sólo aquellos que se los considera *puntos de control*;
- las tareas de inspección se hacen, generalmente, con el equipo en marcha y energizado. Eventualmente, se hacen las inspecciones en breves lapsos con equipos detenidos, de manera de afectar la producción lo menos posible. Las tareas de inspección están definidas para cada *punto* en un protocolo, en el cual se vuelcan todas las tareas a realizar y cómo realizarlas; también se consignan las medidas de seguridad a tener en cuenta. En casos especiales también se incluye en su texto el herramental, equipos, repuestos, etc.
- todas las novedades que se verifiquen en la inspección deben ser volcadas en el *Historial*, en el archivo correspondiente al equipo que se ha inspeccionado.

Instalaciones auxiliares: son aquellas que hacen el apoyo a las instalaciones operativas y que, de producirse algún desperfecto se afecta a las instalaciones operativas y, consecuentemente, se afectaría a la producción.
Ejemplos: generación/distribución de energía; acumulación y bombeo de agua de refrigeración; cañerías en general, etc.

Instalaciones operativas: lo constituyen los equipos/instalaciones destinadas a producir.

Instalaciones secundarias: son aquellas que, de producirse algún desperfecto no afectará a la producción en calidad, cantidad u oportunidad, pero, eventualmente, podrían atentar contra la seguridad de las personas.

Ejemplos: falta de iluminación, pérdidas de fluidos, falta de indicadores, puertas y portones en mal estado, caminos en mal estado, etc.

Lanzamiento: se denomina de esta manera a la acción de entregar por parte de la oficina de Programación una orden de trabajo a un taller.

Líder: es la persona que posee características de personalidad tales que le permiten dirigir con naturalidad grupos y equipos estables o transitorios, haciendo que éstos hagan lo que se le indica.

COMENTARIOS
- Entre las características más salientes de su personalidad es la *autoridad*(ver) con que ejerce el poder conferido sin que se note;
- otras de las características que debe exhibir el líder es ser ecuánime, confiable, convincente y persuasivo, saber escuchar y hablar con prudencia;
- representa a su grupo en tanto coincide con los valores y criterios del mismo;
- en conflictos y problemas, debe operar como mediador y facilitar la salida con aporte de soluciones;
- mantener unido al equipo a su cargo, incentivando, alentando y guiando a los miembros que lo integran.

Liderazgo: es la condición que caracteriza a determinadas personas y que se puede definir como "la condición que poseen determinadas personas, con una personalidad tal que le permite ejercer una influencia no coercitiva sobre otras personas, para que realicen tareas de manera coordinada". De esta definición del término liderazgo, se infieren estos conceptos:
- su *personalidad* descarta el uso de la coerción y de la fuerza;
- en lo operacional, es *planificador* y *controlador;*
- actúa aplicando estas propiedades: *influencia* que convence a otros; *carisma,* don que atrae, por alguna razón*; saber* o la suma de conocimientos + experiencia + habilidades; *persuasión,* que convence; papel de *guía*; *motivador* del grupo;
- los líderes triunfadores son aquellos que las personas bajo su mando lo sienten como alguien que los apoya y enseña sin excitarse.

Límite físico de responsabilidad: es la asignación definida y clara de los. límites del área física que corresponde sobre la cual es responsable y que le competen a cada área y/o subáreas de la estructura orgánica. El concepto de *límite físico* cubre todos los ámbitos y sus contenidos (caminos, vías férreas, playas, líneas de fluidos, edificios, equipos e instalaciones, etc.). Para cada ámbito se elabora una descripción literal, breve pero clara, más el agregado, cuando sea posible, de indicaciones graficadas (planos). Este documento debe mantenerse actualizado, como cualesquier otro documento que haga a la organización e integra el Manual de Organización.

Límite (personal) de responsabilidad: en el documento "*Descripción de funciones*" (VER), se deben consignar los límites de responsabilidad generales y, cuando corresponda, las responsabilidades particulares que le caben, según su jerarquía, a cada persona que integra la plantilla de personal.

Líneas de relación: es una forma indicativa de cómo se deben interrelacionar todas las áreas dentro de la estructura. Las líneas de relación ayudan a visualizar que área y sus funciones. Pero, además, dependen de quien y, a su vez, qué/quienes dependen de cada función. De esta forma se facilita delimitar responsabilidades personales.

Linga: elemento necesario para mover cargas. Se fabrican con cables de acero o sogas de yute y en ambos extremos posee un ojal por donde pasa el gancho de un puente-grúa o equipo similar.

Llamado a licitación: se entiende por tal a la invitación que la firma comitente hace a diferentes firmas contratistas a presentar ofertas por un determinado trabajo. El llamado a licitación se hace en base a un documento que se denomina *pliego de licitación*, en el que constan los trabajos a realizar, las formas de pago, los fondos de garantías, etc. más toda la documentación técnica pertinente

Lucro cesante: ganancia o beneficio que se pierde, por alguna razón, si se lo compara con la suma que podría haberse conseguido en alguna operación de mercado.

Mandos medios: la supervisión es el nivel que depende de los niveles gerenciales y que dirige a la mano de obra propia.

Por lo mismo, este nivel de supervisión debe tener su cuota de *poder* (*) y *autoridad*(*), para poder desarrollar sus responsabilidades. Esto es, dirigir a personas que forman parte de grupos de trabajo(ver) y equipos(ver), teniendo como guía los planes, programas, presupuestos y todo otro documento que emane del nivel superior. Es responsabilidad de la supervisión planificar, programar, gestionar, ver/escuchar, enseñar, controlar, y aplicar el sentido de innovación cuando fuere posible, para alcanzar las metas y objetivos en cuanto a cantidad, calidad y oportunidad.

Mano de obra "fija": se denomina de esta manera a la fuerza efectiva *mano de obra fija*: son las personas que trabajan en un lugar determinado, por ej. un tornero en el Taller de Mecánica;

Mano de obra "volante": lo constituyen los operarios de cualquier especialidad que, teniendo base en alguno de los talleres, salen a cumplimentar trabajos en diferentes lugares de la empresa.

Manual del área: cada área de la organización, al concluir su diseño, deberá contar Manual del área(*), el cual debe reunir todos los datos referentes a la organización interna de cada área. El mismo debería contener estos conceptos de manera concisa:
- la denominación del área
- las funciones del área
- las líneas de relación jerárquica
- la estructura interna
- descripción de cada una de las funciones
- los límites de responsabilidad
- de quién depende y a quienes dirige
- cantidad de personas por especialidad, categoría, etc.

Manual operativo: es el documento técnico que fija a grandes rasgos, los datos que deberán respetarse operativamente, para cada equipo productivo y, a su vez para cada producto (velocidades, temperaturas, calidad del agua, dosificación de los componentes de cada producto, etc.)

Mantenimiento central o centralizado: lo constituyen todas las dependencias del área de **M&C**. Esto es: el responsable del área y los asistentes inmediatos, responsables de administración, del taller central, almacén, pañol de herramental, planeamiento y programación, control y estadísticas. Los grupos de trabajo están constituidos por personal especializado en diferentes ramas (montadores, soldadores, mecánicos, electricistas, electrónicos, cañistas, etc.). Este personal trabaja habitualmente en el Taller central, pero se traslada adonde se le requiera su asistencia, a las diferentes áreas productivas y de servicio, respetando el programa de tareas.

Mantenimiento asignado: se denomina así al organismo que depende de un área productiva o de servicios y está destinado a realizar, en particular, las tareas de mantenimiento inmediato de su área. Cuando el volumen y/o la importancia de los trabajos supera la capacidad de este mantenimiento se requiere la colaboración del *mantenimiento central*. La administración y el control de este grupo lo ejerce la misma área a la que está asignado.

Manual de organización: es el archivo, ordenador de todos los documentos que hacen a la estructura orgánica. El Manual guarda las formas dadas a la estructura (VER organigrama) y las líneas de relación, la descripción de funciones y responsabilidades toda la organización y de sus partes. El Manual reúne todos los documentos que dan identidad y sirve de guía a quienes componen la organización, así como la manera en que deben interrelacionarse entre sí.

COMENTARIOS
a) Debe asignarse a un área y, dentro de ésta una persona definida, que será responsable de cuidar la actualización del Manual en todos sus documentos;
b) los documentos deben estar actualizados, consignando el número de revisión, la fecha y firma de aprobación de las personas responsables de esta tarea;
c) para realizar esta delicada tarea, deberá designarse una persona que tendrá a su cargo las tareas de actualización del Manual y la distribución de copias de las modificaciones que se vayan produciendo en los documentos que lo integran;
d) el responsable de cada área debe tener copia de la documentación referida a la parte que le corresponde dentro de la organización.

Meta: son los resultados parciales y tangibles que, sumados, permiten alcanzar los objetivos. Igualmente las metas deben ser <u>definidas y mensurables</u>.

Método: modo o forma ordenada de decir o registrar las ideas o las cosas.

Metodización: es una forma lógica y racional de hacer las cosas, tomando como base de manera de economizar tiempo, dinero y esfuerzos, recurriendo al empirismo, al sentido común o a un cuerpo de reglas ordenadas según conceptos establecidos. En consecuencia, se puede plantear la siguiente igualdad:

estructura + comunicación + sistemas + métodos =
= organización eficaz y eficiente

Misión: descripción detallada de lo que se desea alcanzar con la organización (Qué se quiere), apoyándose en valores y procedimientos (Con Qué), teniendo como guía a la *Visión* (VER) que haya trazado la dirección (Objetivos = adónde se va).

Multifunción o multipropósito: es la denominación que se hace a una categoría de operarios capaces de desempeñarse en varias especialidades de manera eficaz y flexible pudiendo desarrollar sus habilidades en diferentes tipos de tareas, incluso con acertadas tomas de decisiones. No son muchas las personas que gozan de estas cualidades, pero forman un pequeño grupo que ayuda a resolver muchos problemas. Generalmente, estos operarios multifunción llegan al nivel de supervisores y aún a otras jerarquías superiores.

Negociación: es el acto de tratar de acercar posiciones entre partes que están enfrentadas por un intercambio (ej.: intercambio cosas por dinero), conflicto o problema.

COMENTARIOS
- En una negociación existen dos partes que tienen diferentes puntos de vista acerca de una misma cosa o tema;
- en una negociación entre dos partes, A y B, se presentan estas tres posibilidades: A gana/B pierde; A pierde/B gana; A gana/B gana;
- el conflicto o problema tiende a resolverse de la mejor manera cuando ambas partes deciden ceder parte de sus posiciones, o sea la opción ganar/ganar;
- el área de **M&C** es un área donde los conflictos y problemas se manifiestan de forma casi permanente y eso es lógico que así sea dada la cantidad de situaciones que se presentan a

diario. Se puede considerar que el conflicto y los problemas en el área de **M&C** son funcionales a sus actividades, pues no tiene capacidad infinita para resolver la variedad de problemas que el área debe solucionar;

- en consecuencia, quienes dirigen el área de **M&C** (y el personal mismo) deben ser formados y entrenados en temas de *Negociación* y *Manejo de conflictos* (VER).

Niveles jerárquicos: cualquiera sea la forma dada a la estructura se deben establecer niveles de jerarquía que están dados por el grado de responsabilidad, tipo de acciones y tareas y grado de autonomía en cuanto a las decisiones de las posiciones de mando de la organización.

COMENTARIOS
- Establecer la menor cantidad de niveles de jerarquía dentro de la estructura;
- lo antedicho tiende a restringir posiciones de mandos medios y pasos de procesos intermedios que hacen lentas las respuestas;
- con lo mencionado se pretende dar mayor agilidad a las acciones.

Objetivo: fin o intento de alcanzar un determinado resultado. Es un concepto de orden general. Para que los objetivos de una organización tengan posibilidad de concretarse, deben ser:
- definidos,
- claros,
- conocidos por todos, y
- mensurables.

Oficina de Programación: es el espacio donde se estudian los problemas para y se elaboran los planes y programas que contienen los trabajos que se le han solicitado por medio de órdenes de trabajo (O.T.).

Orden de Compra: es un documento, un instrumento legal por el cual una empresa adquiere bienes (equipos, herramientas, repuestos, materiales, etc. además, contiene todos los datos del comprador y del proveedor.

Orden de trabajo: formulario por el cual se describe un trabajo que se solicita. En grandes organizaciones, el primer paso de una solicitud de tareas es el Pedido de trabajo, el cual, luego de estudiarse el contenido puede convertirse en una Orden de trabajo.

Orgánico: de órgano, organización. Ordenamiento que se da a cada una de las partes de la organización y que se reflejan en un organigrama, pero, además, se explicitan las funciones, la cantidad de personas, las líneas de dependencia, los niveles jerárquicos, etc.

Organización: entidad social compleja, que está conformada por un conjunto de personas interrelacionadas que, con directivas y medios adecuados actúan para lograr objetivos determinados.

COMENTARIOS
- La estructura se convierte en una organización sólo cuando se haya diseñado y probado que las partes constitutivas de la misma *están debidamente comunicadas*. Se puede plantear esta expresión:

    estructura + comunicación = organización

- el término organización está relacionado con la psicología, la antropología y la sociología;
- estas ciencias ayudan a dar cierta seguridad al buen funcionamiento de una organización, pues tienden a dar sentido a los valores, a las actitudes individuales y grupales, a la formación de una cultura sólida, motivación, etc.

Organizar es un acto en el que se mezclan habilidad, ciencia y arte,

Parada menor: se denomina de esta manera a las paradas de equipos y/o instalaciones por un lapso de uno a tres días. Este lapso se discute y acuerda entre el "*cliente interno*" ("dueño" del equipo o instalación) y el responsable del área de **M&C**. La oficina de Programación informará de una parada menor a la dirección en el informe periódico que debe elevar para conocimiento de la misma.

Parada mayor: se denomina así a la parada de un equipo o instalación por el lapso de cuatro días a una semana para hacer diferentes tareas programadas. La parada mayor requiere de un estudio previo comercial, económico y técnico el cual debe ser aprobado por la dirección de la empresa previa a su ejecución. (Ver Cap. 11).

Perfil (de una *Función*): se denomina así a una serie de actitudes, conocimientos, experiencia y habilidades que debe tener una persona para poder cubrir los requerimientos de una función determinada que está concebida dentro de la estructura orgánica. Los perfiles de todas las funciones de una estructura deben estar estudiados y aprobados por la dirección y los originales deben formar parte de los documentos que conforman el Manual de Organización (VER). En caso de cambios en el contenido de un Perfil, o cuando se elabora un nuevo documento, deberán hacerse las correcciones pertinentes, autorizar los cambios o un nuevo perfil; luego, se archivan los originales y se envían copias a quienes corresponda.

Performance: término del idioma inglés que puede traducirse como desempeño, funcionamiento, cumplimiento.

Plan: es el ordenamiento lógico y racional de personas conceptos, ideas, acciones o cosas que se vuelcan en un documento resultante denominado PLAN. Asimismo, lo dicho es extensivo al ordenamiento de premisas, razones y argumentos de soporte, metas y objetivos, procesos posibles y resultados esperables. Dicho ordenamiento puede estar dado en forma gráfica y/o literal.

Planificar: acción intelectiva de ordenar de manera lógica y racional, ideas, cosas o acciones que deben ser plasmadas en un documento (Plan).

Plan de contingencia: es un documento ordenador en donde se vuelcan todas las medidas que se deberían tomar en el caso que se produjesen accidentes o problemas que podrían afectar las personas, a los bienes o a la producción.

Pliego de licitación: es el documento por el cual se invita a firmas contratistas y en donde se exponen todos los aspectos, desde la visión de quien hace el llamado a concurso de precios y condiciones anexas.

Práctica operativa: es el documento en el cual se ponen en orden los pasos de la secuencia de operaciones tal como se deben seguir para obtener un determinado resultado.

Previsión: de pre-ver. Término empleado dentro del campo del planeamiento y la estrategia Desde el punto de vista contable es un gasto a futuro que se realizará, aunque no se sabe cuándo y de cuánto será el monto. Se fija en base a datos históricos.
Ejemplo: fondos para la próxima parada mayor para reparaciones en un equipo determinado.

Programa: es la suma de un *plan* (VER), más tiempo

Provisión: desde lo contable es una cuenta de gastos relevantes con la cual se consigue ajustar el valor de los activos a su valor real, sin que haya salida de dinero. En realidad es es una deuda del pasivo y se considera que es una pérdida cuyo monto no es conocido y tiene dos características:
- alta posibilidad que ocurra; y,
- es cuantificable.

Poder: es la capacidad virtual o real de transformar o destruir. "El *poder* es la capacidad que se tiene para hacer que las cosas ocurran".

COMENTARIOS
- El *poder* es representado por atributos como la fuerza, vigor, capacidad, y las posibilidades;
- es la facultad que alguien otorga a otro, para que en lugar suyo y representándole pueda llevar a cabo acciones;
- se consideran *fuentes del poder*: la fuerza, la estructura, la organización, el dinero, el saber, la inteligencia, la tecnología, la técnica, la prensa y el inconsciente colectivo.
- distintos autores amplían lo dicho, postulando que *el poder* de una persona, como tal, se basa en:
  ✓ el *carisma*, ¡que es el poder del líder!,
  ✓ la capacidad intelectual,
  ✓ el grado de *coerción* que ejerce, y
  ✓ el sentido de *recompensa*.
- las bases de personalidad mencionadas se ejercen desde personas que tienen legitimado el poder, legalmente (conferido), así como personas que no lo tienen legitimado, pero aún así lo ejercen (poder informal).

Posición: es la cantidad de personas que se necesita para cubrir una función determinada.

Presupuesto operativo: se denomina así a la estimación anticipada de gastos que cada área de la organización requerirá para operar en un ejercicio contable en función del nivel operativo estimado. La suma de todos los presupuestos operativos de cada una de las áreas confluyen en el presupuesto operativo de toda la organización. Este documento se elabora siguiendo los lineamientos contables de la empresa.

Presupuesto específico: es el que se elabora para cada uno de los trabajos que deba hacer el área de **M&C** que superen un cierto nivel de gastos. El nivel de gastos lo fija la dirección. Este tipo de presupuesto debe realizarlo el área mencionada cuando considere que el costo del trabajo que se solicita supera el límite permitido. De ser así, el área de **M&C** gira el pedido de trabajo más el presupuesto a la dirección de la empresa para su aprobación.

Procedimiento operativo: es el relato escrito paso-a-paso y detallado del camino que se debe seguir a fin de obtener cada uno de los productos que se elaboran o de las acciones de mantenimiento y conservación. El texto de los *procedimientos operativos* debe ser claro y conciso. Todos y cada uno de los *procedimientos operativos* forman parte del Manual de Operaciones (VER).

Producto: elemento tangible o intangible resultante de procesar materiales o ideas. Resultado que se obtiene después de un determinado proceso.

Producción: fabricar o elaborar cosas útiles con resultado económico.

Productividad: capacidad o grado de producción por unidad de trabajo. *En economía*: Aumento o disminución de los rendimientos físicos por unidad de trabajo o de los rendimientos físicos o financieros debido a la variación de uno o más factores que intervienen en la producción (tiempo, trabajo, capital, conocimiento, etc.).

Programa: es un ordenamiento lógico de ideas, cosas o acciones en el tiempo. Además se consignan de manera específica, las metas, los objetivos y los resultados que se esperan. Luego...

PROGRAMA = PLAN + tiempo

Programar: es una acción eminentemente técnica que ordena las acciones en el tiempo.

COMENTARIOS
- Es frecuente confundir ambos términos (Plan y Programa) y emplearlos mal desde lo conceptual;
- ambos conceptos se basan en la lógica y la racionalidad, pero al término *programa* se le agrega el concepto de *tiempo* para pautar las acciones concretas;
- en la actualidad se encuentran en el mercado un sinnúmero de programas (*soft*) que ayudan al trazado de programas, su control y reelaboración al instante; a la vez, son de fácil acceso y permiten interactuar.

Protocolo: documento que <u>ordena acciones o cuestiones en forma lógica</u>.
Ejemplos: puede ser una especificación técnica, un ordenamiento legal, una norma administrativa, etc.

"puesta a cero": o "*condición cero*", son expresiones corrientes de taller que significan restituir, después de una profunda reparación que el equipo o instalación quede en una condición de funcionamiento y rendimiento, casi igual a la situación original. Esto exige siempre tiempo y erogaciones importantes de dinero, a lo que se suma el lucro cesante(*) por la caída de producción.

Punto crítico: en Mantenimiento preventivo, se considera como tal a lugar donde deberán hacerse las *inspecciones* y *revisiones* periódicas y programadas en cada equipo denominado *clave* tal como está preestablecido y pautado en el tiempo.

COMENTARIOS
- Las *revisiones,* al igual que las inspecciones están pautadas en el Programa de rutinas;
- las *inspecciones* (VER) se hacen con el equipo en marcha; son visuales, pero se pueden hacer pequeñas tareas de ajuste o de recambio de componentes, cuando es posible;
- en cambio las *revisiones* (VER) y los trabajos importantes resultante de tales *revisiones* de los *puntos críticos* deben realizarse con el equipo detenido y desenergizado;
- es conveniente que la persona que va a realizar estas tareas, se guíe por el protocolo correspondiente, en el cual se vuelcan todos los aspectos a tener en cuenta para realizar las inspecciones/revisiones;
- todas las novedades que se verifiquen deben ser volcadas en el *Historial*, en el archivo correspondiente al equipo.

Punto de control: en Mantenimiento rutinario, son los lugares que se deben inspeccionarse según indique el programa rutinario.

Rendimiento: genéricamente, es la relación entre lo gastado y lo obtenido. Si se lo aplica a la física se puede expresar así:

$$\frac{E_{obtenida}}{E_{suministrada}}$$

Siendo: **E**, energía y representa el rendimiento

Revisión: (VER Mantenimiento preventivo) se efectúan *revisiones* en los llamados "puntos críticos". Las *revisiones* se hacen con el equipo detenido y, además, se trabaja con el equipo desenergizado para poder hacer algunos trabajos de ajuste, recambios de partes y reposición de partes, tal como se indica en el protocolo correspondiente;

Ruta: (en Mantenimiento rutinario y Mantenimiento preventivo) es el camino que se preestablece para hacer las inspecciones, revisiones y controles periódicos. Las rutas se trazan teniendo en cuenta los caminos más cortos y siguiendo una secuencia operativa lógica, buscando la mayor eficiencia de estas tareas.

Rutina: hábito de hacer las cosas de la misma manera por mera práctica. Es la indicación de realización de una tarea de control siguiendo lapsos (períodos) preestablecidos en el programa respectivo.

Semántica: es la ciencia del origen y el significado de las palabras.

Semiología: estudio de los signos para alcanzar a la elaboración de un diagnóstico, mientras que lka semiótica es el estudio de los signos exteriores en medicina.

Sistematización: es la aplicación de tecnología digitalizada para la acumulación racional de datos y el desarrollo de tareas en base a programas predeterminados. Luego...

$$estructura + sistematización + comunicación =$$
$$= organización\ eficaz$$

Supervisión: ver "Mandos medios".

Táctica: constituyen una serie de acciones que se desarrollan en total acuerdo con la estrategia adoptada, tomadas inteligentemente, para alcanzar un objetivo determinado. Tanto las tácticas como las estrategias son términos militares que, por extensión, se aplican a otras actividades.

Terotecnología: rama de la Ingeniería industrial destinada a estudiar y proponer mejoras en la organización, desarrollo, gestión y economía de las actividades relacionadas al mantenimiento industrial.

Tiempo muerto: expresión que se refiere a los lapsos en que, pudiendo producir, no se produce por diferentes motivos.

Toma de decisiones: acto que denota que alguien o un organismo acuerdan realizar una cosa o dejar instituida alguna medida ordenadora.
Ejemplos: medidas que toma la dirección, decisión de cambiar un equipo, ascenso de algunas personas, hacer un curso de perfeccionamiento, etc., son todas situaciones que requieren una *toma de decisiones*.

Tribología: rama de la Ingeniería dedicada a realizar estudios, recomendaciones y ordenar cuestiones referidas a todo tipo de lubricación, elementos lubricantes y la forma de tratarlos y emplearlos.

Valores: son las guías y creencias que rigen los actos de la persona. Son los conceptos (intangibles) que ha decidido adoptar la organización como guía para alcanzar los *objetivos* y *metas* determinados y establecidos. Los valores hacen, al fin, al estilo de la organización.

COMENTARIOS
a) Los valores son la guía y dan sentido de pertenencia a los miembros de la organización. Son **valores**: el cuidado de la calidad, la higiene y la seguridad, el cuidado del medio ambiente, la sustentabilidad, la atención al cliente, la velocidad de respuesta, la cortesía, la formalidad, la ética, la creatividad e innovación, el desarrollo personal, la integridad, etc.;
b) hay dos tipos de valores:
   • los que se establecen, y
   • los que son emergentes del conjunto de hombres que forman parte de la organización, sin que nadie los proponga;
c) en el primer caso, el nivel de dirección es responsable de establecer los valores que serán el marco de referencia para todos los integrantes de la organización
d) dirección es la responsable de hacer que los valores establecidos sean respetados dentro y fuera de la organización;
e) una vez que fueran establecidos, los valores permanecen inamovibles, salvo que la estructura organizativa cambie significativamente y sea necesario reverlos.

"**velocidad de respuesta**": es la actitud positiva y tan rápida como se pueda que puede tener una persona o un organismo frente al requerimiento de otra persona o entidad de pedido ayuda, de un servicio, de un reclamo, etc.

Visión: es la vista puesta a futuro respecto de los resultados compartidos que la organización desea alcanzar, basándose en el estilo, los valores adoptados y planes definidos para cada área y el conjunto de las mismas.

COMENTARIOS
- Junto a los Valores establecidos, ambos términos –Misión y Visión– constituyen la guía para la organización y le dan estilo a la misma;
- mientras que los valores permanecen en el tiempo, la Misión y la Visión pueden cambiar y deben ir adaptándose en función de los cambios que imponen la economía, las finanzas, los cambios tecnológicos, los mercados compradores/proveedores, etc.;
- los contenidos de Misión/Visión deben ser revisados por la dirección por lo expresado en el párrafo anterior.

Índice general

Acerca de los colaboradores

ROBERTO CAMPITELLI

Es egresado en Ciencias de la Educación (Facultad de Filosofía y Letras-UBA).
Egresado de la Escuela de Psicología Social de Pichón Riviêre.Se formó en Calidad total en el Quality College de Philips Crosby (EEUU) y en las Universidades TOKAY (Tokio) y MEIO (Okinawa), de Japón.
Experto en Mejora continua del comportamiento humano en la cultura de sistemas productivos y en los conceptos de *incertidumbre* y *"cero defectos"*, entre otros.
Ocupó cargos jerárquicos en diversas empresas, entre otras Eli LILLY & Co. y AUSTRAL Líneas Aéreas.
Es Director del Centro de Investigación en Comportamiento Humano de Buenos Aires.
Es autor del libro *De Babel a la Asamblea*.
Su dirección: *robertocampitelli@gmail.com*

RUBEN O. PINI

Ingeniero (UTN-Fac. Regional San Nicolás, Argentina).
Trabajó en la Planta de Ashland Works de ARMCO Steel Corp., Ky-USA.
Ingresó en 1959 a SOMISA (San Nicolás), en el área de Laminación en Frío y Hojalata, recorriendo toda la escala jerárquica hasta llegar a la Gerencia de ése área en 1989 hasta el 2001.
Dirigió y participó en el desarrollo, montaje y puesta en marcha de planes de ampliación de la línea de Laminación y la línea de Estañado de SOMISA (San Nicolás, Argentina).
Participó en cursos y seminarios sobre distintos temas de su especialidad.
Participó en la Conferencia que sobre la aplicación de la hojalata organizó el ITRI, Londres.
Es autor del libro *Alimentos en envases de hojalata*.
Es docente de la Fac. Regional San Nicolás en Ingeniería Mecánica.
Su dirección: *ruben.pini39@gmail.com*

ENRIQUE MANFREDINI

Ingeniero en Sistemas de Propulsores Navales.

Gerente de Mantenimiento y de Ingeniería de la Petroquímica BODEN.

Desarrollo y aplicó en empresas de Argentina, Brasil, Perú y Bolivia (alrededor de 140 empresas) el sistema de Mantenimiento predictivo basado en el estudio y resolución de problemas de vibraciones.

Es Director del Estudio E. Manfredini y Asociados.

Es autor del libro *Mantenimiento predictivo*.

Su dirección: *emanfredini@sinectis.com.ar*

MARÍA TRINIDAD COLOMBO

Diseño de imágenes y tapas
trinicolombo-@hotmail.com

www.ingramcontent.com/pod-product-compliance
Lightning Source LLC
Chambersburg PA
CBHW080513220326

41599CB00032B/6065